全国高职高专建筑类专业规划教材

房屋建筑与装饰工程计量与计价

（修订版）

主　编　包永刚　赵淑萍
副主编　蔡小超　李渐波
　　　　孟庆伟　谢　颖
主　审　张爱云　郑　睿

黄河水利出版社
·郑州·

内 容 提 要

本书是全国高职高专建筑类专业规划教材，是根据教育部对高职高专教育的教学基本要求及中国水利教育协会职业技术教育分会高等职业教育教学研究会组织制定的房屋建筑与装饰工程计量与计价课程标准编写完成的。本书在编写过程中采用了我国工程造价领域最新的规范和标准，依照住房和城乡建设部颁发的《建设工程工程量清单计价规范》(GB 50500—2013)、《房屋建筑与装饰工程工程量计算规范》(GB 50854—2013)以及《建筑安装工程费用项目组成》的通知(建标〔2013〕44 号)的规定，对工程量清单计量与计价方法进行了全面、系统的讲述，内容的深度和难度按照职业教育的特点，着重于工程造价实践应用中的建筑工程计量与计价，培养学生编制建筑工程招标工程量清单与招标控制价、投标报价的能力。本书主要内容包括：建筑工程计价基础知识、建筑工程工程量清单计价、建筑工程建筑面积计算、房屋建筑工程工程量清单计价的应用等。

本书可作为高职高专院校建筑工程技术、工程造价、工程监理等土木工程类专业的教材，也可作为造价员培训教材或工程造价技术人员的自学参考书。

图书在版编目(CIP)数据

房屋建筑与装饰工程计量与计价/包永刚，赵淑萍主编.
—郑州：黄河水利出版社，2015.6 (2022.7 修订版重印)
全国高职高专建筑类专业规划教材
ISBN 978-7-5509-1151-2

Ⅰ.①房… Ⅱ.①包… ②赵… Ⅲ.①建筑工程-工程造价②建筑装饰-工程造价 Ⅳ.①TU723.3

中国版本图书馆 CIP 数据核字(2015)第 125647 号

组稿编辑：王路平 电话：0371-66022212 E-mail：hhslwlp@163.com
韩莹莹 66025553 hhslhyy@163.com

出 版 社：黄河水利出版社 网址：www.yrcp.com
地址：河南省郑州市顺河路黄委会综合楼 14 层 邮政编码：450003
发行单位：黄河水利出版社
发行部电话：0371-66026940、66020550、66028024、66022620(传真)
E-mail：hhslcbs@126.com
承印单位：河南承创印务有限公司
开本：787 mm×1 092 mm 1/16
印张：19.5
字数：450 千字 印数：8 001—10 000
版次：2015 年 6 月第 1 版 印次：2022 年 7 月第 3 次印刷
2022 年 7 月修订版

定价：38.00 元

前言

本书是贯彻落实《国家中长期教育改革和发展规划纲要(2010～2020年)》、《国务院关于加快发展现代职业教育的决定》(国发〔2014〕19号)、《现代职业教育体系建设规划(2014～2020年)》等文件精神,在中国水利教育协会指导下,由中国水利教育协会职业技术教育分会高等职业教育教学研究会组织编写的第二轮建筑类专业规划教材。本套教材力争实现项目化、模块化教学模式,突出现代职业教育理念,以学生能力培养为主线,体现出实用性、实践性、创新性的教材特色,是一套理论联系实际、教学面向生产的高职教育精品规划教材。

为了不断提高教材质量,编者于2022年7月,根据近年来在教学实践中发现的问题和错误,对全书进行了修订完善。

房屋建筑与装饰工程计量与计价是一门实践性很强的专业课,更是建筑工程施工、工程造价专业的核心课程之一。为增强学生的职业能力,培养高素质技能型专门人才,本书的编写着力提高学生职业岗位技能以适应企业对于工程造价岗位职业能力的需求。因此,本书在编写过程中,努力体现职业教育教学特点,力求理论联系实际,综合运用建筑工程计价的最新理论知识,以学生实践能力培养为主体,精选内容,突出实用性、实践性、创新性的教材特色,具有以下特点:

1. 紧密结合国家现行《建设工程工程量清单计价规范》(GB 50500—2013)、《房屋建筑与装饰工程工程量计算规范》(GB 50854—2013)、《建筑安装工程费用项目组成》的通知(建标〔2013〕44号)、《建筑工程建筑面积计算规范》(GB/T 50353—2013)等规范、标准和房屋建筑工程实际,坚持课程内容的理论知识与实务训练有机结合,突出了先进性和实用性。

2. 立足于建筑工程计价的基本理论和工程量清单编制、招标控制价与投标报价编制等实践操作要求,按照“教、学、做”一体化的课程编排思路,为便于基于工作过程为导向的项目教学实施,体现了“项目引领、任务驱动”课程内容表现形式,注重了课程内容对工程量清单计量与计价实践操作能力的培养,突出了针对性和实践性。

3. 明确了每个项目学习的能力目标、知识要点、任务内容与要求,列举了大量的分部分项工程案例和完整的房屋建筑工程案例,提供了各项任务的理论知识测试练习、能力训练和任务探索内容,突出了新颖性和可操作性。

4. 坚持了工程计量与计价分离的特点,工程量清单计量严格按照现行国家规范和标准组织课程内容,工程量清单计价结合相关计价定额计算费用,突出了建筑工程计量与计价的统一性和地区差异性。

本书编写人员及编写分工如下:河南水利与环境职业学院包永刚编写项目一、项目二、项目四任务四;河南水利与环境职业学院蔡小超编写项目三,项目四任务一、二;山西水利职业技术学院李渐波编写项目四任务三、五;黄河水利职业技术学院赵淑萍编写项目四任务六;郑州城市职业学院陈瑞芳编写项目四任务七、八;安徽水利水电职业技术学院谢颖编写项目四任务九、十;河南水利与环境职业学院徐峰编写项目四任务十一、十二、十三;河南水利与环境职业学院孟庆伟编写项目五。全书由包永刚、赵淑萍担任主编,包永刚负责全书统稿并校订;由蔡小超、李渐波、孟庆伟、谢颖担任副主编;由山东水利职业学院张爱云、长江工程职业技术学院郑睿担任主审。

本书在编写过程中引用了大量的规范、专业文献和资料,在本书中未一一注明出处,在此对有关作者深表感谢!并对所有支持和帮助本书编写的人员表示谢意!

限于编者的水平,书中难免存在不足之处,恳切希望广大读者批评指正。

编者

2022 年 7 月

目　录

项目一　建筑工程计价基础知识

学习目标与要求

学习任务	能力目标	知识要点
任务一 建设项目基础知识	能够正确理解建设项目的划分 能够理解建设项目在建设程序中工程造价的体现形式	建设项目的概念、分类与组成分解 建设项目建设程序的主要内容及工程造价体现形式
任务二 建设工程造价基础知识	能够正确理解建设工程造价的含义和计价方法 能够正确理解建设项目投资与建设工程造价的构成	建设工程造价的含义、特点、作用 建设工程造价的计价模式与基本方法 建设工程造价各项组成费用的内容与含义
任务三 建筑安装工程费用的构成	能够正确理解建筑安装工程费用按费用构成要素划分和工程造价形成顺序划分的不同费用组成	建筑安装工程人工费、材料费、施工机具使用费、企业管理费、利润的含义与组成 建筑安装工程分部分项工程费、措施项目费、其他项目费、规费、税金的含义与组成

任务一　建设项目基础知识

【任务导航】

问题1:建设项目的分类与划分。

问题2:建设项目建设程序的主要内容及不同阶段的造价形式。

【任务解析】

一、建设项目概述

(一)建设项目的概念

建设项目通常为基本建设项目的简称。一般是指需要一定量的投资,经过决策和实施(设计、施工)等一系列程序,在一定的约束条件(时间、资源和质量等)下,以形成固定资产为目标的建设工程项目。

建设项目一般按照一个总体设计或初步设计范围进行施工,在行政上具有独立的组织形式,经济上实行独立核算,具有独立的生产能力或使用功能。例如,一个工厂、一所学校、一所医院等。

(二)建设项目的分类

1.按建设项目的性质分类

建设项目按建设性质不同可分为新建项目、扩建项目、改建项目、迁建项目和重建项目。

(1)新建项目是指从无到有的项目。按照国家规定,若建设项目在原有基础上扩大建设规模后,其新增固定资产的价值超过原有固定资产价值3倍以上的,也看作新建工程项目。

(2)扩建项目是指企事业单位在原有的基础上为扩大原有产品的生产能力或增加新产品的生产能力而投资扩大建设的项目。

(3)改建项目是指企事业单位对原有设施、工艺条件进行技术改造、固定资产更新和相应配套的辅助工程、生活福利设施(如职工宿舍、食堂、浴室等)建设的项目。

(4)迁建项目是指原有企事业单位,根据需要经有关部门批准搬迁到另地建设的项目。

(5)重建项目是指对由于自然、战争或其他人为灾害等原因而遭到毁坏的固定资产进行重建的项目。对于尚未形成固定资产的在建项目,因自然灾害损坏二重建的,不属于重建项目。

2.按建设项目的用途分类

建设项目按用途可分为生产性建设项目和非生产性建设项目。

(1)生产性建设项目是指直接用于物质生产或为了满足物质生产需要的建设项目。如工业项目、农田水利项目、交通项目、商业项目、地质勘探建设项目、房地产项目等。

(2)非生产性建设项目是指用于满足人们物质和文化生活需要的建设项目。如文化、教育、卫生、公用事业、住宅和其他建设项目等。

3.按行业特点分类

建设项目按行业性质和特点可分为竞争性项目、基础性项目和公益性项目。

(1)竞争性项目主要是指投资效益比较高、竞争性比较强的一般性建设项目。此类项目应以企业为主体投资,由企业自主决策、自担投资风险。

(2)基础性项目主要是指具有自然垄断性、建设周期长、投资额大而收益低的基础设施和需要重点扶持的基础工业项目,以及直接增强国力的符合经济规模的支柱产业项目。此类项目主要由政府组织,通过经济实体投资完成。

(3)公益性项目主要包括科技、文化、教育、卫生、体育和环保等设施,以及政府机关及社会团体办公设施等。此类项目主要由国家财政投资完成。

4.按建设项目的规模分类

建设项目按建设规模和总投资的大小可以分为大型、中型、小型建设项目。具体划分标准按国家相关标准执行。

5.按建设项目建设过程分类

建设项目按建设过程可分为筹建项目、施工项目、竣工投产项目等。

6.按建设项目资金来源分类

建设项目按资金来源不同可分为国家投资项目、自筹资金项目、国家贷款投资项目、引进外资项目等。

（三）建设项目的组成分解

建设工程项目是一个庞杂而又完整配套的综合性产品，为了准确确定整个建设项目的建设费用，根据基本建设管理工作和合理确定建筑安装工程造价的需要，建设项目由大到小可划分为建设项目、单项工程、单位工程、分部工程和分项工程。

1.建设项目

建设项目一般是指按照一个总体设计进行建设的各个单项工程所构成的总体，在经济上实行统一核算，行政上具有独立的组织形式，如一所学校、一所医院、一个工厂。

2.单项工程

单项工程是建设项目的组成部分。一个建设项目可以是一个单项工程，也可以包括多个单项工程。单项工程是指具有独立的设计文件，建成后可以独立发挥生产能力和使用效益的工程，如一所学校的教学楼、试验楼等。

3.单位工程

单位工程是单项工程的组成部分。单位工程是指具有独立的设计文件，可以独立组织施工，但建成后不能独立发挥生产能力和使用效益的工程，如某办公楼的土建工程、给水排水工程、电气照明工程等。

4.分部工程

分部工程是单位工程的组成部分。分部工程是指在一个单位工程中，按工程部位及使用材料和工种进一步划分的工程，如一般土建工程的土石方工程、桩与地基基础工程、砌筑工程、混凝土和钢筋混凝土工程等。

5.分项工程

分项工程是分部工程的组成部分。分项工程是指在一个分部工程中，按不同的施工方法、不同的材料和规格，对分部工程进一步划分，用较为简单的施工过程就能完成，以适当的计量单位就可以计算工程量及其单价的建筑或设备安装工程的产品。如土方工程可以划分为平整场地、挖一般土方、挖沟槽土方、挖基坑土方、挖淤泥流砂、管沟土方等分项工程；砌筑工程划分为砖基础、实心砖墙、多孔砖墙、空心砖墙等分项工程。分项工程没有独立存在的意义，只是为了便于计算建筑工程造价而分解出来的“假定产品”。

二、建设项目的建设程序

建设项目的建设程序是指建设项目从策划、评估、决策、设计、施工到竣工验收、投入生产或交付使用全过程中，各项工作必须遵循先后工作次序。它是建设项目建设过程及其规律性的反映。

（一）建设程序的主要内容

建设项目的建设程序一般由项目投资决策阶段、项目实施阶段、竣工验收交付使用阶段三部分组成。各个主要阶段所包括的具体工作内容如下。

1.项目投资决策阶段

项目投资决策阶段包括项目建议书、可行性研究、项目审批等内容。

1)项目建议书

项目建议书是拟建项目单位向国家提出要求建设某一项目的建议性文件,是对拟建项目的初步设想。项目建议书应充分论述拟建项目建设的必要性、建设条件的可行性和效益,是确定建设项目和建设方案的重要文件。

按照国家有关部门的规定,对于政府投资项目,项目建议书按要求编制完成后,应根据建设规模和限额划分分别报送有关部门审批。项目建议书经批准后,才可进行下一步的可行性研究工作。对于非政府投资项目;不需要编制项目建议书,可以直接编制可行性研究报告。

2)可行性研究

可行性研究是指在项目决策之前,对与拟建项目有关的社会、技术、经济、工程等方面进行科学的分析和论证,同时对项目建成后的经济、社会效益进行预测和评价。可行性研究一般包括市场研究、技术研究和效益研究等内容。

可行性研究工作完成后,应编制建设项目可行性研究报告,按规定报相关职能部门审批。可行性研究报告是项目最终决策立项的重要文件,也是初步设计的重要依据。可行性研究报告经批准后,不得随意修改和变更。

3)项目审批

按照国家有关部门的规定,政府投资项目和非政府投资项目分别实行审批制、核准制或备案制。

对于政府投资项目,政府需要从投资决策的角度审批项目建议书、可行性研究报告或资金申请报告。

对于非政府投资项目,不实行审批制。对于“政府核准的投资项目目录”中的项目,只需向政府提交项目申请报告,实行核准制;对于“政府核准的投资项目目录”以外的项目,实行备案制。

2.项目实施阶段

项目实施阶段包括工程设计、建设准备、组织施工、生产准备等内容。

1)工程设计

工程设计一般分为两阶段设计,即初步设计和施工图设计。对于重大项目和技术复杂项目,可根据需要增加技术设计阶段。

(1)初步设计。根据批准的项目可行性研究报告和必要的设计基础资料,拟定工程项目建设实施的初步方案;阐明在指定的时间、地点和投资控制限额内,拟建项目在技术上的可行性和经济上的合理性;并编制项目的总概算。

初步设计必须报送有关部门审批,经审查批准的初步设计,一般不得随意修改。初步设计不得随意改变被批准的可行性研究报告所确定的建设规模、产品方案、工程标准、建设地址和总投资等控制目标。如果初步设计提出的总概算超过可行性研究报告总投资的10%以上或其他主要指标需要变更,应说明原因和计算依据,并重新向原审批单位报批可行性研究报告。

(2)技术设计。根据初步设计和详细的调查研究资料编制;以进一步解决初步设计中的重大技术问题,使工程项目的设计更具体、更完善,技术指标更好;并编制项目的修正总概算。

(3)施工图设计。根据初步设计或技术设计的要求编制;是将初步设计中确定的设计原则和设计方案进一步具体化、明确化,完整地表现建筑物外形、内部使用功能、结构体系、构造状况、建筑设备以及工程各构成部分的尺寸、布置,以图样及文字的形式加以确定的设计文件。

施工图设计完成后,建设单位应当将施工图报送有关施工图审查机构审查。任何单位或者个人不得擅自修改审查合格的施工图。

2)建设准备

建设项目在开工建设之前要切实做好各项准备工作,其主要内容包括:

(1)征地和拆迁。

(2)四通一平:包括工程施工现场的水通、电通、路通、通信通和场地平整工作。

(3)组织招标选择工程监理单位、承包单位,以及设备、材料供应商。

(4)建造施工现场建设工程临时设施及各项资料准备。

(5)办理工程各项开工手续,包括工程质量监督手续和施工许可证。

3)组织施工

工程项目经批准新开工建设,即进入施工安装阶段。这是项目决策的实施、建成投产、发挥效益的关键环节。项目新开工建设时间,是指建设项目设计文件中规定的任何一项永久性工程第一次正式破土开槽开始施工的日期;不需要开槽的工程,以建筑物的基础正式开始打桩作为开工日期;铁路、公路、水利等需要大量土石方工程的工程,以开始进行土石方工程作为正式开工日期。分期建设的项目分别按各期工程开工的日期计算。

组织施工活动应按照工程设计要求、施工合同条款、有关工程建设法律(法规、规范、标准)及施工组织设计,在保证工程质量、工期、成本、安全、环保等目标的前提下进行,达到竣工验收标准要求,经过竣工验收后,由施工承包单位移交给建设单位。

4)生产准备

对于生产性建设工程项目,生产准备是建设单位在项目投产前进行的一项重要工作,是项目建设转入生产经营的必要条件。一般应包括以下主要内容:

(1)设备调试与验收。

(2)招收和培训生产人员。

(3)组织准备、技术准备、物资准备等。

3.竣工验收交付使用阶段

竣工验收交付使用阶段包括竣工验收、项目后评价等内容。

1)竣工验收

竣工验收阶段是建设项目建设完成的标志,它是全面考核建设成果,检查工程是否符合设计要求和工程质量的重要环节,也是投资成果转入生产或使用的标志。

当工程项目按设计文件的规定内容和施工图纸的要求全部建完后,经过各单位工程的验收,符合设计要求,并具备竣工图、竣工决算、工程总结等必要的文件资料,由项目主管部门或建设单位向负责验收的单位提出竣工验收申请报告。

按照国家有关规定,特别重要的项目,由国务院批准组织国家验收委员会验收;大中型项目,由各部门、各地区组织验收;小型项目,由主管单位组织验收。建设项目竣工验收可以是单项工程验收,也可以是全部工程验收。建设单位应当自工程竣工验收合格之日起15日内向工程所在地县级以上人民政府建设主管部门备案。

2)项目后评价

项目后评价是建设项目实施阶段管理的延伸,是对建设项目建设和运营是否达到投资决策时所确定的实际效果、经济效益、社会效益、环境保护等目标判断、总结和评估。通过项目后评价可以综合反映建设项目在建设和经营管理各环节工作中的成效和存在的问题,并为以后改进和提高建设工程项目管理水平、制订科学的工程项目建设计划提供依据。

在实际工作中,通常从过程后评价和效益后评价两个方面对建设工程项目进行后评价。

(二)建设程序不同阶段的工程造价形式

建设项目在工程建设程序的不同阶段需对建设工程中所支出的各项费用进行准确合理的计算和确定,根据编制阶段、编制依据和编制目的的不同,建筑工程项目的费用分别体现为建设项目投资估算、设计概算、施工图预算、施工预算、工程结算、竣工决算等。

1.投资估算

投资估算是指在整个投资决策过程中,由建设单位或其委托的咨询机构根据项目建议书或可行性研究报告、估算指标和类似工程的有关资料,对建设项目的投资数额进行估计计算的费用文件。

投资估算是项目建设前期编制项目建议书和可行性研究报告的重要组成部分,是进行建设项目技术经济评价和投资决策的基础。被批准后的投资估算是建设项目投资的最高限额,一般不得随意突破。

2.设计概算

设计概算是指在初步设计或扩大初步设计阶段,由设计单位根据初步设计方案、概算定额或概算指标、各项费用定额或取费标准、设备、材料的价格等资料编制和确定的建设项目从筹建到竣工验收所需全部费用的文件。它是设计文件的重要组成部分,一般可分为单位工程概算、单项工程综合概算和建设项目总概算。

设计概算是编制固定资产投资计划、确定和控制建设项目投资的依据,是实行投资包干和办理工程拨款、贷款的依据,是评价设计方案经济合理性和选择最佳设计方案的依据,是控制施工图设计和施工图预算的依据,是考核建设项目投资效果的依据。

3.施工图预算

施工图预算是指在施工图设计阶段,当施工图设计完成后、工程开工前,根据已批准的施工图纸、现行的规范、定额、单位估价表及各种费用和取费标准等有关资料,在既定的施工方案或施工组织设计前提下,编制和确定建筑安装工程全部建设费用的技术经济文件。

施工图预算是检验设计方案经济合理性的依据,是确定招标控制价、投标报价和合同价的依据,是控制工程投资、拨付工程款、工程结算和竣工决算的依据,是编制施工计划、施工成本控制、加强经济核算和施工管理的依据。

4. 施工预算

施工预算是指在工程施工前,施工单位根据施工图纸、施工定额、施工组织设计等相关资料,编制完成一个单位工程所需费用的经济文件。

施工预算是施工企业内部的一种技术经济文件,是施工企业进行施工准备、编制施工作业计划、加强内部经济核算的依据,是向班组签发施工任务单、考核单位用工、限额领料的依据,是企业开展经济活动分析、进行"两算"对比、控制工程成本的主要依据。

5. 工程结算

工程结算是指施工单位在工程实施过程中,依据建设工程的发承包合同中有关付款约定条件,按照规定的程序向建设单位收取工程预付款、进度款、竣工结算价款的一项经济活动。

工程结算是该工程的实际价格,一般分为工程中间结算和竣工结算。工程结算是施工企业核算工程成本、进行计划统计和经济核算的依据,是施工企业结算工程价款、确定工程收入的依据,也是建设单位编制工程竣工决算的主要依据。

6. 竣工决算

竣工决算是指建设项目或单项工程竣工经验收合格后,建设单位根据竣工结算资料,编制的反映建设项目或单项工程从筹建到竣工验收、交付使用全过程中实际建设成本的技术经济文件。

竣工决算是建设项目的最终实际工程造价,是工程竣工验收、交付使用的重要依据,是建设单位办理新增固定资产的主要依据,是建设项目投资管理的重要环节,是考核建设项目执行水平的基础资料。

【任务探索】 建设项目在不同阶段的工程造价形式的关系。

【任务练习】

一、单项选择题

1. 不属于按建设项目的建设过程分类的是(　　)。

A. 筹建工程　　B. 在建工程　　C. 重建项目　　D. 投产项目

2. 大型食品加工厂属于(　　)。

A. 单项工程　　B. 分部工程　　C. 建设项目　　D. 单位工程

3. 新建工程建设项目的土建工程是一个(　　)。

A. 建设项目　　B. 单项工程　　C. 单位工程　　D. 分部工程

4. 建筑工程中的钢筋工程属于(　　)。

A. 单项工程　　B. 单位工程　　C. 分部工程　　D. 分项工程

5. 在建设项目的划分中,最小的计量单元是(　　)。

A. 单位工程　　B. 分部工程　　C. 分项工程　　D. 工序

6. 工程建设项目的建设程序中,不需要在设计工作阶段做的是(　　)。

A. 可行性研究阶段　　B. 初步设计

C. 技术设计　　D. 施工图设计

7. 建设项目总概算是编制和确定建设项目(　　)。

A. 从筹建到竣工所需建筑安装工程全部费用的文件

B. 从筹建到竣工交付使用所需全部费用的文件

C. 从开工到竣工所需建筑安装工程全部费用的文件

D. 从开工到竣工交付使用所需全部费用的文件

8. 在工程建设的程序中,工程造价经历了(　　)的多次性计价。

A. 估算—概算—修正概算—预算—决算—结算

B. 估算—概算—修正概算—预算—结算—决算

C. 概算—估算—修正概算—预算—结算—决算

D. 概算—修正概算—估算—预算—结算—决算

9. 施工结束之后进行的计价形式称为(　　)。

A. 设计概算　　B. 施工图预算　　C. 竣工结算　　D. 竣工决算

10. 建设程序的可行性研究阶段所做的工程造价为(　　)。

A. 投资估算　　B. 设计概算　　C. 施工图预算　　D. 竣工结算

二、多项选择题

1. 按建设工程用途,是生产性建设项目的有(　　)。

A. 新建的水利工程项目　　B. 新建的交通工程项目

C. 新建的医院项目　　D. 新建的电厂项目

E. 新建的学校项目

2. 在建设项目的划分中,下列项目属于分项工程的是(　　)。

A. 挖基坑　　B. 回填土

C. 门窗工程　　D. 屋面工程

E. 防潮层

3. 在建设项目的划分中,下列项目属于单位工程的是(　　)。

A. 土方工程　　B. 穿线工程

C. 土建工程　　D. 暖通工程

E. 电气照明工程

4. 下列是施工准备阶段所作的主要工作是(　　)。

A. 征地、拆迁和场地平整　　B. 完成施工用水、用电、用路等工作

C. 组织设备、材料订货　　D. 准备必要的施工图纸

E. 组织管理机构,制订管理制度和有关规定

5. 下列基本建设程序不同阶段对应的工程造价形成正确的是(　　)。

A. 可行性研究阶段——投资估算　　B. 初步设计阶段——设计总概算

C. 技术设计阶段——修正概算　　D. 招投标阶段——承包合同价

E. 业主编制决算文件——竣工结算价

任务二　建设工程造价基础知识

【任务导航】

问题1:建设工程造价的含义及特点。

问题2:建设工程造价的计价模式与方法。

问题3:建设项目与建设工程造价的费用构成。

【任务解析】

一、建设工程造价概述

(一)工程造价的含义

建筑工程造价即建筑工程产品的价格。在市场经济条件下,工程造价通常有两种含义。

(1)从投资者的角度理解,工程造价是指建设一项工程的全部固定资产投资费用。通常包括以下费用:①工程费用:建筑安装工程费、设备及工器具购置费;②工程建设其他费用:固定资产其他费用、无形资产费用、其他资产费用;③预备费:基本预备费、涨价预备费;④建设期利息。

(2)从承发包方的角度理解,工程造价是指建设一项工程的承发包价格。它是在建筑市场上通过招标投标,由发包方和承包方共同认可的价格,如建筑安装工程造价。

(二)工程造价的特点

由工程建设的特点所决定,建设工程造价具有以下特点。

1. 大额性

任何一项建设工程,不仅实物形态庞大,且需较大投资金额。工程造价的大额性关系到多方面的经济利益,同时也对社会宏观经济产生重大影响。

2. 单个性(个别性、差异性)

任何一项建设工程都有特殊的用途,其功能、用途各不相同,因而,使得每一项工程的结构、造型、平面布置、设备配置和内外装饰都有不同的要求。工程内容和实物形态的个别差异性决定了工程造价的单个性。

3. 动态性

任何一项建设工程从决策到竣工交付使用,都有一个较长的建设期,在这一期间,如工程变更、材料价格、费率、利率、汇率等会发生变化,这种变化必然会影响工程造价的变动,直至竣工决算后才能最终确定工程造价。

4. 层次性

一个建设项目往往含有多个单项工程,一个单项工程又是由多个单位工程组成的。与此相适应,工程造价也由三个层次相对应,即建设项目总造价、单项工程造价和单位工程造价。

5. 阶段性(多次性)

建设工程周期长、规模大、造价高,不能一次确定可靠的价格,要在建设程序的各个阶段进行多次性计价,以保证工程造价确定和控制的科学性,逐步接近最终工程造价的过程。如投资估算、设计概算、施工图预算、工程结算、竣工决算等。

(三)工程造价的职能和作用

(1)预测职能。工程造价对于投资者是工程项目决策和资金准备的依据,对于承包商是确定工程投标决策和投标报价的依据。

(2)控制职能。工程造价对于投资者是控制工程项目投资的依据,对于承包商是控制工程项目成本的依据。

(3)评价职能。工程造价是评价项目投资效果的重要指标,也是评价建设工程项目管理水平和经营成果的重要依据。

二、建设工程造价的计价方法

我国现行的工程造价计价方法有单价法和实物法两种。

(一)单价法

单价法编制工程造价在定额计价模式和工程量清单计价模式下又分为工料单价法与综合单价法。

1. 工料单价法

工料单价法首先根据施工图纸和计价定额要求计算相应的分项工程工程量,套用计价定额中的定额单价得出定额直接费,再按照规定程序计算出其他各项相关费用及利润和税金,最后汇总形成单位工程的工程造价。即

$$单位工程造价 = \sum(分项工程量 \times 定额单价) \times (1 + 各种费用的费率 + 利润率) \times (1 + 税金率) \tag{1-1}$$

其中:

$$定额单价 = 人工费 + 材料费 + 机械使用费$$

2. 综合单价法

综合单价法首先根据施工图纸和相关专业工程工程量计算规范要求计算相应的分项工程实物工程量和各项工程量清单(由招标方完成),根据施工组织设计和计价规范得出的综合单价计算出分部分项工程费,再按照规定程序计算出措施项目费、其他项目费、规费、税金等其他费用,最后汇总形成单位工程的工程造价。即

$$单位工程造价 = [\sum(分部分项工程量 \times 综合单价) + 措施项目费 + 其他项目费 + 规费] \times (1 + 税金率) \tag{1-2}$$

其中:

$$综合单价 = 人工费 + 材料费 + 施工机具使用费 + 企业管理费 + 利润 + 风险费$$

(二)实物法

实物法首先根据施工图纸计算出各分项工程的实物工程量,然后套用相应定额分别计算其人工、材料、机械台班的消耗量,再分别乘以工程所在地当时的人工、材料、机械台班的市场价,求出单位工程的人工费、材料费和施工机械使用费,并汇总得出直接工程费,再按照规定程序计算出其他各项相关费用及利润和税金,最后汇总形成单位工程的工程造价。即

$$单位工程造价 = [\sum(分项工程量 \times 定额人工用量 \times 当时当地的人工单价) + \sum(分项工程量 \times 定额材料用量 \times 当时当地的材料单价) + \sum(分项工程量 \times 定额机械台班用量 \times 当时当地的机械台班单价)] \times (1 + 各种费用的费率 + 利润率) \times (1 + 税金率) \tag{1-3}$$

三、建设工程造价的构成

建设项目投资是指在工程项目建设阶段所需要的全部费用的总和。生产性建设项目总投资包括固定资产投资(建设投资、建设期利息)和流动资产投资(流动资金);非生产性建设项目总投资指固定资产投资(工程造价)。建设项目总投资的具体构成如图1-1所示。

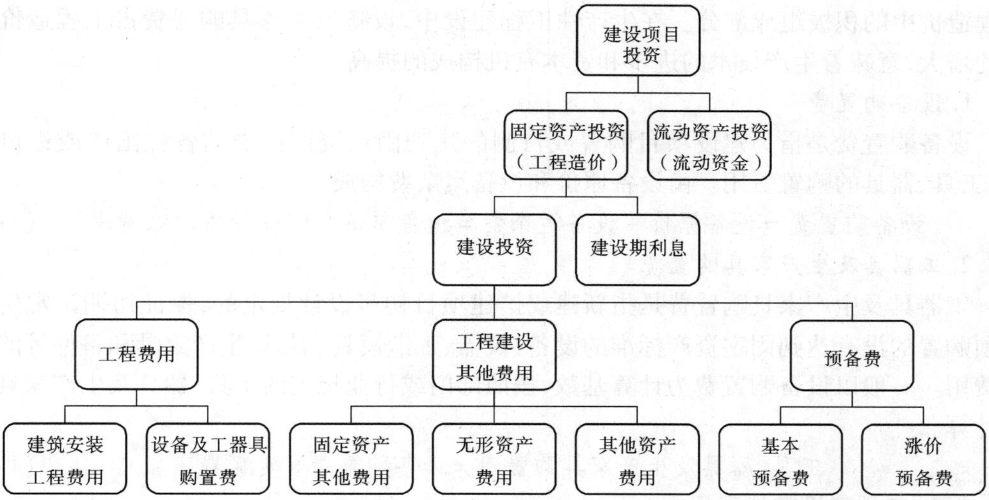

图1-1　建设项目总投资构成

(一)建筑安装工程费用

建筑安装工程费用多为工程施工招标投标过程中的建筑工程造价,建设项目工程造价的重要组成部分,是确定单项工程造价的重要依据。一般包括建筑工程费和安装工程费。

1. 建筑工程费

建筑工程费是指包括房屋建筑物、构筑物及附属工程等在内的各种工程费用。具体内容包括:

(1)各类房屋建筑工程和列入房屋建筑工程预算的供水、供暖、卫生、通风、煤气等设备费用,以及各种管道、电力、电信和电缆导线敷设工程、油饰工程的费用。

(2)设备基础、工作台、烟囱、水塔、水池等建筑工程以及各种炉窑的砌筑工程和金属结构工程的费用。

(3)为施工而进行的工程、水文地质勘察,原有建筑物和障碍物的拆除及场地平整,施工临时用水、电、气、路和完工后的场地清理,环境绿化、美化等费用。

(4)矿井开凿、井巷延伸、露天矿剥离,石油、天然气钻井,修建铁路、公路、桥梁、水库、堤坝、灌渠及防洪等工程的费用。

2. 安装工程费

安装工程费是指各种机械设备安装及其附属工程的费用。具体内容包括:

(1)生产、动力、起重、运输、传动和医疗、试验等各种需要安装的机械设备的装配费用,与设备相关的工作台、梯子、栏杆、附属的管线敷设、绝缘、防腐、保温、油漆等设施工程费用。

(2)为测定安装工程质量,对单台设备进行单机试运转,对系统设备进行系统联动无负荷试运转工作的调试费。

(二)设备及工器具购置费

设备及工器具购置费由设备购置费和工器具及生产家具购置费组成。它是建设项目工程造价中的积极组成部分。在生产性工程建设中,设备及工器具购置费占工程造价比重的增大,意味着生产技术的进步和资本有机构成的提高。

1. 设备购置费

设备购置费是指为建设项目购置或自制的达到固定资产标准的各种国产或进口设备、工具、器具的购置费用。由设备原价和设备运杂费构成。

$$设备购置费 = 设备原价 + 设备运杂费 = 设备原价 \times (1 + 设备运杂费率) \quad (1\text{-}3)$$

2. 工器具及生产家具购置费

工器具及生产家具购置费是指新建或扩建项目初步设计规定的,保证初期正常生产必须购置的没有达到固定资产标准的设备、仪器、工卡模具、器具、生产家具和备件等的购置费用。一般以设备购置费为计算基数,按照部门或行业规定的工具、器具及生产家具费率计算。

$$工具、器具及生产家具购置费 = 设备购置费 \times 定额费率 \quad (1\text{-}4)$$

(三)工程建设其他费用

工程建设其他费用是指从工程筹建到工程竣工验收、交付生产使用的整个建设期间,为保证工程建设顺利完成和交付使用后能够正常发挥效用而发生的各项费用。工程建设其他费用按资产属性分为固定资产其他费用、无形资产费用和其他资产费用。

1. 固定资产其他费用

1)建设管理费

建设管理费是指建设单位从项目筹建开始直至工程竣工验收合格或交付使用为止的项目建设管理费用。其费用包括:

(1)建设单位管理费:是指建设单位发生的管理性质的各项开支。包括工作人员工资、工资性补贴、施工现场津贴、职工福利费、住房基金、基本养老保险费、基本医疗保险费、失业保险费、工伤保险费、办公费、差旅交通费、劳动保护费、工具用具使用费、固定资产使用费、必要的办公及生活用品购置费、必要的通信设备及交通工具购置费、零星固定资产购置费、招募生产工人费、技术图书资料费、业务招待费、设计审查费、工程招标费、合同契约公证费、法律顾问费、咨询费、完工清理费、竣工验收费、印花税和其他管理性质开支。

(2)工程监理费:是指建设单位委托工程监理单位实施工程监理的费用。

(3)工程质量监督费:是指工程质量监督检验部门检验工程质量而收取的费用。

(4)招标代理费:是指建设单位委托招标代理单位进行工程、设备材料和服务招标支付的服务费用。

(5)工程造价咨询费:是建设单位委托具有相应资质的工程造价咨询企业进行工程

建设项目的投资估算、设计概算、施工图预算、招标控制价、工程结算等或进行工程建设全过程造价控制与管理所发生的费用。

2)建设用地费

建设用地费即土地使用费。是指建设项目征用或租用土地所应支付的土地征用及迁移补偿费或土地使用权出让金。

(1)土地征用及迁移补偿费:是指建设项目通过划拨方式取得无限期土地使用权,按照《中华人民共和国土地管理法》等规定所需支付的费用。具体包括:土地补偿费,青苗补偿费和被征用土地上的附着物补偿费,安置补助费,耕地占用税或城镇土地使用税,土地登记费及征地管理费,征地动迁费,水利水电工程水库淹没处理补偿费等。

(2)土地使用权出让金:是指建设项目通过土地使用权出让方式取得有限期土地使用权,按照《中华人民共和国城镇国有土地使用权出让和转让暂行条例》规定支付的土地使用权出让金。

3)可行性研究费

可行性研究费是指在建设项目前期工作中,编制和评估项目建议书(或预可行性研究报告)、可行性研究报告所需的费用。

4)研究试验费

研究试验费是指为本建设项目提供或验证设计数据、资料等进行必要的研究试验及按照设计规定在建设过程中必须进行试验、验证所需的费用。

5)勘察设计费

勘察设计费是指委托勘察设计单位进行工程水文地质勘察、工程设计所发生的各项费用。具体包括:工程勘察费、初步设计费(基础设计费)、施工图设计费(详细设计费)、设计模型制作费。

6)环境影响评价费

环境影响评价费是指按照《中华人民共和国环境保护法》《中华人民共和国环境影响评价法》等规定,为全面、详细地评价建设项目对环境可能产生的污染或造成的重大影响所需的费用。具体包括编制环境影响报告书(含大纲)、环境影响报告表和评估环境影响报告书(含大纲)、评估环境影响报告表等所需的费用。

7)劳动安全卫生评价费

劳动安全卫生评价费是指按照劳动部《建设项目(工程)劳动安全卫生监察规定》和《建设项目(工程)劳动安全卫生预评价管理办法》的规定,为预测和分析建设项目存在的职业危险、危害因素的种类和危险危害程度,并提出先进、科学、合理可行的劳动安全卫生技术和管理对策所需的费用。具体包括编制建设项目劳动安全卫生预评价大纲和劳动安全卫生预评价报告书,以及为编制上述文件所进行的工程分析和环境现状调查等所需的费用。

8)场地准备及临时设施费

场地准备及临时设施费包括场地准备费和临时设施费。

(1)场地准备费:是指建设项目为达到工程开工条件所发生的场地平整和对建设场地内其他设施进行拆除清理的费用。

(2)临时设施费:是指为满足施工建设需要而供应到场地界区的临时水、电、路、通信等其他工程费用和建设单位的现场临时建筑物的搭设、维修、拆除、摊销或建设期间的租赁费用,以及施工期间专用公路养护费、维修费。

9)引进技术和引进设备其他费

引进技术和引进设备其他费是指引进技术和设备发生的未计入设备费的费用。具体内容包括:引进项目图纸资料翻译复制费,备品备件测绘费,出国人员费用,国外工程技术人员来华费用,银行担保及承诺费等。

10)工程保险费

工程保险费是指建设项目在建设期间根据需要对建筑工程、安装工程、机器设备和人身安全进行投保而发生的保险费用。具体内容包括建筑安装工程一切险、引进设备财产保险和人身意外伤害险等。

11)联合试运转费

联合试运转费是指新建项目或新增加生产能力的工程,在交付生产前按照批准的设计文件所规定的工程质量标准和技术要求,进行整个生产线或装置的负荷联合试运转或局部联动试车所发生的费用净支出(试运转支出大于收入的差额部分费用)。

12)特殊设备安全监督检验费

特殊设备安全监督检验费是指在施工现场组装的锅炉及压力容器、消防设备、燃气设备、电梯等特殊设备和设施,由安全监察部门按照有关安全监察条例和实施细则及设计技术要求进行安全检验,应由建设项目支付的、向安全监察部门缴纳的费用。

13)市政公用设施费

市政公用设施费是指使用市政公用设施的建设项目,项目建设单位按照项目所在地省一级人民政府有关规定建设或缴纳的市政公用设施建设配套费用,以及绿化工程补偿费用。

2. 无形资产费用

无形资产费用是指直接形成无形资产的建设投资,主要是指专利及专有技术使用费。具体内容包括:

(1)国外设计及技术资料费,引进有效专利、专有技术使用费和技术保密费。

(2)国内有效专利、专有技术使用费。

(3)商标使用费和特许经营权费等。

3. 其他资产费用

其他资产费用主要是指生产准备及开办费。即建设项目为保证正常生产或使用而发生的人员培训费、提前进厂费,以及投产使用初期必备的生产办公、生活家具用具、工器具等购置费用。具体内容包括:

(1)人员培训费及提前进厂费:自行组织培训或委托其他单位培训的人员工资、工资性补贴、职工福利费、差旅交通费、劳动保护费、学习资料费等。

(2)为保证初期正常生产或使用所必需的生产办公、生活家具用具购置费。

(3)为保证初期正常生产或使用必需的第一套不够固定资产标准的生产工具、器具、用具购置费(不包括备品备件费)。

(四)预备费

在编制建设项目投资估算、设计概算时,除工程费用、工程建设其他费用外,还应计算预备费、建设期贷款利息。按我国现行规定,预备费包括基本预备费和涨价预备费。

1. 基本预备费

基本预备费是指在编制建设项目投资估算、设计概算时,针对项目实施过程中可能发生难以预料的支出而需要事先预留的费用,又称工程建设不可预见费。具体内容包括:

(1)在批准的初步设计范围内,技术设计、施工图设计及施工过程中所增加的工程费用;设计变更、局部地基处理等增加的费用。

(2)一般自然灾害造成的损失和预防自然灾害所采取的措施费用。

(3)竣工验收时为鉴定工程质量对隐蔽工程进行必要的挖掘和修复费用。

基本预备费是按工程费用和工程建设其他费用二者之和为计取基础,乘以基本预备费费率进行计算。即

$$基本预备费=(工程费用+工程建设其他费用)\times 基本预备费费率 \tag{1-5}$$

2. 涨价预备费

涨价预备费是指针对建设项目在建设期间由于人工、材料、设备、施工机械等价格变化引起工程造价变化而事先预留的费用,又称价差预备费或价格变动不可预见费。具体内容包括:人工、材料、设备、施工机械的价差费,建筑安装工程费及工程建设其他费用调整,利率、汇率调整等增加的费用。

涨价预备费一般根据国家规定的投资综合价格指数,以估算年份价格水平的投资额为基数,根据价格变动趋势,预测年均投资价格上涨率,采用复利方法计算。

(五)建设期利息

建设期利息是指工程项目在建设期间内发生并计入固定资产的利息,主要是指在项目建设期发生的支付银行贷款、出口信贷、债券等的借款利息和融资费用。

建设期贷款利息一般根据建设期资金用款计划,按当年借款在当年年中支用考虑,即当年借款按半年计息,上年借款按全年计息。利用国外贷款的利息计算中,还应考虑贷款协议中向贷款方收取的手续费、管理费和承诺费,以及国内代理机构经国家主管部门批准的以年利率的方式向贷款方收取的转贷费、担保费和管理费等。

【任务探索】 建设工程造价各项费用的计算方法。

【任务练习】

一、单项选择题

1. 建设工程的工程造价与( )在量上相等。

A. 固定资产投资 B. 流动资产投资 C. 无形资产投资 D. 递延资产投资

2. 工程造价是指为建设某项工程,预计或实际在土地市场、设备市场、技术劳务市场、承包市场等交易活动中,形成工程承发包价格。它是从( )角度定义的。

A. 投资者 B. 业主 C. 承包商 D. 政府

3. 工程项目之间千差万别,在用途、结构、造型、坐落位置等方面都有很大的不同,工程内容和实物形态的个别差异性决定了工程造价具有( )特点。

A. 动态性 B. 单个性 C. 层次性 D. 阶段性

4. 综合单价是完成工程量清单中一个规定计量单位项目所需的人工费、材料费、施工

机具使用费、(　　),并考虑风险因素。

A. 管理费和利润　　B. 折旧费和大修费

C. 保险费和风险费　　D. 管理费和税金

5. 某建设项目投资构成中,设备及工、器具购置费为2 000万元,建筑安装工程费为1 000万元,工程建设其他费用为500万元,预备费为200万元,建设期贷款为1 800万元,应计利息80万元,流动资金贷款400万元,则该建设项目的工程造价为(　　)万元。

A. 5 980　　B. 5 580　　C. 3 780　　D. 4 180

6. 按我国现行投资构成,下列费用中不属于工程建设其他费用的是(　　)。

A. 勘察设计费　　B. 研究试验费

C. 建设期贷款利息　　D. 联合试运转费

7. 联合试运转费是指新建项目在交付生产前,按照批准的设计文件所规定的工程质量标准和技术要求,进行整个生产线或装置的负荷联合试运转所发生的(　　)。

A. 试运转费用支出　　B. 试运转费用收入

C. 费用净支出　　D. 施工单位参加试运转人员的工资

8. 在编制工程建设其他费用定额时,基本预备费的计取基础是(　　)。

A. 工程费用

B. 工程费用+工程建设其他费

C. 工程费用+建设期贷款利息

D. 工程费用+工程建设其他费+建设期贷款利息

二、多项选择题

1. 建设项目总投资的组成主要分为(　　)。

A. 固定资产投资　　B. 建筑安装工程费

C. 预备费　　D. 设备及工器具购置费

E. 流动资产投资

2. 在建筑安装工程费用项目组成中临时设施费用内容包括(　　)费用。

A. 临时设施的搭设　　B. 照明设施的搭设

C. 临时设施的维修　　D. 临时设施的拆除

E. 临时设施的摊销费

3. 以下属于无形资产的有(　　)。

A. 商标权　　B. 著作权

C. 商誉　　D. 专利权

E. 办公设备

4. 以下(　　)属于建筑工程费用内容。

A. 列入建筑工程预算的各种管道、电力和电缆导线敷设工程的费用

B. 附属于被安装设备的管线敷设工程费用

C. 各种炉窑的砌筑工程的费用

D. 修建水库、堤坝、灌渠及防洪等工程的费用

E. 为测定安装工程质量,对单台设备进行单机试运转工作的调试费

任务三 建筑安装工程费用的构成

【任务导航】

问题1:我国现行建筑安装工程费用的构成要素及含义。

问题2:目前工程量清单计价模式下建筑安装工程造价的组成。

【任务解析】

根据国家住房城乡建设部、财政部关于印发《建筑安装工程费用项目组成》的通知(建标〔2013〕44号),我国现行建筑安装工程费用按费用构成要素由人工费、材料费、施工机具使用费、企业管理费、利润、规费和税金组成(见图1-2);按照工程造价形成顺序和《建设工程工程量清单计价规范》(GB 50500—2013)的有关规定,为指导工程造价专业人员按工程量清单计价模式计算建筑安装工程造价,将建筑安装工程费用划分为分部分项工程费、措施项目费、其他项目费、规费和税金。

一、建筑安装工程费用构成要素

(一)人工费

人工费是指按工资总额构成规定,支付给从事建筑安装工程施工的生产工人和附属生产单位工人的各项费用。内容包括:

(1)计时工资或计件工资:是指按计时工资标准和工作时间或对已做工作按计件单价支付给个人的劳动报酬。

(2)奖金:是指对超额劳动和增收节支支付给个人的劳动报酬。如节约奖、劳动竞赛奖等。

(3)津贴、补贴:是指为了补偿职工特殊或额外的劳动消耗和因其他特殊原因支付给个人的津贴,以及为了保证职工工资水平不受物价影响支付给个人的物价补贴。如流动施工津贴、特殊地区施工津贴、高温(寒)作业临时津贴、高空津贴等。

(4)加班加点工资:是指按规定支付的在法定节假日工作的加班工资和在法定日工作时间外延时工作的加点工资。

(5)特殊情况下支付的工资:是指根据国家法律、法规和政策规定,因病、工伤、产假、计划生育假、婚丧假、事假、探亲假、定期休假、停工学习、执行国家或社会义务等原因按计时工资标准或计时工资标准的一定比例支付的工资。

(二)材料费

材料费是指施工过程中耗费的原材料、辅助材料、构配件、零件、半成品或成品、工程设备的费用。内容包括:

(1)材料原价:是指材料、工程设备的出厂价格或商家供应价格。

(2)运杂费:是指材料、工程设备自来源地运至工地仓库或指定堆放地点所发生的全部费用。

(3)运输损耗费:是指材料在运输装卸过程中不可避免的损耗。

(4)采购及保管费:是指为组织采购、供应和保管材料、工程设备的过程中所需要的

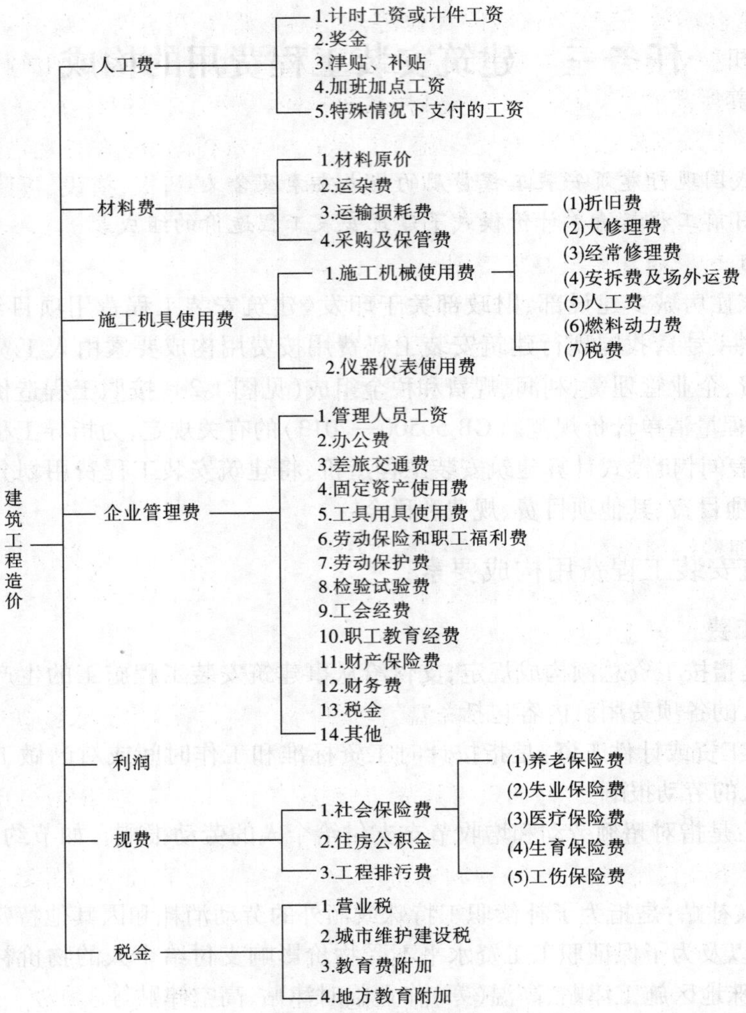

图 1-2 建筑安装工程费用构成

各项费用。包括采购费、仓储费、工地保管费、仓储损耗。

工程设备是指构成或计划构成永久工程一部分的机电设备、金属结构设备、仪器装置及其他类似的设备和装置。

(三)施工机具使用费

施工机具使用费是指施工作业所发生的施工机械、仪器仪表使用费或其租赁费。

1. 施工机械使用费

施工机械使用费以施工机械台班耗用量乘以施工机械台班单价表示，施工机械台班单价应由下列七项费用组成：

(1)折旧费：指施工机械在规定的使用年限内，陆续收回其原值的费用。

(2)大修理费：指施工机械按规定的大修理间隔台班进行必要的大修理，以恢复其正常功能所需的费用。

(3)经常修理费:指施工机械除大修理外的各级保养和临时故障排除所需的费用。包括为保障机械正常运转所需替换设备与随机配备工具附具的摊销和维护费用,机械运转中日常保养所需润滑与擦拭的材料费用及机械停滞期间的维护和保养费用等。

(4)安拆费及场外运费:安拆费指施工机械(大型机械除外)在现场进行安装与拆卸所需的人工、材料、机械和试运转费用以及机械辅助设施的折旧、搭设、拆除等费用;场外运费指施工机械整体或分体自停放地点运至施工现场或由一施工地点运至另一施工地点的运输、装卸、辅助材料及架线等费用。

(5)人工费:指机上司机(司炉)和其他操作人员的人工费。

(6)燃料动力费:指施工机械在运转作业中所消耗的各种燃料及水、电等。

(7)税费:指施工机械按照国家规定应缴纳的车船使用税、保险费及年检费等。

2. 仪器仪表使用费

仪器仪表使用费是指工程施工所需使用的仪器仪表的摊销及维修费用。

(四)企业管理费

企业管理费是指建筑安装企业组织施工生产和经营管理所需的费用。内容包括:

(1)管理人员工资:是指按规定支付给管理人员的计时工资、奖金、津贴补贴、加班加点工资及特殊情况下支付的工资等。

(2)办公费:是指企业管理办公用的文具、纸张、账表、印刷、邮电、书报、办公软件、现场监控、会议、水电、烧水和集体取暖降温(包括现场临时宿舍取暖降温)等费用。

(3)差旅交通费:是指职工因公出差、调动工作的差旅费、住勤补助费,市内交通费和误餐补助费,职工探亲路费,劳动力招募费,职工退休、退职一次性路费,工伤人员就医路费,工地转移费,以及管理部门使用的交通工具的油料、燃料等费用。

(4)固定资产使用费:是指管理和试验部门及附属生产单位使用的属于固定资产的房屋、设备、仪器等的折旧、大修、维修或租赁费。

(5)工具用具使用费:是指企业施工生产和管理使用的不属于固定资产的工具、器具、家具、交通工具和检验、试验、测绘、消防用具等的购置、维修和摊销费。

(6)劳动保险和职工福利费:是指由企业支付的职工退职金、按规定支付给离休干部的经费,集体福利费、夏季防暑降温、冬季取暖补贴、上下班交通补贴等。

(7)劳动保护费:是企业按规定发放的劳动保护用品的支出。如工作服、手套、防暑降温饮料以及在有碍身体健康的环境中施工的保健费用等。

(8)检验试验费:是指施工企业按照有关标准规定,对建筑以及材料、构件和建筑安装物进行一般鉴定、检查所发生的费用,包括自设试验室进行试验所耗用的材料等费用。不包括新结构、新材料的试验费,对构件做破坏性试验及其他特殊要求检验试验的费用和建设单位委托检测机构进行检测的费用,对此类检测发生的费用,由建设单位在工程建设其他费用中列支。但对施工企业提供的具有合格证明的材料进行检测不合格的,该检测费用由施工企业支付。

(9)工会经费:是指企业按《中华人民共和国工会法》规定的全部职工工资总额比例计提的工会经费。

(10)职工教育经费:是指按职工工资总额的规定比例计提,企业为职工进行专业技术和职业技能培训,专业技术人员继续教育、职工职业技能鉴定、职业资格认定以及根据需要对职工进行各类文化教育所发生的费用。

(11)财产保险费:是指施工管理用财产、车辆等的保险费用。

(12)财务费:是指企业为施工生产筹集资金或提供预付款担保、履约担保、职工工资支付担保等所发生的各种费用。

(13)税金:是指企业按规定缴纳的房产税、车船使用税、土地使用税、印花税等。

(14)其他:包括技术转让费、技术开发费、投标费、业务招待费、绿化费、广告费、公证费、法律顾问费、审计费、咨询费、保险费等。

(五)利润

利润是指施工企业完成所承包工程获得的盈利。

(六)规费

规费是指按国家法律、法规规定,由省级政府和省级有关权力部门规定必须缴纳或计取的费用。内容如下。

1. 社会保险费

(1)养老保险费:是指企业按照规定标准为职工缴纳的基本养老保险费。

(2)失业保险费:是指企业按照规定标准为职工缴纳的失业保险费。

(3)医疗保险费:是指企业按照规定标准为职工缴纳的基本医疗保险费。

(4)生育保险费:是指企业按照规定标准为职工缴纳的生育保险费。

(5)工伤保险费:是指企业按照规定标准为职工缴纳的工伤保险费。

2. 住房公积金

住房公积金是指企业按规定标准为职工缴纳的住房公积金。

3. 工程排污费

工程排污费是指按规定缴纳的施工现场工程排污费。

其他应列而未列入的规费,按实际发生计取。

(七)税金

税金是指国家税法规定的应计入建筑安装工程造价内的营业税、城市维护建设税、教育费附加及地方教育附加。

(1)营业税:营业税的税额为营业额的3%。

(2)城市维护建设税:应纳税额=应纳营业税税额×适用税率。

城市维护建设税的纳税人所在地为市区的,按营业税的7%征收;所在地为县镇的,按营业税的5%征收;所在地为农村的,按营业税的1%征收。

(3)教育费附加:教育费附加税额为营业税的3%。

(4)地方教育附加:地方教育附加税额为营业税的2%。

二、建筑安装工程造价的组成

按照我国现行《建设工程工程量清单计价规范》(GB 50500—2013)的有关规定,采用工程量清单计价,建筑安装工程费用由分部分项工程费、措施项目费、其他项目费、规费和税金五部分组成,又称为建设工程造价。建筑安装工程费的组成见图1-3。

其中分部分项工程费、措施项目费、其他项目费均由人工费、材料费、施工机具使用费、企业管理费和利润等全部费用组成。

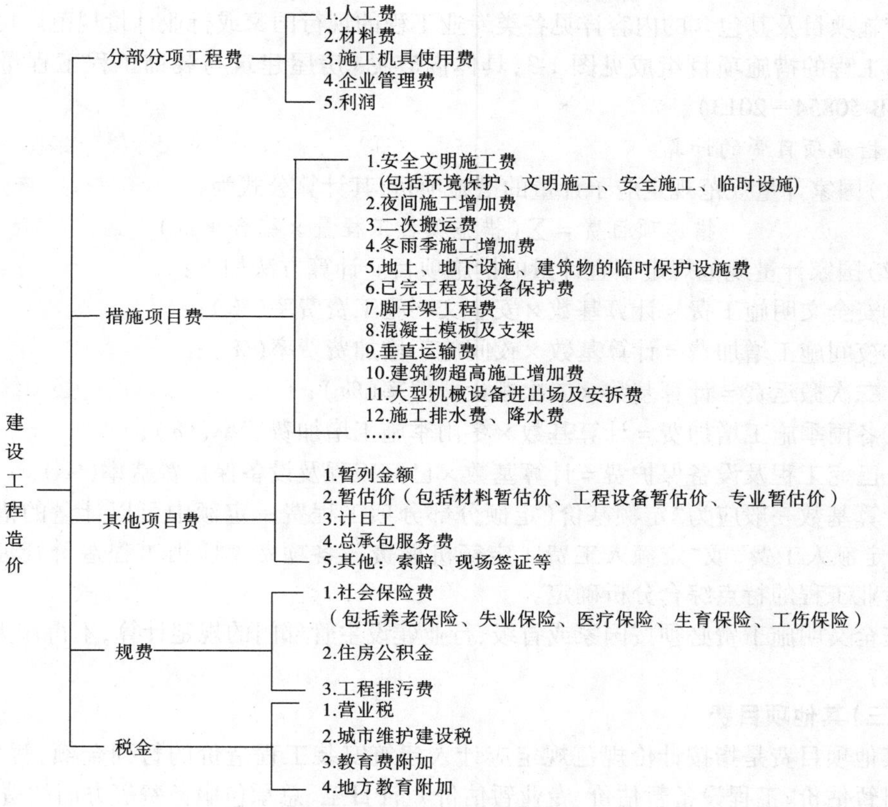

图 1-3　建筑安装工程费用

(一)分部分项工程费

分部分项工程费是指各专业工程的分部分项工程应予列支的各项费用。

1. 专业工程和分部分项工程的内容

(1)专业工程是指按现行国家计量规范划分的房屋建筑与装饰工程、仿古建筑工程、通用安装工程、市政工程、园林绿化工程、矿山工程、构筑物工程、城市轨道交通工程、爆破工程等各类工程。

(2)分部分项工程指按现行国家计量规范对各专业工程划分的项目。如房屋建筑与装饰工程划分的土石方工程、地基处理与边坡支护工程、桩基工程、砌筑工程、钢筋及钢筋混凝土工程等。

2. 分部分项工程费的计算

$$\text{分部分项工程费} = \sum(\text{分部分项工程量} \times \text{综合单价}) \tag{1-6}$$

式中:综合单价包括人工费、材料费、施工机具使用费、企业管理费、利润和一定范围的风险费用。

(二)措施项目费

措施项目费是指为完成建设工程施工,发生于该工程施工前和施工过程中的技术、生活、安全、环境保护等方面的费用。

1. 措施项目的内容

措施项目及其包含的内容详见各类专业工程的现行国家或行业计量规范。房屋建筑与装饰工程的措施项目组成见图1-3，具体内容见《房屋建筑与装饰工程工程量计算规范》(GB 50854—2013)。

2. 措施项目费的计算

(1)国家计量规范规定应予计量的措施项目，其计算公式为：

$$措施项目费 = \sum(措施项目工程量 \times 综合单价) \quad (1\text{-}7)$$

(2)国家计量规范规定不宜计量的措施项目。计算方法如下：

①安全文明施工费 = 计算基数 × 安全文明施工费费率(%)；

②夜间施工增加费 = 计算基数 × 夜间施工增加费费率(%)；

③二次搬运费 = 计算基数 × 二次搬运费费率(%)；

④冬雨季施工增加费 = 计算基数 × 冬雨季施工增加费费率(%)；

⑤已完工程及设备保护费 = 计算基数 × 已完工程及设备保护费费率(%)。

计算基数一般应为“定额基价(定额分部分项工程费 + 定额中可以计量的措施项目费)”“定额人工费”或“定额人工费 + 定额机械费”；各项费率应由工程造价管理机构根据各专业工程的特点综合分析确定。

安全文明施工费必须按国家或省级、行业建设主管部门的规定计算，不得作为竞争性费用。

(三)其他项目费

其他项目费是指按计价规范规定应计入建筑安装工程造价的暂列金额、暂估价(包括材料暂估价、工程设备暂估价、专业暂估价)、计日工、总承包服务费等方面的费用。

1. 暂列金额

暂列金额是指招标人在工程量清单中暂定并包括在工程合同价款中的一笔款项。用于施工合同签订时尚未确定或者不可预见的所需材料、工程设备、服务的采购，施工中可能发生的工程变更、合同约定调整因素出现时的工程价款调整以及发生的索赔、现场签证确认等的费用。

在工程量清单编制时，暂列金额由建设单位(发包人)根据工程特点，按有关计价规定估算；在编制招标拦标价和投标报价文件时，暂列金额应按招标工程量清单中列出的金额计入工程造价；在合同签约后或施工过程中，暂列金额由建设单位(发包人)掌握使用；在工程竣工结算时，暂列金额扣除合同价款调整后的余额归建设单位所有。

2. 暂估价

暂估价是指招标人在工程量清单中提供的用于支付必然发生但暂时不能确定价格的材料、工程设备的单价以及专业工程的金额。包括材料暂估单价、工程设备暂估单价、专业工程暂估价。

在工程量清单编制时，暂估价由建设单位(发包人)根据材料、工程设备的市场价格和专业工程特点，按有关计价规定估算；在编制招标拦标价和投标报价文件时，材料暂估单价、工程设备暂估单价应按招标工程量清单中列出的单价计入综合单价，专业工程暂估价应按招标工程量清单中列出的金额计入工程造价；在工程竣工结算时，暂估价应按有关材料、工程设备、专业工程的招标中标价或发承包人共同确定的价格进行合同价款的调整。

3. 计日工

计日工是指在施工过程中，承包人完成发包人提出的工程合同范围以外的零星项目或工作所需的费用。

在工程量清单编制时，计日工由建设单位（发包人）根据工程特点，对完成零星项目或工作所消耗的人工工时、材料数量、施工机械台班进行估算；在编制招标拦标价和投标报价文件时，招标人应按招标工程量清单中列出的计日工项目根据工程特点和有关计价依据计算，投标人应按招标工程量清单中列出的计日工项目自主确定各项综合单价并计算费用；在工程竣工结算时，计日工由建设单位和施工企业按施工过程中的签证计价。

4. 总承包服务费

总承包服务费是指总承包人为配合、协调建设单位进行的专业工程发包，对建设单位自行采购的材料、工程设备等进行保管以及施工现场管理、竣工资料汇总整理等服务所需的费用。

在编制招标拦标价和投标报价文件时，总承包服务费由建设单位在招标控制价中根据招标工程量清单中列出总包服务范围和有关计价规定编制，施工企业投标时应根据招标工程量清单中列出的内容和提出的要求自主报价；在工程施工过程中和竣工结算时，总承包服务费应按签约合同约定执行。

（四）规费

规费是指根据国家法律、法规规定，由省级政府或省级有关权力部门规定施工企业必须缴纳的，应计入建筑安装工程造价的费用。

按照《建筑安装工程费用项目组成》的通知（建标〔2013〕44 号）的规定，其内容包括：社会保险费、住房公积金、工程排污费，见图 1-3。规费必须按国家或省级、行业建设主管部门的规定计算，不得作为竞争性费用。

1. 社会保险费和住房公积金

社会保险费和住房公积金应以定额人工费为计算基础，根据工程所在地省、自治区、直辖市或行业建设主管部门规定费率计算。

$$\text{社会保险费和住房公积金} = \sum(\text{工程定额人工费} \times \text{社会保险费和住房公积金费率}) \tag{1-8}$$

2. 工程排污费

工程排污费等其他应列而未列入的规费应按工程所在地环境保护等部门规定的标准缴纳，按实计取列入工程造价。

（五）税金

税金是指国家税法规定的应计入建筑安装工程造价内的营业税、城市维护建设税、教育费附加以及地方教育附加。税金必须按国家税法的规定计算，不得作为竞争性费用。如国家税法发生变化，税务部门依据职权增加了税种，应对税金项目清单进行补充。

$$\text{税金} = \text{税前造价} \times \text{综合税率}(\%) \tag{1-9}$$

我国目前综合税率规定:纳税地点在市区的企业为3.477%,纳税地点在县城、镇的企业为3.413%,纳税地点不在市区、县城、镇的企业为3.284%。实行营业税改增值税的,按纳税地点现行税率计算。

【任务探索】 参照《建筑安装工程费用项目组成》(建标〔2013〕44号)分析建筑安装工程费用的计算方法。

【任务练习】

一、单项选择题

1.根据《建筑安装工程费用项目组成》(建标〔2013〕44号)文件的规定,下列属于人工费的是( )。

A.六个月以上的病假人员的工资　　B.装载机司机工资

C.公司安全监督人员工资　　D.电焊工产、婚假期的工资

2.操作机械的司机的工资属于( )。

A.直接工程费中的人工费　　B.企业管理费中的管理人员工资

C.施工机械使用费中的人工费　　D.劳动保险费

3.现场项目经理的工资列入( )。

A.人工费　　B.措施费　　C.企业管理费　　D.规费

4.根据我国现行建筑安装工程费用项目组成的规定,工地现场材料采购人员的工资应计入( )。

A.人工费　　B.材料费　　C.规费　　D.企业管理费

5.材料的场外运输损耗包含在( )内。

A.材料原价　　B.运杂费　　C.保管费　　D.采购费

6.( )不属于材料费的内容。

A.材料原价　　B.材料采购及保管费

C.材料二次搬运费　　D.材料运杂费

7.下列材料采购及保管费计算公式正确的一项是( )。

A.材料采购及保管费=(材料原价+运杂费+运输损耗费)×采购及保管费率

B.材料采购及保管费=(材料原价+运输损耗费)×采购及保管费率

C.材料预算价格=(材料原价+运杂费)×(1+运输损耗费)×采购及保管费率

D.材料采购及保管费=(材料原价+运输损耗费)×(1+运杂费率)×(1−采购及保管费率)

8.某施工项目部为某工程施工购买水泥,从甲单位购买水泥100 t,单价为280元/t;从乙单位购买水泥100 t,单价为260元/t;从丙单位购买水泥200 t,单价为240元/t,该水泥的材料原价为( )元。

A.260　　B.255　　C.280　　D.240

9.下列不属于施工机械使用费的是( )。

A.折旧费　　B.大修理费　　C.燃料动力费　　D.差旅交通费

10.广告费应属于( )。

A.措施费　　B.规费　　C.办公费　　D.企业管理费

11. 在建筑安装工程费用项目组成中，下列不属于措施费的是(　　)。

A. 施工排水、降水费　　B. 夜间施工费

C. 工程排污费　　D. 文明施工费

12. 根据《建筑安装工程费用项目组成》(建标〔2013〕44 号)文件的规定，大型机械设备进出场及安拆费中的辅助设施费用应计入(　　)。

A. 分部分项工程费　　B. 材料费

C. 施工机械使用费　　D. 措施费

13. 建筑安装工程费用中社会保险费不包括(　　)。

A. 养老保险费　B. 住房公积金　C. 医疗保险费　D. 失业保险费

14. 按照我国的现行规定，施工单位所需的临时设施搭建费属于(　　)。

A. 直接工程费　B. 措施费　C. 企业管理费　D. 工程建设其他费

二、多项选择题

1. 下列费用中不属于建筑安装工程人工费组成内容的有(　　)。

A. 生产工人的劳保福利费　　B. 生产工人的工会经费和职工教育经费

C. 现场管理人员的工资　　D. 生产工人辅助工资

E. 生产工人退休后的退休金

2. 下列费用中属于建筑安装工程材料费的是(　　)。

A. 材料运杂费　　B. 运输损耗费

C. 工地保管费　　D. 二次搬运费

E. 检验试验费

3. 根据我国现行建筑安装工程项目费用组成，下列关于费用的描述正确的是(　　)。

A. 材料费是指在施工过程中耗费的原材料、辅助材料、构配件、零件、半成品的费用

B. 材料费中包括了对建筑材料、构件等进行一般鉴定、检查所发生的费用

C. 施工机械使用费不包括大型机械设备的场外运费及安拆费

D. 以定额人工费为计算基础时，利润等于定额人工费乘以相应利润率

E. 当安装的设备价值作为安装工程产值时，该设备的价款还应计算营业税等建安工程税金

4. 下列(　　)属于建筑安装工程企业管理费的费用。

A. 职工教育经费　　B. 差旅交通费

C. 财产保险费　　D. 审计费

E. 业务招待费

5. 下列费用中属于建筑安装工程措施费的是(　　)。

A. 混凝土模板及支架费　　B. 脚手架费

C. 工程排污费　　D. 已完工程及设备保护费

E. 施工排水、降水费

6. 安全文明施工包括(　　)。

A. 安全施工　　B. 文明施工

C. 环境保护　　D. 冬雨季施工

E. 临时设施

7. 下列关于措施费的阐述，正确的是(　　)。

A. 可以发生在工程施工前　　B. 可以发生在工程施工过程中

C. 是非工程实体项目的费用　　D. 可以是工程实体项目的费用

E. 可以发生在施工结束之后

8. 下列属于建筑安装工程其他项目费的有(　　)。

A. 暂列金额　　B. 专业暂估价

C. 计日工　　D. 总承包服务费

E. 索赔费用

9. 根据现行建筑安装工程费用项目组成的规定，规费包括(　　)。

A. 工程排污费　　B. 工程定额测定费

C. 文明施工费　　D. 住房公积金

E. 社会保险费

10. 我国现行《建筑安装工程费用项目组成》中，社会保险费包括(　　)等。

A. 养老保险费　　B. 失业保险费

C. 医疗保险费　　D. 生育保险

E. 危险作业意外伤害保险费

11. 我国现行建筑安装工程工程造价中计取的税金包含(　　)等内容。

A. 营业税　　B. 教育费附加

C. 地方教育附加　　D. 所得税

E. 城市维护建设税

项目二　建筑工程工程量清单计价

学习目标与要求

学习任务	能力目标	知识要点
任务一 工程量清单计价概述	能够正确理解工程量清单计价的基本概念与特点； 能够熟悉工程量清单计价的编制资料和编制过程	工程量清单计价的概念、特点与适用范围； 工程量清单计价的编制依据与编制过程； 工程量清单计价与定额计价的主要区别
任务二 工程量清单编制	能够正确理解现行计价规范对工程量清单编制的要求； 能够准备工程量清单编制的相关资料； 能够合理确定单位工程工程量清单的项目内容，正确填写工程量清单计价表格	工程量清单编制的一般规定和编制依据； 工程量清单的编制内容和要求； 招标工程量清单计价表格的使用与填写要求
任务三 招标控制价与投标报价编制	能够正确理解现行计价规范对工程量清单招标控制价、投标报价编制的要求； 能够准备工程量清单招标控制价、投标报价编制的相关资料； 能够依据招标工程量清单的项目内容，明确工程量清单招标控制价、投标报价的计算方法，正确填报招标控制价、投标报价计价表格	招标控制价、投标报价编制的一般规定、编制依据与编制程序； 招标控制价、投标报价的编制内容和要求； 招标控制价、投标报价计价表格的使用与填写要求

任务一　工程量清单计价概述

【任务导航】

问题1：工程量清单计价的基本概念与特点。

问题2：工程量清单计价的编制依据与过程。

【任务解析】

在我国计划经济时期，建设工程计价主要采用定额计价方法。定额计价法是以政府有关部门颁布的各种工程定额为依据确定工程造价，完全以定额规定的量、价进行计价，是量价合一的静态管理模式。

20世纪90年代国家提出了“控制量、指导价、竞争费”的改革措施，将工程定额中的人工、材料、机械消耗量和相应的单价分离。这一措施在我国实行市场经济初期起到了积极的作用，但仍然难以改变工程定额中国家指令性内容较多的状况，不能全面体现企业的技术装备水平、管理水平和劳动生产率,不能体现公平竞争的招标投标原则。

为了适应我国建设工程管理体制改革以及建设市场发展的需要,规范建设工程各方的计价行为,进一步深化工程造价管理模式的改革,2003 年 2 月 17 日,建设部发布了《建设工程工程量清单计价规范》(GB 50500—2003)(简称“03 计价规范”),自 2003 年 7 月 1 日起实施。该规范的颁布实施为推行工程量清单计价,建立市场形成工程造价的机制奠定了基础。

为加强对工程实施阶段的工程计价行为管理,在“03 计价规范”的基础上对正文部分进行了修订。2008 年 7 月 9 日,住房和城乡建设部发布了《建设工程工程量清单计价规范》(GB 50500—2008)(简称“08 计价规范”)。

为了进一步适应建设市场和国家相关法律、法规和政策性的变化,对“08 计价规范”的正文和附录进行了全面修订。2012 年 12 月 25 日,住房和城乡建设部发布了《建设工程工程量清单计价规范》(GB 50500—2013)(简称“13 计价规范”)和《房屋建筑与装饰工程工程量计算规范》(GB 50854—2013)等 9 本专业计量规范(简称“13 计量规范”),并从 2013 年 7 月 1 日起实施。“13 计价规范”和“13 计量规范”的实施,进一步建立健全了我国统一的建设工程计价、计量规范标准体系。

一、工程量清单计价的概念

(一)工程量清单

工程量清单是指载明建设工程的分部分项工程项目、措施项目、其他项目的名称和相应数量,以及规费、税金项目等内容的明细清单。

1. 分部分项工程

分部工程是单项或单位工程的组成部分,是按结构部位及施工特点或施工任务将单项或单位工程划分为若干分部的工程。

分项工程是分部工程的组成部分,是按不同施工方法、材料、工序等将分部工程划分为若干个分项或项目的工程。

2. 措施项目

措施项目是指为完成工程项目施工,发生于该工程施工准备和施工过程中的技术、生活、安全、环境保护等方面的项目。如:脚手架工程、混凝土模板及支架、垂直运输、超高施工增加、大型机械设备进出场及安拆、施工排水与降水、安全文明施工、夜间施工等。

3. 其他项目

其他项目是指除分部分项工程项目、措施项目外,由于招标人的特殊要求而设置的项目。“13 计价规范”中其他项目包括:暂列金额、暂估价、计日工、总承包服务费等。

4. 规费

规费是指根据国家法律、法规规定,由省级政府或省级有关权力部门规定必须缴纳的,应计入建筑安装工程造价的费用。“13 计价规范”中规费包括:社会保险费(含养老保险费、失业保险费、医疗保险费、工伤保险费、生育保险费)、住房公积金、工程排污费。

5. 税金

税金是指根据国家税法规定,应计入建筑安装工程造价内的营业税、城市维护建设税、教育费附加和地方教育附加等费用。

(二)工程量清单计价

工程量清单计价是指按《建设工程工程量清单计价规范》(GB 50500—2013)及有关标准规定的方法和程序完成工程量清单所需的全部费用计算,确定工程造价的过程。

工程量清单计价涵盖了工程实施阶段从招标投标开始到工程竣工结算办理等建设工程计价的全过程。包括:工程量清单编制、招标控制价和投标报价编制、合同价款约定、工程计量、合同价款调整、合同价款期中支付、竣工结算与支付、合同解除的价款结算与支付、合同价款争议的解决、工程造价鉴定、工程计价资料与档案等计价活动和内容。

1. 招标工程量清单

招标工程量清单是指招标人依据国家标准、招标文件、设计文件以及施工现场实际情况编制的,随招标文件发布供投标报价的工程量清单,包括其说明和表格。

2. 已标价工程量清单

已标价工程量清单是指构成合同文件组成部分的投标文件中已标明价格,经算术性错误修正(如有)且承包人已确认的工程量清单,包括其说明和表格。

3. 招标控制价

招标控制价是指在工程招标发包过程中,招标人根据国家或省级、行业建设主管部门颁发的有关计价依据和办法,以及拟定的招标文件和招标工程量清单,结合工程具体情况编制的招标工程的最高投标限价。

4. 投标价

投标价是指在工程招标发包过程中,投标人按照招标文件的要求,根据工程特点,并结合自身的施工技术、装备和管理水平,依据有关计价规定对所报出的已标价工程量清单汇总后标明的工程造价。投标价不能高于招标人设定的招标控制价。

5. 合同价款

合同价款又称签约合同价,是指在工程发承包交易过程中,发承包双方在工程合同中约定的工程造价,即工程承包价格(包括分部分项工程费、措施项目费、其他项目费、规费和税金的合同总金额)。

6. 合同价款调整

合同价款调整是指在施工过程中,出现合同约定的价款调整因素后,发承包双方对合同价款进行变动的提出、计算和确认的行为。

7. 预付款

预付款是指在工程开工前,发包人按照合同约定,预先支付给承包人用于购买施工所需的材料、工程设备,以及组织施工机械和人员进场等的款项。

8. 进度款

进度款又称合同价款期中结算支付,是指在施工过程中,发包人按照合同约定在付款周期内对承包人完成的合同价款给予支付的款项。

9. 竣工结算价

竣工结算价是指发承包双方依据国家有关法律、法规和标准的规定,在承包人完成施工合同约定的全部工程内容,发包人依法组织竣工验收合格后,发包人按照合同约定的工程造价条款应付给承包人的合同总金额，即已签约合同价、合同价款调整（包括工程变更、索赔和现场签证）等事项确定的最终工程造价。

二、工程量清单计价的特点

（一）国家宏观调控

（1）通过制定统一的建设工程工程量清单计价方法、统一的工程量计量规则、统一的工程量清单项目设置规则，达到规范计价行为的目的。

（2）通过由政府发布统一的计价定额，为企业提供一个社会平均尺度，避免企业盲目或随意大幅度减少或扩大消耗量，从而达到保证工程质量的目的。

（3）通过编制招标控制价实现国家对投资上限的控制。

（二）企业自主报价

投标企业根据自身的施工技术、装备、材料采购渠道和管理水平等，制定企业自己的定额，依据企业定额自主报价。对没有企业定额的，也可参考使用造价管理部门颁布的计价定额进行报价。

（三）市场确定价格

将工、料、机价格和管理费，利润全面放开，由市场的供求关系自行确定价格。在保证质量、安全、工期的前提下，按《中华人民共和国招标投标法》有关条款规定，最终让"不低于成本"的合理低价者中标。

三、工程量清单计价的适用范围

（一）国有资金投资项目

按照《建设工程工程量清单计价规范》（GB 50500—2013）的强制性规定，使用国有资金投资的建设工程发承包，必须采用工程量清单计价。国有投资的资金包括国家融资资金、国有资金为主的投资资金。

（1）国有资金投资的工程建设项目包括：

①使用各级财政预算资金的项目。

②使用纳入财政管理的各种政府性专项建设资金的项目。

③使用国有企事业单位自有资金，并且国有资产投资者实际拥有控制权的项目。

（2）国家融资资金投资的工程建设项目包括：

①使用国家发行债券所筹资金的项目。

②使用国家对外借款或者担保所筹资金的项目。

③使用国家政策性贷款的项目。

④国家授权投资主体融资的项目。

⑤国家特许的融资项目。

（3）国有资金为主的工程建设项目是指国有资金占投资总额 50% 以上，或虽不足 50% 但国有投资者实质上拥有控股权的工程建设项目。

（二）非国有资金投资项目

按照《建设工程工程量清单计价规范》（GB 50500—2013）的规定，非国有资金投资的建设工程，宜采用工程量清单计价；不采用工程量清单计价的建设工程，应执行本规范除工程量清单等专门性规定外的其他规定。具体含义如下：

（1）非国有资金投资的工程建设项目，是否采用工程量清单计价方式由项目业主自主确定。

（2）非国有资金投资的工程建设项目，采用工程量清单计价时，则应按"13计价规范"执行。

（3）不采用工程量清单计价的非国有投资工程建设项目，除不执行工程量清单的专门性规定外，其他建筑工程计价内容仍应按"13计价规范"执行。如：合同价款约定、工程计量、合同价款调整、合同价款期中支付、竣工结算与支付、合同解除的价款结算与支付、合同价款争议的解决等。

四、工程量清单计价的编制依据

（1）《建设工程工程量清单计价规范》（GB 50500—2013）及相关专业工程的工程量计算规范。

（2）国家或省级、行业建设主管部门颁发的计价依据和办法。

（3）建设工程项目设计文件及图集、图纸会审纪要等相关资料。

（4）与建设工程项目有关的标准、规范、技术资料。

（5）建设工程项目招标文件及其补充通知、答疑纪要。

（6）施工现场情况及施工组织设计或施工方案。

（7）地区人工、材料、机械设备等信息价或市场价。

（8）施工合同及补充协议。

（9）建筑工程计价实用手册。

五、工程量清单计价的过程

工程量清单计价的基本过程如图2-1所示，从图中可以看出工程量清单计价过程主要包括工程量清单编制、招标控制价和投标报价编制、工程合同价款约定、工程量计量与工程进度款支付、索赔与现场签证、工程价款调整、竣工结算等过程。总体上，工程量清单计价工作分为招标阶段和施工与竣工结算阶段。

在招标阶段，招标单位按照统一的工程量计算规则，以单位工程为对象，计算并列出工程量清单，作为招标文件的组成部分发放给各投标单位。对国有投资项目，招标单位应按照国家、地区或行业消耗量定额及信息价编制招标控制价。

投标单位接到招标文件后，应对招标文件进行分析研究，同时要对招标文件中所列的工程量清单及工程量进行详细审核，对有较大误差的，通过招标单位答疑会提出调整意见，取得招标单位同意后进行调整。按照企业自身所掌握的各种信息、资料，结合企业定额编制出投标报价。

招标单位在评标时可以对投标单位的最终总报价以及已标价工程量清单综合单价的合理性进行评分，评标时不仅考虑报价因素，而且还对投标单位的施工组织设计、企业业绩和信誉等按一定的权重分值分别进行计分，按总评分的高低确定中标单位。

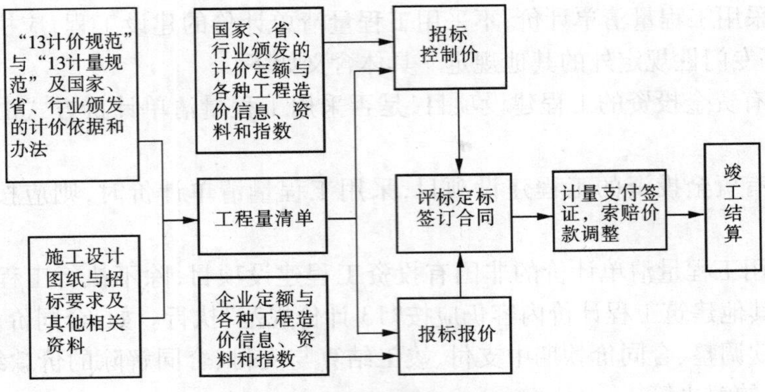

图 2-1　工程量清单计价的过程

在施工与竣工结算阶段，主要依据价款合同、计价规范和有关政策，结合工程实际进展和完成情况，进行计量支付、价款调整，及时进行签证和提出索赔要求，竣工后，严格按照政策、规范规定，完成工程项目的竣工结算。

六、工程量清单计价与定额计价的主要区别

(一)工程造价费用构成形式不同

(1)工程量清单计价模式下建设工程项目的费用构成数学模型为：

$$工程造价=分部分项工程费+措施项目费+其他项目费+规费+税金 \tag{2-1}$$

(2)定额计价模式下建设工程项目的费用构成数学模型为：

$$工程造价=人工费+材料费+机械机具使用费+企业管理费+利润+规费+税金 \tag{2-2}$$

(二)工程造价编制的依据不同

(1)工程量清单计价模式下，招标控制价的编制是招标人根据招标文件中的工程量清单和有关要求、施工现场情况、合理的施工方法以及按建设主管部门制定的有关工程造价计价办法编制的；企业的投标报价则根据企业定额和市场价格信息，或参照建设主管部门发布的社会平均消耗量定额编制。

(2)定额计价模式下，招标标底、投标报价的编制均是依据建设主管部门颁发的预算定额计算人工、材料、机械台班数量，依据工程造价管理部门发布的价格信息确定人工、材料、机械台班单价。

(三)"量""价"确定的方式方法不同

(1)工程量清单计价模式下的招标投标工作中，建设工程项目的工程量清单内容与数量由招标人按照国家规定的统一工程量计算规则计算，并提供给各投标人，各投标单位在"量"一致的前提下，根据各企业技术、管理水平的高低，材料、设备的进货渠道和市场价格信息，同时考虑竞争的需要，自主确定"单价"。

(2)定额计价模式下的招标投标工作中，建设工程项目的各项工程数量由各投标单位自己计算，相应的单价按统一规定的预算定额计取。

（四）工程造价反映的成本价不同

（1）工程量清单计价下，工程造价反映的是建设工程项目的个别成本，各个投标人根据市场的人工、材料、机械价格行情、自身技术实力和管理水平确定建设工程项目的投标报价，其价格具有多样性。

（2）定额计价模式下，工程造价反映的是建设工程项目的社会平均成本，各个投标人根据相同的预算价格及估价表投标报价，所报的建设工程项目的价格基本相同，不能集中反映各单位的真实实力。

（五）风险承担不同

（1）工程量清单计价模式下，由招标人提供建设工程项目的工程量清单数量，投标人自主报价，招标人承担提供“量”的风险，投标人承担“价”的风险。

（2）定额计价模式下，建设工程项目的量、价风险承担人是由合同价的确定方式决定的。当采用固定价合同时，其风险由投标人承担；采用可调价合同时，其风险由招、投标人共同承担。

（六）项目名称与内容不同

（1）工程量清单计价模式下，建设工程的项目名称按“工程实体”划分；定额计价模式下，项目名称按“工序”划分。

（2）工程量清单计价模式下，建设工程的工程量清单项目内容不考虑施工方法因素；定额计价模式下，工程量清单项目内容应考虑施工方法因素。

（3）工程量清单计价模式下，建设工程的分部分项工程和措施项目相分离；定额计价模式下，分部分项工程和措施项目相结合。

（七）工程量计算规则不同

（1）工程量清单计价模式下，各专业工程的工程量计算规则要求计算的工程量是工程实体净用量。

（2）定额计价模式下，各专业工程的工程量计算规则要求计算的工程量是考虑施工方案、施工方法的工程实际数量。

（八）计价表现形式不同

（1）工程量清单计价采用综合单价形式；工程量清单报价具有单价相对固定的特点，工程量发生变化时，单价一般不做调整。

（2）定额计价一般采用总价形式。

【任务探索】 分析工程量清单计价与定额计价模式的关系。

【任务练习】

一、单项选择题

1.《建设工程工程量清单计价规范》（GB 50500—2013）的性质属于（　　）。

A. 国家标准　　B. 行业标准　　C. 地方标准　　D. 推荐性标准

2. 采用工程量清单计价模式，业主对设计变更而导致的工程造价的变化一目了然，业主可以根据投资情况来决定是否进行设计变更。这反映了工程量清单计价方法（　　）的特点。

A. 满足竞争需要　　B. 有利于实现风险合理分担

C. 有利于标底管理和控制　　　　　D. 有利于业主对投资的控制

3. 在我国目前的情况下，工程量清单计价作为一种市场定价模式，主要在工程项目的(　　)过程中使用。

A. 招标投标　　B. 可行性研究　　C. 扩初设计　　D. 竣工决算

4. 招标实行(　　)计价，包括招标人公开提供工程量清单、招标人编制拦标价、投标人自主报价、合同价款约定、工程结算等活动。

A. 工程量清单　　B. 定额　　C. 指标　　D. 协商

5. 对工程量清单概念表述不正确的是(　　)。

A. 工程量清单是包括工程数量的明细清单

B. 工程量清单包括工程数量相应的单价

C. 工程量清单由招标人提供

D. 工程量清单是招标文件的组成部分

6. 实行工程量清单计价的工程，宜采用(　　)。

A. 单价合同　　B. 固定总价合同　　C. 成本加酬金　　D. 可调总价合同

7. 根据我国工程建设特点，按现行《建设工程工程量清单计价规范》(GB 50500—2013)对施工风险进行了划分，应有限度承担的风险是(　　)。

A. 技术风险　　B. 管理风险　　C. 市场风险　　D. 物价波动风险

8. 在工程量清单计价方式中，清单项目的工程量计算通常是计算其(　　)。

A. 定额工程量　　　　　　　　B. 实体工程量

C. 实体工程量 + 损耗工程量　　D. 定额工程量 + 损耗工程量

9. 措施项目是指为完成工程项目施工，发生于该工程施工前和施工过程中技术、生活、安全等方面的(　　)项目。

A. 工程实体　　B. 非工程实体　　C. 项目实体　　D. 非项目实体

10. 工程量清单为投标者提供公开、公平、公正的竞争环境，由(　　)统一提供。

A. 工程造价审查机构　　　　B. 招标人

C. 工程造价咨询公司　　　　D. 招投标管理部门

11. 我国现行《建设工程工程量清单计价规范》(GB 50500—2013)中所采用的单价是(　　)。

A. 综合单价　　B. 指数单价　　C. 工料单价　　D. 不限制

12. 实行招标投标的工程合同价款应在中标通知书发出之日起(　　)内，由发、承包人双方依据招标文件和中标人的投标文件在书面合同中约定。

A. 15 天　　B. 30 天　　C. 36 天　　D. 42 天

13. 根据现行《建设工程工程量清单计价规范》(GB 50500—2013)规定，工程预付款的预付时间应不迟于约定的开工日期前(　　)天。

A. 7　　B. 10　　C. 14　　D. 20

14. 根据现行《建设工程工程量清单计价规范》(GB 50500—2013)规定，发包人应在收到承包人的签证报告(　　)小时内给予确认或提出修改意见，否则，视为该签证报告已经认可。

A. 12　　B. 24　　C. 36　　D. 48

二、多项选择题

1. 工程量清单计价方法对我国工程造价管理的推进作用是(　　)。

A. 有利于将工程的"质"与"量"紧密结合

B. 有利于业主获得最合理的工程造价

C. 符合建立以"市场形成价格为主的价格机制"

D. 符合强化定额的法定作用

E. 有利于标底的管理与控制

2. 实行工程量清单计价招标投标的建设工程,其(　　)应按《建设工程工程量清单计价规范》(GB 50500—2013)执行。

A. 招标标底　　B. 投标报价的编制

C. 监理费用　　D. 工程结算

E. 合同价款确定与调整

3. 工程量清单是(　　)的名称和相应数量等的明细清单。

A. 分部分项工程项目　　B. 措施项目

C. 其他项目　　D. 规费项目

E. 单位工程项目

4. 我国现行《建设工程工程量清单计价规范》(GB 50500—2013)的规定,其他项目清单应包括(　　)。

A. 总承包服务费　　B. 计日工

C. 暂估价　　D. 暂列金额

E. 分包服务费

5. 我国现行《建设工程工程量清单计价规范》(GB 50500—2013)的规定,投标人应完全承担的风险有(　　)。

A. 管理费　　B. 利润

C. 法律、法规、规章变化　　D. 政策变化

E. 材料价格、施工机械使用费等的变化

6. 根据《建设工程工程量清单计价规范》(GB 50500—2013)的规定,国有投资的资金项目包括(　　)。

A. 使用国家发行债券所筹资金的项目

B. 使用纳入财政管理的各种政府性专项建设资金的项目

C. 使用国有企事业单位自有资金且国有资产投资者实际拥有控制权的项目

D. 使用国家政策性贷款的项目

E. 国家特许的融资项目

7. 定额计价方法与工程量清单计价方法的主要区别在于(　　)。

A. 计价依据不同　　B. 单价与报价组成不同

C. 编制工程量的主体不同　　D. 对招标投标代理机构的要求不同

E. 对招标程序要求不同

8. 按计价方式不同,建设工程合同可以划分为(　　)。

A. 总价合同　　B. 单价合同

C. 成本加酬金合同　　D. 工程勘察

E. 设计合同

任务二　工程量清单编制

【任务导航】

问题1:工程量清单编制的依据。

问题2:工程量清单的组成与编制方法。

问题3:工程量清单编制的计价表格使用。

【任务解析】

一、工程量清单编制的一般规定

(1)采用工程量清单计价模式招标发包时,招标工程量清单必须作为招标文件的组成部分,招标人应将招标工程量清单连同招标文件的其他内容一并发给投标人。

(2)招标工程量清单应由具有编制能力的招标人或受其委托、具有相应资质的工程造价咨询人编制。

(3)招标工程量清单作为投标人投标报价的共同平台,其准确性、完整性均由招标人负责。投标人依据招标工程量清单进行投标报价,对招标工程量清单不负有核实的义务,更不具有修改和调整的权利。

(4)招标工程量清单是工程量清单计价的基础,应作为编制招标控制价、投标报价、计算或调整工程量、索赔等的依据之一。

采用工程量清单计价的工程,应在招标文件或合同中明确风险内容及其范围(幅度),不得采用无限风险、所有风险或类似语句规定风险内容及其范围(幅度)。

二、工程量清单编制的依据

(1)现行“13计价规范”和相关工程的国家计量规范(“13计量规范”)。

(2)现行国家或省级、行业建设主管部门颁发的计价定额和办法。

(3)建设工程设计文件及相关资料。

(4)与建设工程有关的标准、规范、技术资料。

(5)拟定的招标文件。

(6)拟建工程项目的施工现场情况、地勘水文资料、工程特点及常规施工方案。

(7)其他相关资料。

三、工程量清单编制的内容

工程量清单由分部分项工程项目清单、措施项目清单、其他项目清单、规费和税金项目清单组成。

（一）分部分项工程项目清单的编制

分部分项工程项目清单是实体工程项目清单，其主要内容由五个要件构成，即项目编码、项目名称、项目特征描述、计量单位和工程量。分部分项工程项目清单的编制程序如图 2-2 所示。

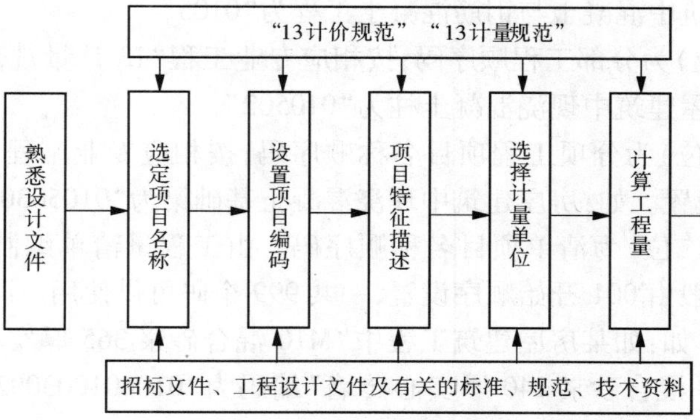

图 2-2 分部分项工程项目清单的编制程序

编制分部分项工程项目清单时，首先要熟悉设计文件，读取项目内容，对照相应专业工程"13 计量规范"附录的实体项目，选定项目名称，设置项目编码，根据图纸设计，依照规范详细、准确、完整的对项目特征进行描述，选择计量单位，根据规范中规定的工程量计算规则，计算工程数量。

分部分项工程项目清单应按"13 计价规范"表 – 08"分部分项工程和单价措施项目清单与计价表"的内容填写（见任务三中表 2-5）。

1. 项目编码

分部分项工程项目清单的项目编码是清单项目名称的数字标识，项目编码采用十二位阿拉伯数字表示，共分为五级。第一、二、三、四级一至九位编码应按相应专业工程"13 计量规范"附录的规定设置，第五级十至十二位编码，由工程量清单编制人根据拟建工程的工程量清单项目名称和项目特征设置，同一招标工程的项目编码不得有重码。

1）各级编码的含义

各级编码代表的含义如图 2-3 中所示。

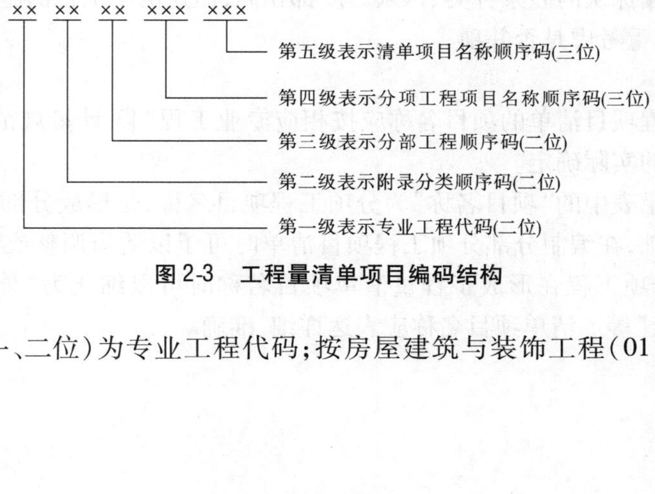

图 2-3 工程量清单项目编码结构

一级编码（一、二位）为专业工程代码；按房屋建筑与装饰工程（01），仿古建筑工程

(02),通用安装工程(03),市政工程(04),园林绿化工程(05),矿山工程(06),构筑物工程(07),城市轨道交通工程(08),爆破工程(09)设置。以后进入国标的专业工程代码以此类推。

二级编码(三、四位)为附录分类顺序码;按相应专业工程"13 计量规范"附录的顺序编号设置。如:房屋建筑中混凝土与钢筋混凝土工程为"0105"。

三级编码(五、六位)为分部工程顺序码;按相应专业工程"13 计量规范"附录的分部工程编号设置。如:房屋建筑中现浇混凝土柱为"010502"。

四级编码(七至九位)为分项工程项目名称顺序码;按相应专业工程"13 计量规范"附录的分项工程编号设置。如:房屋建筑中现浇混凝土基础梁为"010503001"。

五级编码(十至十二位)为清单项目名称顺序码。由工程量清单编制人根据工程量清单项目名称设置,一般由 001 开始顺序设置,一共 999 个码可供使用。同一招标工程的项目编码不得有重码。如:如某房屋建筑工程中"M10 混合砂浆 365 厚实心砖墙"编码为"010401003001","M10 混合砂浆 240 厚实心砖墙"编码为"010401003002";编码前九位相同,后三位分别为"001""002"。

2)清单项目编码设置的注意事项

(1)同一招标工程的项目编码不得有重码。当同一标段(或合同段)的一份工程量清单中含有多个单位工程且工程量清单是以单位工程为编制对象时,在编制工程量清单时应特别注意对项目编码十至十二位的设置不得有重码的规定。例如,一个标段(或合同段)的工程量清单中含有三个单位工程,每一单位工程中都有项目特征相同的实心砖墙砌体,在工程量清单中又需反映三个不同单位工程的实心砖墙砌体工程量时,则第一个单位工程的实心砖墙的项目编码应为 010401003001,第二个单位工程的实心砖墙的项目编码应为 010401003002,第三个单位工程的实心砖墙的项目编码应为 010401003003,并分别列出各单位工程实心砖墙的工程量。

(2)一个项目编码对应一个项目名称、项目特征描述、计量单位、工作内容,清单编制人在自行设置编码时,以上四项中只要有一项不同,就应另设编码。

(3)项目编码不应再设附码。如用 010302001001 - 1(附码)和 010302001001 - 2(附码)编码,分别表示 M10 水泥砂浆外墙和 M7.5 水泥砂浆外墙就是错误的编码方法。

(4)清单编制人在自行设置编码时,如需并项要慎重考虑。如某多层建筑物挑檐底部抹灰同室内天棚抹灰的砂浆种类、抹灰厚度都相同,但这两个项目的施工难易程度有所不同,因而就要慎重考虑是否并项。

2. 项目名称

分部分项工程项目清单的项目名称应按相应专业工程"13 计量规范"附录的项目名称结合拟建工程的实际确定。

计量规范附录表中的"项目名称"为分项工程项目名称,是形成分部分项工程项目清单项目名称的基础,在编制分部分项工程项目清单时可予以适当调整或细化,例如"墙面一般抹灰"这一分项工程在形成工程量清单项目名称时可以细化为"外墙面一般抹灰""内墙面一般抹灰"等。清单项目名称应表达详细、准确。

3. 项目特征

项目特征是分部分项工程项目清单的本质特征，是区分设置具体工程量清单项目的主要要素，是确定一个清单项目综合单价不可缺少的重要依据，在编制工程量清单时，必须对项目特征进行准确和全面的描述。

1）项目特征描述的原则

有些项目特征用文字往往难以准确和全面的描述，为达到规范、简洁、准确、全面描述项目特征的要求，在描述工程量清单项目特征时应按以下原则进行：

（1）项目特征描述的内容应按计量规范附录中的规定，结合拟建工程的实际，满足确定综合单价的需要。

（2）若采用标准图集或施工图纸能够全部或部分满足项目特征描述的要求，项目特征描述可直接采用详见××图集或××图号的方式。对不能满足项目特征描述要求的部分，仍应用文字描述。

2）项目特征描述的要求

（1）必须描述的内容如下：

①涉及正确计量计价的内容，如：门窗洞口尺寸或框外围尺寸。

②涉及结构要求的内容，如：混凝土强度等级（C20 或 C30）。

③涉及施工难易程度的内容，如：抹灰的墙体类型（砖墙或混凝土墙）。

④涉及材质要求的内容，如：油漆的品种、管材的材质（碳钢管、无缝钢管）。

（2）可不描述的内容如下：

①对项目特征或计量计价没有实质影响的内容，如：混凝土柱高度、标高等。

②应由投标人根据施工方案确定的内容，如：预裂爆破的单孔深度及装药量等。

③应由投标人根据当地材料确定的内容，如：混凝土拌和料使用的石子种类及粒径、砂的种类等。

④应由施工措施解决的内容，如：现浇混凝土板、梁的标高等。

（3）可不详细描述的内容如下：

①无法准确描述的内容，如：土壤类别可描述为综合等（对工程所在具体地点来讲，应由投标人根据地勘资料确定土壤类别，决定报价）。

②施工图、标准图标注明确的，可不再详细描述，可描述为见××图集××图号等。

③还有一些项目可不详细描述，但清单编制人在项目特征描述中应注明由投标人自定，如“挖一般土方”中的土方运距等。

④对计量规范中没有项目特征要求的少数项目，但又必须描述的应予描述：如“回填土”，“压实方法”就是影响报价的重要因素，因此必须描述，以便投标人准确报价。

需要指出的是，计量规范附录中“项目特征”与“工作内容”是两个不同性质的规定。项目特征必须描述，因其讲的是工程实体的特征，直接影响工程的价值。工作内容无须描述，因其主要讲的是操作程序，二者不能混淆。例如砖砌体的实心砖墙，按照计量规范“项目特征”栏的规定，就必须描述砖的品种：是粘土砖还是煤灰砖；砖的规格：是标砖还是非标砖，是非标砖就应注明规格尺寸；砖的强度等级：是 MU10、MU15，还是 MU20，因为砖的品种、规格、强度等级直接关系到砖的价值。还必须描述墙体的厚度：是 1 砖（240

mm),还是1砖半(370 mm)等;墙体类型:是混水墙还是清水墙,清水是双面还是单面,或者是一斗一卧、围墙,还是单顶全斗墙等,因为墙体的厚度、类型直接影响砌砖的工效以及砖、砂浆的消耗量。还必须描述是否勾缝:是原浆还是加浆勾缝,如是加浆勾缝,还须注明砂浆配合比。还必须描述砌筑砂浆的强度等级:是M5、M7.5,还是M10等,因为不同强度等级、不同配合比的砂浆,其价值是不同的。所以,这些描述均不可少,因为其中任何一项都影响了综合单价的确定。而计量规范中"工作内容"中的砂浆制作、运输、砌砖、勾缝、砖压顶砌筑、材料运输则不必描述,因为不描述这些工作内容,承包商必然要操作这些工序,完成最终验收的砖砌体。

另外,房屋建筑"13计量规范"中,现浇混凝土工程项目"工作内容"中包括模板工程的内容,同时又在措施项目中单列了现浇混凝土模板工程项目。对此,招标人应根据工程实际情况选用。若招标人在措施项目清单中未编列现浇混凝土模板项目清单,即表示现浇混凝土模板项目不单列;现浇混凝土工程项目的项目特征描述应包括"模板内容",说明其综合单价中应包括模板工程费用。

清单编制人应高度重视分部分项工程项目清单项目特征的描述,任何不描述,描述不清均会在施工合同履约过程中产生分歧,导致纠纷、索赔。

4. 计量单位

分部分项工程项目清单计量单位,应按计量规范附录规定的计量单位确定。

在编制工程量清单时,对于项目中有两个以上计量单位的,只能根据计量规范的规定选择其中一个计量单位。计量规范中没有具体选用规定时,清单编制人可以根据工程具体的情况选择其中的一个。如房屋建筑"13计量规范"对"预制钢筋混凝土桩"计量单位有"m、m^3、根"三个计量单位,但是没有具体的选用规定,在编制该项目清单时清单编制人可以根据具体情况选择最适宜表现该项目特征并方便计量的其中之一作为计量单位。又如,对"D.1砖砌体"中的"零星砌砖"的计量单位为"m^3、m^2、m、个"四个计量单位,但是规定了砖砌锅台与炉灶可按外形尺寸以"个"计算,砖砌台阶可按水平投影面积以"m^2"计算,小便槽、地垄墙可按长度计算,其他工程量按"m^3"计算。

计量规范中计量单位有选择情况的应结合工程具体情况选用,还应立足于容易确定工程量、容易计价、便于计量结算、便于调整价格为目的。

5. 工程量

分部分项工程量清单中的工程项目是构成建筑物实体的数量,应严格按计量规范附录中规定的计算规则计算。

清单工程量是招标人根据设计计算的数量,是作为投标人投标报价的基础,工程结算的数量应按合同双方认可的实际完成的工程量确定。所以,清单编制人应该按照相应专业的"13计量规范"工程量计算规则,对每一项清单的工程量进行准确计算,从而避免业主承受不必要的工程索赔。但如果该工程只有初步设计图纸,而没有施工图纸,可按暂估量计算。

工程量计算时,工程量清单的有效位数应按照下列规定取值:

(1)以"t"为单位,应保留三位小数,第四位小数四舍五入。

(2)以"m^3""m^2""m"等为单位,应保留两位小数,第三位小数四舍五入。

(3)以“个”“项”等为单位,应取整数。

6. 补充项目

随着工程建设中新材料、新技术、新工艺等不断涌现,专业工程“13 计量规范”附录中的工程量清单项目不可能包含所有项目。在编制工程量清单时,当出现计量规范附录中未包括的清单项目时,编制人应作补充,补充项目应填写在工程量清单相应分部工程项目之后。在编制补充项目时应注意以下三个方面:

(1)补充项目的编码应按计量规范的规定确定。具体做法如下:补充项目的编码由计量规范的专业代码 xx 与 B 和三位阿拉伯数字组成,并应从 xxB001 起顺序编制,同一招标工程的项目不得重码。如:房屋建筑工程的补充项目编码为“01B001、01B002”等,通用安装工程的补充项目编码为“03B001、03B002”等。

(2)补充项目的工程量清单应附有项目名称、项目特征、计量单位、工程量计算规则和工作内容。

(3)编制的补充项目应报省级或行业工程造价管理机构备案,省级或行业工程造价管理机构应汇总报住房和城乡建设部标准定额研究所。

(二)措施项目清单的编制

措施项目是为完成工程项目施工,发生于该工程施工准备和施工过程中的技术、生活、安全、环境保护等方面的非工程实体项目。

1. 措施项目清单的编制要求

措施项目清单必须根据相关工程现行国家计量规范的规定编制,根据拟建工程的实际情况列项。

措施项目清单的编制需考虑多种因素,除工程本身的因素外,还涉及水文、气象、环境、安全等因素。由于影响措施项目设置的因素太多,计量规范不可能将施工中可能出现的措施项目一一列出。在编制措施项目清单时,因工程情况不同,出现计量规范附录中未列的措施项目,可根据工程的具体情况对措施项目清单作补充。

2. 措施项目清单的编制方法

“13 计量规范”中将措施项目划分为两类:一类是不能计算工程量的项目,如文明施工和安全防护、临时设施等,就以“项”计价,称为“总价项目”;另一类是可以计算工程量的项目,如脚手架、降水工程等,就以“量”计价,称为“单价项目”。

1)“单价项目”的措施项目清单编制

“单价项目”的措施项目清单按照计量规范附录中措施项目规定的项目编码、项目名称、项目特征、计量单位、工程量计算规则编制,其编制方法按分部分项工程项目清单的规定执行。“单价项目”的措施项目工程量清单应按“13 计价规范”表 - 08“分部分项工程和单价措施项目清单与计价表”的内容填写(见任务三中表 2-5)。

2)“总价项目”的措施项目清单编制

“总价项目”的措施项目清单按照计量规范附录中措施项目规定的项目编码、项目名称确定清单项目,其编制方法按照国家或省级、行业建设主管部门颁发的计价文件规定执行。

“总价项目”的措施项目工程量清单应按“13 计价规范”表 - 11“总价措施项目清单

与计价表”的内容填写(见任务三中表2-7),编制人可根据工程的具体情况进行补充。

(三)其他项目清单的编制

其他项目清单指根据拟建工程的具体情况,由于招标人的特殊要求而设置的项目清单。其他项目清单一般按照下列内容列项:

(1)暂列金额。

(2)暂估价:包括材料暂估单价、工程设备暂估单价、专业工程暂估价。

(3)计日工。

(4)总承包服务费。

工程建设标准的高低、工程的复杂程度、工程的工期长短、工程的组成内容、发包人对工程管理要求等都直接影响其他项目清单的具体内容。

其他项目清单应按“13 计价规范”表－12“其他项目清单与计价汇总表”的内容填写(见任务三中表2-8),编制人可根据工程的具体情况进行补充。

1. 暂列金额

暂列金额是指招标人在工程量清单中暂定并包括在合同价款中的一笔款项。用于工程合同签订时尚未确定或者不可预见的所需材料、工程设备、服务采购,施工中可能发生的工程变更、合同约定调整因素出现时的合同价款调整,以及发生的索赔、现场签证确认等的费用。

建设工程施工合同价格的确定原则是尽可能接近其最终的竣工结算价格,否则,无法相对准确预测投资的收益和科学合理地进行投资控制。而工程建设自身的特性决定了工程设计需要根据工程进展不断地进行优化和调整,发包人的需求可能会随工程建设进展出现变化,工程建设过程还存在其他诸多不确定性因素。这些变化的因素必然会导致合同价格的调整,暂列金额正是为应对这类不可避免的价格调整而预先设立,以便合理确定工程造价的控制目标。

招标人编制暂列金额项目时应根据工程特点按有关计价规定估算(一般可按类似工程分部分项工程费用的10% ~15%估算),将暂列金额与拟用项目列出明细,但如确实不能详列,也可只列暂列金额总额;投标人应将上述暂列金额计入投标总价中。

暂列金额项目应按“13 计价规范”表－12－1“暂列金额明细表”的内容填写(见任务三中表2-9)。

需特别注意,暂列金额是招标人预先设立的可能发生的金额,在实际履约过程中可能发生,也可能不发生。尽管在计算招标控制价、投标报价时将它列入了工程造价,签订合同时列入了合同价格中,但即便是总价包干合同,也不意味着暂列金额已经属于中标人应得金额,是否属于中标人应得金额取决于具体的合同约定,只有按照合同约定程序实际发生后,才能成为中标人的应得金额并纳入合同结算价款中。扣除实际发生金额后的暂列金额余额仍属于发包人所有。

2. 暂估价

暂估价是指招标人在工程量清单中提供的用于支付必然发生但暂时不能确定价格的材料、工程设备的单价及专业工程的金额。暂估价在招标投标阶段计入工程造价和合同价款,竣工结算时应按材料、工程设备的实际单价以及专业工程合同价款进行调整。暂估价数量和拟用项目应当结合工程量清单中的"暂估价表"予以补充说明。

1)材料、工程设备暂估单价

材料、工程设备暂估单价应根据工程造价信息或参照市场价格估算,列出明细表;规范要求招标人针对每一类材料、设备暂估价给出相应的拟用项目,即按照材料、设备的名称分别给出,这样的材料、设备暂估价才能够准确地纳入到相应的分部分项工程项目清单项目综合单价中。

材料、工程设备暂估单价应按"13 计价规范"表 - 12 - 2"材料(工程设备)暂估单价及调整表"的内容填写(见任务三中表 2-10)。

2)专业工程暂估价

专业工程暂估价应是综合暂估价,包括除规费和税金外的管理费、利润等。专业工程暂估价应分不同专业,按有关计价规定估算,以专业工程项目列出明细表,如桩基础工程、安防工程、电梯安装工程等。

专业工程暂估价应按"13 计价规范"表 - 12 - 3"专业工程暂估价及结算价表"的内容填写(见任务三中表 2-11)。

3. 计日工

计日工项目是为了解决施工过程中按发包人要求发生的施工图纸以外的零星项目或工作而设立的。

计日工以完成零星工作所消耗的人工工时、材料数量、机械台班进行计量,并按照计日工表中填报的适用项目的单价进行计价支付。计日工适用的所谓零星工作一般是指合同约定之外的或者因变更而产生的、工程量清单中没有相应项目的额外工作,尤其是那些时间不允许事先商定价格的额外工作。计日工为额外工作和变更的计价提供了一个方便快捷的途径。在工程实践中,计日工项目的单价水平一般要高于工程量清单项目单价的水平,因此为了获得合理的计日工单价,计日工暂定数量的估算应根据经验贴近实际的数量。

编制计日工项目时,招标人应列出项目名称、计量单位和暂估数量。编制招标控制价时,单价由招标人按有关计价规定确定;编制投标报价时,单价由投标人自主报价,计入投标总价中。

计日工应按"13 计价规范"表 - 12 - 4"计日工表"的内容填写(见任务三中表 2-12)。

4. 总承包服务费

总承包服务费是为了解决招标人在法律、法规允许的条件下进行专业工程发包以及自行供应材料、工程设备,并需要总承包人对发包的专业工程提供协调和配合服务(垂直运输、脚手架等),对甲供材料、工程设备提供收、发和保管服务以及进行施工现场管理,对竣工资料进行统一汇总整理等发生并向总承包人支付的费用,并按投标人的投标报价向投标人支付该项费用。

编制总承包服务费清单项目时,招标人应将拟定进行专业分包的专业工程、自行采购的材料、设备明确项目名称、项目价值及服务内容,作为编制招标控制价、投标报价的依据。

总承包服务费应按"13 计价规范"表 - 12 - 5"总承包服务费计价表"的内容填写(见

任务三中表2-13)。

(四)规费和税金项目清单的编制

1.规费项目清单的编制

根据《建筑安装工程费用项目组成》(建标〔2013〕44号)的规定,规费项目清单应按照下列内容列项,按"13计价规范"表-13"规费、税金计价表"的内容填写(见任务三中表2-14)。

(1)社会保险费:包括养老保险费、失业保险费、医疗保险费、工伤保险费、生育保险费。

(2)住房公积金。

(3)工程排污费。

规费作为政府和有关权力部门规定必须缴纳的费用,编制人对《建筑安装工程费用项目组成》(建标〔2013〕44号)中未包括的规费项目,在编制规费项目清单时应根据省级政府或省级有关权力部门的规定列项。

2.税金项目清单的编制

根据《建筑安装工程费用项目组成》(建标〔2013〕44号)的规定,税金项目清单应按照下列内容列项,按"13计价规范"表-13"规费、税金项目清单与计价表"的内容填写(见任务三中表2-14)。

(1)营业税。

(2)城市维护建设税。

(3)教育费附加。

(4)地方教育附加。

出现以上未列的项目,应根据税务部门的规定列项。如国家税法发生变化或地方政府及税务部门依据职权对税种进行了调整,应对税金项目清单进行相应调整。

(五)工程量清单封面和总说明的编制

1.封面的编制

招标工程量清单封面及扉页中应包括工程项目名称、招标人及法定代表人(或其授权人)、工程造价咨询人及法定代表人(或其授权人)、编制人、复核人、编制时间、复核时间,由招标人及工程造价咨询人填写、签字、盖章。

招标工程量清单封面及扉页应按照下列内容列项,按"13计价规范"封-1、扉-1"招标工程量清单"的内容填写。

(1)招标人自行编制工程量清单和招标控制价时,编制人员必须是在招标人单位注册的造价人员。由招标人盖单位公章,法定代表人或其授权人签字或盖章。当编制人是注册造价工程师时,由其签字盖执业专用章;当编制人是造价员时,由其在编制人栏签字盖专用章,并应由注册造价工程师复核,在复核人栏签字盖执业专用章。

(2)招标人委托工程造价咨询人编制工程量清单和招标控制价时,编制人员必须是在工程造价咨询人单位注册的造价人员。由工程造价咨询人盖单位资质专用章,法定代表人或其授权人签字或盖章;当编制人是注册造价工程师时,由其签字盖执业专用章;当编制人是造价员时,由其在编制人栏签字盖专用章,并应由注册造价工程师复核,在复核人栏签字盖执业专用章。

封－1

______________工程

招标工程量清单

招　标　人：______________
（单位盖章）

造价咨询人：______________
（单位盖章）

年　　月　　日

扉－1

______________工程

招标工程量清单

招　标　人：______________　造价咨询人：______________
（单位盖章）　（单位资质专用章）

法定代表人
或其授权人：______________　法定代表人
或其授权人：______________
（签字或盖章）　（签字或盖章）

编　制　人：______________　复　核　人：______________
（造价人员签字盖专用章）　（造价工程师签字盖专用章）

编制时间：　年　月　日　复核时间：　年　月　日

2. 总说明的编制

招标工程量清单总说明应按下列内容填写：①工程概况：建设规模、工程特征、计划工期、施工现场实际情况、自然地理条件、环境保护要求等。②工程招标和专业工程发包范围。③工程量清单编制依据。④工程质量、材料、施工等的特殊要求。⑤其他需要说明的问题。

招标工程量清单总说明应将上述内容填入“13计价规范”表－01“工程计价总说明”（见任务三中表2-1）。

四、招标工程量清单编制实例

××办公楼建筑与装饰工程

招标工程量清单

招　标　人：××单位(公章)

造价咨询人：××单位(公章)

××××年××月××日

××办公楼建筑与装饰 工程

招标工程量清单

招 标 人：××单位(公章)

造价咨询人：××单位(公章)

法定代表人
或其授权人：×××(签字或盖章)

法定代表人
或其授权人：×××(签字或盖章)

编 制 人：×××(签字)
(造价人员签字盖专用章)

复 核 人：×××(签字)
(造价工程师签字盖专用章)

编制时间：××××年××月××日

复核时间：××××年××月××日

工程计价总说明

工程名称:××办公楼工程　　　　第1页　共1页

一、工程概况:本工程为××办公楼工程,地上二层,钢筋混凝土框架结构,安全等级二级,建筑高度为7.65 m,总建筑面积154.01 m^2,计划工期为60日历天。

二、工程招标范围:图纸所示的建筑与装饰装修工程。

三、工程量清单编制依据

1. 办公楼施工图纸

2. 招标文件

3.《建设工程工程量清单计价规范》(GB 50500—2013)、《房屋建筑与装饰工程工程量计算规范》(GB 50854—2013)及与其相关计价文件。

四、工程质量:满足招标文件要求。

五、其他需要说明的问题

1. 现浇混凝土钢筋为甲供材,单价暂定为4 500元/t。

2. 本工程另设计有安装工程(详见专业图纸),将有专业承包人进行承包,总承包人应配合完成相关工作:

(1)对施工现场进行统一管理,对竣工资料进行统一整理汇总。

(2)提供垂直运输、施工水电到各楼层。

(3)负责安装后的嵌缝粉刷、补洞以及交叉施工等。

分部分项工程项目清单与计价表

工程名称：××办公楼工程　　　　标段：建筑与装饰工程　　　　第1页　共7页

序号	项目编码	项目名称	项目特征	计量单位	工程量	金额(元)		
						综合单价	合价	其中暂估价
	A. 土方工程							
1	010101001001	平整场地	土质：一般土； 弃、取土运距：自定	m^2	75.40			
2	010101004001	挖基坑土方	土质：一般土； 基础类型：混凝土独立基础； 垫层底面面积：2 200 mm×2 200 mm； 挖土深度：1.15 m； 弃土运输：自定	m^3	22.26			
3	010101004002	挖基坑土方	土质：一般土； 基础类型：混凝土独立基础； 垫层底面面积：2 200 mm×1 800 mm； 挖土深度：1.15 m； 弃土运输：自定	m^3	18.22			
4	010101004003	挖基坑土方	土质：一般土； 基础类型：混凝土独立基础； 垫层底面面积：1 800 mm×1 800 mm； 挖土深度：1.15 m； 弃土运输：自定	m^3	7.45			
5	010103001001	基础回填土	土质：一般土； 密实度：符合设计要求； 夯填(碾压)：夯填； 运距：自定	m^3	25.61			
6	010103001002	室内回填土	土质：一般土； 密实度：符合设计要求； 夯填(碾压)：夯填； 运距：自定	m^3	56.26			
7	01B001	原土打夯	基底 土质：一般土； 密实度：符合设计要求； 夯实(碾压)：夯实	m^2	41.68			
8	01B002	原土打夯	室内地面、平台地面 土质：一般土； 密实度：符合设计要求； 夯实(碾压)：夯实	m^2	60.24			
	分部小计							
本页小计								

分部分项工程项目清单与计价表

工程名称：××办公楼工程　　标段：建筑与装饰工程　　第2页　共7页

序号	项目编码	项目名称	项目特征	计量单位	工程量	金额(元)		
						综合单价	合价	其中暂估价
			D. 砌筑工程					
9	010401003001	实心砖墙	砖：MU10 标准砖，240 mm×115 mm×53 mm； 墙体类型：混水墙； 砂浆强度：M5 混合砂浆	m^3	4.23			
10	010401005001	空心砖墙	墙体类型：370 外墙，混水墙； 砖：MU10 烧结多孔砖； 砂浆强度：M5 混合砂浆	m^3	49.84			
11	010401005002	空心砖墙	墙体类型：240 内墙，混水墙； 砖：MU10 烧结多孔砖； 砂浆强度：M5 混合砂浆	m^3	17.83			
12	010401012001	零星砌砖	砖：MU10 标准砖，240 mm×115 mm×53 mm； 部位：阳台栏板； 砂浆强度：M5 混合砂浆	m^3	1.02			
13	010404001001	楼地面垫层	80 厚 1:3:6 石灰砂碎石三合土	m^3	0.12			
			分部小计					
			E. 混凝土及钢筋混凝土工程					
14	010501001001	混凝土垫层	基础垫层(含模板)； 混凝土强度：C15； 混凝土拌和料：符合设计要求	m^3	4.17			
15	010501001002	混凝土垫层	楼地面、台阶垫层； 混凝土强度：C15； 混凝土拌和料：符合设计要求	m^3	0.62			
16	010501001003	混凝土垫层	楼地面垫层； 混凝土强度：C10； 混凝土拌和料：符合设计要求	m^3	5.88			
17	010501003001	混凝土独立基础	混凝土基础(含模板)：J1； 混凝土强度：C20； 混凝土拌和料：符合设计要求	m^3	8.13			
18	010501003002	混凝土独立基础	混凝土基础(含模板)：J2； 混凝土强度：C20； 混凝土拌和料：符合设计要求	m^3	6.56			
			本页小计					

分部分项工程项目清单与计价表

工程名称：××办公楼工程　　　　标段：建筑与装饰工程　　　　第3页　共7页

序号	项目编码	项目名称	项目特征	计量单位	工程量	金额(元)		
						综合单价	合价	其中 暂估价
19	010501003003	混凝土独立基础	混凝土基础(含模板)：J3； 混凝土强度：C20； 混凝土拌和料：符合设计要求	m^3	2.65			
20	010502001001	矩形柱	混凝土柱(含模板)：500 mm×500 mm； 混凝土强度：C25； 混凝土拌和料：符合设计要求	m^3	8.00			
21	010502001002	矩形柱	混凝土柱(含模板)：500 mm×400 mm； 混凝土强度：C25； 混凝土拌和料：符合设计要求	m^3	6.40			
22	010502001003	矩形柱	混凝土柱(含模板)：400 mm×400 mm； 混凝土强度：C25； 混凝土拌和料：符合设计要求	m^3	2.56			
23	010502001004	矩形柱	混凝土柱(含模板)：300 mm×250 mm； 混凝土强度：C25； 混凝土拌和料：符合设计要求	m^3	0.27			
24	010502002001	构造柱	构造柱(含模板)：180 mm×180 mm； 混凝土强度：C25； 混凝土拌和料：符合设计要求	m^3	0.24			
25	010503001001	基础梁	混凝土强度：C25；(含模板) 混凝土拌和料：符合设计要求	m^3	9.90			
26	010503005001	过梁	混凝土强度：C25；(含模板) 混凝土拌和料：符合设计要求	m^3	2.28			
27	010505001001	有梁板	板厚：100 mm；(含模板) 混凝土强度：C25； 混凝土拌和料：符合设计要求	m^3	15.57			
28	010505001002	有梁板	板厚：100 mm；(含模板) 混凝土强度：C25； 混凝土拌和料：符合设计要求	m^3	15.23			
29	010505007001	挑檐板	混凝土强度：C25；(含模板) 混凝土拌和料：符合设计要求	m^3	5.10			
30	010506001001	直形楼梯	混凝土强度：C25；(含模板) 混凝土拌和料：符合设计要求	m^2	6.63			
			本页小计					

分部分项工程项目清单与计价表

工程名称：××办公楼工程　　标段：建筑与装饰工程　　第4页　共7页

序号	项目编码	项目名称	项目特征	计量单位	工程量	金额(元)		
						综合单价	合价	其中 暂估价
31	010507001001	混凝土散水	素土夯实； 垫层:60 mm厚砂垫层,60 mm厚C15混凝土； 面层:20 mm厚1∶1水泥石灰浆抹面	m^2	18.98			
32	010507005001	混凝土压顶	女儿墙、阳台栏板压顶;(含模板) 断面:180 mm×100 mm； 混凝土强度:C25； 混凝土拌和料:符合设计要求	m	42.57			
33	010515001001	现浇混凝土钢筋	钢筋种类:Ⅰ级钢； 钢筋规格:Φ10	t	8.000			
34	010515001002	现浇混凝土钢筋	钢筋种类:Ⅱ级钢； 钢筋规格:Φ10以上	t	2.000			
			分部小计					
			H. 门窗工程					
35	010801001001	镶板木门	门类型:单扇有亮镶板门； 洞口面积:900 mm×2 400 mm	m^2	8.64			
36	010801001002	镶板木门	门类型:单扇有亮镶板门； 洞口面积:900 mm×2 400 mm	m^2	3.78			
37	010802001001	金属地弹门	门类型:四扇有亮地弹门； 洞口面积:2 400 mm×2 700 mm； 型材:40系列2 mm厚	m^2	6.48			
38	010802001002	塑钢门	门类型:连窗门； 洞口面积:900 mm×2 700 mm； 型材:80系列； 玻璃:5 mm厚白色玻璃	m^2	2.43			
39	010807001001	塑钢窗	窗类型:三扇推拉窗； 洞口面积:1 500 mm×1 800 mm,1 800 mm×1 800 mm； 型材:96系列	m^2	30.78			
40	010807004001	塑钢纱窗	窗类型:三扇推拉窗； 洞口面积:1 500 mm×1 800 mm,1 800 mm×1 800 mm； 型材:96系列	套	20.52			
			分部小计					
			本页小计					

分部分项工程项目清单与计价表

工程名称：××办公楼工程　　　　标段：建筑与装饰工程　　　　第5页　共7页

序号	项目编码	项目名称	项目特征	计量单位	工程量	金额(元)		
						综合单价	合价	其中 暂估价
			J. 屋面及防水工程					
41	010902001001	屋面卷材防水	防水卷材：SBS 改性沥青卷材，刷基层处理剂一遍； 防水层做法：冷贴或热熔(自定)	m^2	77.70			
42	010902001002	屋面卷材防水	防水卷材：SBS 改性沥青卷材，刷基层处理剂一遍； 防水层做法：冷贴或热熔(自定)	m^2	34.87			
43	010902004001	屋面排水管	PVC 排水管、矩形水斗、弯头落水口	m	30.60			
			分部小计					
			K. 保温、隔热、防腐工程					
44	011001001001	保温隔热屋面	屋面架空隔热板：M2.5 混合砂浆砌巷砖三皮、铺设 C20 预制混凝土隔热板(490 mm×490 mm×35 mm)； 混凝土屋面板上 1:10 水泥珍珠岩保温，找坡 2%，最薄处 20 mm 厚	m^2	69.01			
			分部小计					
			L. 楼地面工程					
45	011101001001	水泥砂浆地面	部位：平台； 素水泥浆结合层一道； 面层：20 mm 厚 1:2水泥砂浆	m^2	1.47			
46	011102003001	地板砖地面	部位：室内地面； 素水泥浆结合层一道； 25 mm 厚干硬性水泥砂浆，撒素水泥浆；8～10 mm 厚地板砖(600 mm×600 mm)，水泥砂浆擦缝	m^2	58.77			
47	011102003002	地板砖楼地面	部位：楼层面、阳台面；素水泥浆结合层一道； 25 mm 厚干硬性水泥砂浆，撒素水泥浆；8～10 mm 厚地板砖(600 mm×600 mm)，水泥砂浆擦缝	m^2	57.74			
			本页小计					

分部分项工程项目清单与计价表

工程名称:××办公楼工程　　标段:建筑与装饰工程　　第6页　共7页

序号	项目编码	项目名称	项目特征	计量单位	工程量	金额(元)		
						综合单价	合价	其中 暂估价
48	011105003001	地板砖踢脚线	踢脚线高度:150 mm; 做法:陶瓷地砖	m^2	19.17			
49	011106002001	地板砖楼梯面	素水泥浆结合层一道; 25 mm厚干硬性水泥砂浆,撒素水泥浆; 8~10 mm厚地板砖(600 mm×600 mm),水泥砂浆擦缝	m^2	6.17			
50	011107004001	水泥砂浆台阶面	素土夯实; 垫层:80 mm厚1:3:6石灰砂碎石三合土; 面层:20 mm厚1:2水泥砂浆	m^2	4.77			
			分部小计					
			M. 墙、柱面装饰与隔断、幕墙工程					
51	011201001001	内墙混合砂浆抹灰	墙体类型:多孔砖墙(内墙面); 底层灰:15 mm厚1:1:6水泥石灰砂浆; 面层灰:5 mm厚1:0.5:3水泥石灰砂浆	m^2	381.23			
52	011201001002	外墙水泥砂浆抹灰	墙体类型:多孔砖墙; 底层灰:12 mm厚1:3水泥砂浆; 面层灰:8 mm厚1:2水泥砂浆	m^2	233.62			
53	011201001003	阳台栏板水泥砂浆抹灰	墙体类型:标准砖墙; 底层灰:12 mm厚1:3水泥砂浆; 面层灰:8 mm厚1:2水泥砂浆	m^2	16.73			
54	011201001004	女儿墙水泥砂浆抹灰	墙体类型:标准砖墙; 底层灰:12 mm厚1:3水泥砂浆; 面层灰:8 mm厚1:2水泥砂浆	m^2	56.77			
55	011203001001	零星项目水泥砂浆抹灰	混凝土压顶(女儿墙、阳台); 底层灰:12 mm厚1:3水泥砂浆; 面层灰:8 mm厚1:2水泥砂浆	m^2	7.66			
			分部小计					
			本页小计					

分部分项工程项目清单与计价表

工程名称：××办公楼工程　　标段：建筑与装饰工程　　第7页 共7页

序号	项目编码	项目名称	项目特征	计量单位	工程量	金额（元）		
						综合单价	合价	其中 暂估价
	N. 天棚工程							
56	011301001001	天棚混合砂浆抹灰	室内天棚基层：钢筋混凝土板；抹灰层：7 mm 厚 1:1:4水泥石；灰砂浆：5 mm 厚 1:0.5:3水泥石灰砂浆	m^2	118.62			
57	011301001002	天棚混合砂浆抹灰	阳台天棚基层：钢筋混凝土板；抹灰层：7 mm 厚 1:1:4水泥石；灰砂浆：5 mm 厚 1:0.5:3水泥石灰砂浆	m^2	8.34			
58	011301001003	天棚混合砂浆抹灰	挑檐天棚基层：钢筋混凝土板；抹灰层：7 mm 厚 1:1:4水泥石；灰砂浆：5 mm 厚 1:0.5:3水泥石灰砂浆	m^2	17.72			
	分部小计							
	P. 油漆、涂料、裱糊工程							
59	011401001001	木门油漆	镶板木门；刮石膏腻子；一底二度调和漆	m^2	12.42			
60	011405001001	栏杆护手油漆	刷红丹防锈漆一遍；调和漆两遍	t	0.115			
61	011407001001	内墙刷涂料	基层：墙体抹灰面；888 仿瓷涂料	m^2	388.28			
62	011407001002	外墙喷涂料	基层：墙体抹灰面；丙烯酸彩砂涂料	m^2	272.27			
63	011407002001	天棚刷涂料	基层：天棚抹灰面；888 仿瓷涂料	m^2	144.68			
64	011407002002	天棚刷涂料	基层：楼梯天棚抹灰面；888 仿瓷涂料	m^2	6.17			
	分部小计							
	Q. 其他装饰工程							
65	011503001001	金属栏杆、扶手	钢管扶手，型钢栏杆	m	7.97			
	分部小计							
本页小计								
合计								

单价措施项目清单与计价表

工程名称：× ×办公楼工程　　　　标段：建筑与装饰工程　　　　第1页　共1页

序号	项目编码	项目名称	项目特征	计量单位	工程量	金额（元）		
						综合单价	合价	其中 暂估价
			S. 措施项目					
1	011701001001	综合脚手架	二层，檐高7.65 m	m^2	154.01			
2	011701005001	挑脚手架	阳台挑脚手架	m	4.75			
3	011703001001	垂直运输机械费	钢筋混凝土结构；檐高7.65 m	m^2	154.01			
			本页小计					
			合计					

总价措施项目清单与计价表

工程名称：××办公楼工程　　标段：建筑与装饰工程　　第1页　共1页

序号	项目编码	项目名称	计算基础	费率（%）	金额（元）	调整费率（%）	调整后金额（元）	备注
1	011707001001	安全文明施工费						
2	011707002001	夜间施工增加费						
3	011707004001	二次搬运费						
4	011707005001	冬雨季施工增加费						
5	011707006001	地上、地下设施，建筑物的临时保护设施						
6	011707007001	已完工程及设备保护费						
		合计						

编制人（造价人员）：×××（签字）　　复核人（造价工程师）：×××（签字）

其他项目清单与计价汇总表

工程名称：××办公楼工程　　标段：建筑与装饰工程　　第1页　共1页

序号	项目名称	金额（元）	结算金额（元）	备注
1	暂列金额	20 000		明细详见“暂列金额明细表”
2	暂估价	15 000		
2.1	材料（工程设备）暂估价/结算价	—		明细详见“材料（工程设备）暂估单价及调整表”
2.2	专业工程暂估价/结算价	15 000		明细详见表“专业工程暂估价及结算价表”
3	计日工			明细详见“计日工表”
4	总承包服务费			明细详见“总承包服务费计价表”
合计				

暂列金额明细表

工程名称：× ×办公楼工程　　　　标段：建筑与装饰工程　　　　第1页　共1页

序号	项目名称	计量单位	暂定金额（元）	备注
1	工程量清单中工程量偏差和设计变更	项	10 000	
2	政策性调整和材料价格风险	项	10 000	
合计			20 000	—

材料(工程设备)暂估单价及调整表

工程名称:××办公楼工程　　标段:建筑与装饰工程　　第1页　共1页

序号	材料(工程设备)名称、规格、型号	计量单位	数量		暂估(元)		确认(元)		差额±(元)		备注
			暂估	确认	单价	合价	单价	合价	单价	合价	
1	钢筋(综合)	t	10.000		5 500	55 000					
合计											

专业工程暂估价及结算价表

工程名称：××办公楼工程　　　　标段：建筑与装饰工程　　　　第1页　共1页

序号	工程名称	工程内容	暂估金额（元）	结算金额（元）	差额±（元）	备注
1	监控系统	安装	15 000			
合计			15 000			

计日工表

工程名称：××办公楼工程　　　　标段：建筑与装饰工程　　　　第1页　共1页

编号	项目名称	单位	暂定数量	实际数量	综合单价（元）	合价（元）	
						暂定	实际
一	人工						
1	普工	工日	10				
2	技工（综合）	工日	5				
人工小计							
二	材料						
1	钢筋（规格、型号综合）	t	0.500				
2	水泥42.5	t	0.500				
3	中砂	m^3	5.00				
材料小计							
三	施工机械						
1	灰浆搅拌机（400 L）	台班	1				
2							
施工机械小计							
四、企业管理费和利润							
总计							

总承包服务费计价表

工程名称：××办公楼工程　　标段：建筑与装饰工程　　第1页　共1页

序号	项目名称	项目价值（元）	服务内容	计算基础	费率（%）	金额（元）
1	发包人发包专业工程	15 000	1. 对施工现场进行统一管理，对竣工资料进行统一整理汇总。 2. 提供垂直运输、施工水电到各楼层。 3. 负责安装后的嵌缝粉刷、补洞以及交叉施工等			
2	发包人供应材料	55 000	对发包人供应的材料进行验收及保管和使用发放			
合计		—		—		—

规费、税金项目清单与计价表

工程名称：××办公楼工程　　标段：建筑与装饰工程　　第1页　共1页

序号	项目名称	计算基础	计算基数	费率（%）	金额（元）
1	规费	定额人工费			
1.1	社会保险费	定额人工费			
(1)	养老保险费	定额人工费			
(2)	失业保险费	定额人工费			
(3)	医疗保险费	定额人工费			
(4)	工伤保险费	定额人工费			
(5)	生育保险费	定额人工费			
1.2	住房公积金	定额人工费			
1.3	工程排污费	按工程所在主地环境保护部门收取标准，按实计入			
2	税金	分部分项工程费＋措施项目费＋其他项目费＋规费－按规定不计税的工程设备金额			
合计					

编制人（造价人员）：×××（签字）　　复核人（造价工程师）：×××（签字）

发包人提供材料和工程设备一览表

工程名称：××办公楼工程　　　　标段：建筑与装饰工程　　　　第1页　共1页

序号	材料（工程设备）名称、规格、型号	单位	数量	单价	交货方式	送达地点	备注
1	钢筋（综合）	t	10.000	5 500		工地仓库	

承包人提供主要材料和工程设备一览表

（适用造价信息差额调整法）

工程名称：××办公楼工程　　　　标段：建筑与装饰工程　　　　第1页　共1页

序号	名称、规格、型号	单位	数量	风险系数（%）	基准单价（元）	投标单价（元）	发承包人确定单价（元）	备注
1	预拌混凝土 C20	m^3	20.00	≤5	350			
2	预拌混凝土 C25	m^3	90.00	≤5	380			

【任务探索】 结合实际工程案例,合理填写招标工程量清单计价表格。

【任务练习】

一、单项选择题

1. 采用工程量清单方式招标,工程量清单必须作为招标文件的组成部分,其准确性和完整性由( )负责。

A. 投标人 B. 招标人 C. 评标人 D. 承包人

2. 采用工程量清单计价方式招标,工程量清单必须作为招标文件的组成部分。投标人依据工程量清单进行投标报价,对工程量清单的准确性和完整性( )。

A. 负责 B. 具有修改和调整的权利

C. 负有核实义务 D. 不负有核实义务

3. 招标工程量清单的组成不包括( )。

A. 分部分项工程项目清单 B. 措施项目清单

C. 其他项目清单 D. 直接工程费用清单

4. 有关工程量清单说法错误的是( )。

A. 工程量清单是招标文件的组成部分

B. 工程量清单只能由招标人编制

C. 工程量清单作为合同的组成部分

D. 工程量清单描述的对象是拟建工程

5. 制定工程量清单的项目设置规则是为了统一项目编码及( )。

A. 项目名称

B. 项目名称、计量单位

C. 项目名称、计量单位、工程量计算规则

D. 项目名称、计量单位、工程量计算规则、工程内容

6. 招标工程量清单应包括由承包人完成施工、安装等工作内容,工程量清单中招标人开列的工程量是根据施工图纸计算的( )。

A. 预计工程量 B. 承包人应予完成的实际工程量

C. 控制工程量 D. 结算工程量

7. 工程量清单不能表现的内容有( )。

A. 其他项目名称和数量 B. 分部分项工程项目名称和数量

C. 措施项目名称和数量 D. 分部分项工程项目造价

8. 分部分项工程量清单项目编码为030304002003,该项目为( )工程项目。

A. 建筑与装饰装修工程 B. 构筑物工程

C. 安装工程 D. 市政工程

9. 分部分项工程量清单的项目编码第五级为清单项目名称顺序编码,应由( )。

A. 投标人按规定设置 B. 招标人编制,从01开始

C. 清单编制人编制,从001开始 D. 投标人编制,从001开始

10. 下列对分部分项工程量清单理解正确的是( )。

A. 补充项目应由编制人补充,无需报省级或行业工程造价管理机构备案

B. 补充项目编码由附录的顺序码与B和两位阿拉伯数字组成

C. 补充项目编码应从B001起顺序编制，可以重号

D. 补充项目工程量清单中除补充项目编码外，还需要附有补充项目的名称、项目特征、计量单位、工程量计算规则等

11. 分部分项工程量清单项目特征描述叙述正确的是（　　）。

A. 对计量计价没有实质影响的内容也必须描述

B. 应由投标人根据施工方案确定的必须描述

C. 应由施工措施解决的必须描述

D. 涉及正确计量计价的内容必须描述

12. 分部分项工程项目清单由招标人根据计量规范规定的（　　）和工程量计算规则进行编制。

A. 项目编码、项目名称、计量单位

B. 工程量清单表和工程量清单说明

C. 工程量清单表、措施项目一览表和其他项目清单

D. 项目名称、项目特征、工程内容

13. 措施项目是指为完成工程项目施工，发生于该工程施工前和施工过程中技术、生活、安全等方面的非工程实体项目。以下项目中（　　）不属于措施项目。

A. 作业平台　　B. 脚手架　　C. 垂直运输　　D. 混凝土灌注桩

14. 编制措施项目清单时，若出现计量规范中未列的项目，编制人（　　）。

A. 不得对措施项目进行补充

B. 可以考虑将其并入其他措施项目中

C. 可根据工程的具体情况对措施项目清单作补充

D. 可以认为其综合在其他项目中

15. 下列对其他项目清单理解正确的是（　　）。

A. 暂列金额是因不可避免的合同价格调整而设立，以便达到合理确定和有效控制工程造价的目的

B. 暂列金额是能保证合同结算价格不会出现超过合同价格的情况

C. 暂估价是招标人在投标文件中用于支付必然要发生，暂时不能确定价格的材料以及专业工程的金额

D. 专业工程暂估价一般不是综合单价，不包括规费和税金以外的管理费和利润等取费

16. 计量规范中所有项目描述工程量计算规则的一个共同原则是（　　）。

A. 按“设计图示尺寸”计算　　B. 按实际完成数量计算

C. 按“施工尺寸”计算　　D. 由监理工程师确认的计算规则计算

17. 招标人指定分包，并在招标文件中列出的50万元的暂列金额，该50万元的暂列金额应体现在工程量清单中（　　）部分。

A. 分部分项工程量清单　　B. 措施项目清单

C. 利润项目清单　　D. 其他项目清单

18. 分部分项工程项目清单为闭口清单，这是指(　　)。

A. 投标人若认为清单内容有遗漏可以自行补充

B. 投标人对清单内容的调整要通知招标方

C. 投标人可以根据实际情况将若干清单项目合并计价

D. 未经允许投标人对清单内容不允许作任何更改变动

19. 工程量清单格式的组成内容不包括(　　)。

A. 工程项目总价表　　B. 分部分项工程项目清单

C. 措施项目清单　　D. 封面

20. 关于工程量清单的说法不正确的是(　　)。

A. 工程量清单中的工程量是结算工程量的依据

B. 工程量清单中的工程量是投标报价的依据

C. 工程量清单一个最基本的功能是作为信息的载体

D. 工程量清单表是工程量清单的重要组成部分

二、多项选择题

1. 工程量清单的编制依据包括(　　)等。

A. 施工现场情况、工程特点及常规施工方案

B. 建设工程设计文件

C. 计价规范及相关专业计量规范

D. 招标文件

E. 合同条款

2. 工程量清单中的工程量计算规则，按专业划分有(　　)。

A. 建筑与装饰工程　　B. 矿山工程

C. 卫生工程　　D. 安装工程

E. 市政工程

3. 下列关于工程量清单描述正确的是(　　)。

A. 在工程招标时，工程量清单是招标文件的组成部分

B. 工程量清单应由具有编制投标文件能力的投标人编制

C. 签订工程施工合同时，工程量清单是合同组成的必要内容之一

D. 工程量清单应由受招标人委托且具有相应资质的咨询机构进行编制

E. 计日工项目表应根据拟建工程的具体情况列项

4. 工程量清单格式的组成内容包括(　　)等。

A. 措施项目清单　　B. 总说明

C. 封面　　D. 工程项目总价表

E. 分部分项工程项目清单

5. 分部分项工程项目清单应包括(　　)等。

A. 项目编码　　B. 项目名称

C. 项目特征　　D. 计量单位

E. 工程内容

6. 工程量清单的项目设置规则是为了统一工程量清单的(　　)。

A. 项目名称　　B. 项目编码

C. 计量单位　　D. 措施费计算规则

E. 项目特征

7. 清单项目特征描述主要从(　　)等方面叙述。

A. 清单项目的设计概述　　B. 施工材料要求

C. 特定工艺方法　　D. 工程内容

E. 施工工序

8. 招标工程量清单编制人,具体是指(　　)。

A. 取得工程造价咨询资质,接受委托从事建设工程造价咨询活动的企业

B. 建设行政主管部门批准的具有相应资质的施工企业

C. 具有编制工程量清单能力的招标人

D. 建设行政主管部门批准的具有相应资质的业主单位

E. 取得工程招标代理资质等级证书的企业

9. 在工程量清单中,有关工程数量的规定包括(　　)。

A. 工程数量的计算应按附录中的工程量计算规则执行

B. 以"t"为单位,应保留三位小数,第四位小数四舍五入

C. 以"m"为单位,应保留二位小数,第三位小数四舍五入

D. 以"个""项"等为单位,应取整数

E. 以"m^3"为单位,应保留三位小数,第四位小数四舍五入

10. 承包服务费包括的内容有(　　)。

A. 协调工程进度的费用　　B. 各专业交叉作业的协调费

C. 施工场地保险费　　D. 大型设备转移的费用

E. 配合招标材料采购的费用

任务三　招标控制价与投标报价编制

【任务导航】

问题 1:招标控制价的编制依据与编制方法。

问题 2:投标报价的编制依据与编制方法。

问题 3:招标控制价、投标报价编制的计价表格使用。

【任务解析】

一、招标控制价的编制

建设工程招标控制价作为工程招标投标活动中的最高投标限价,是招标人控制建设工程投资和招标投标工程造价的重要手段。招标控制价编制时应严格按照国家的有关政策、规定,结合工程实际情况做到科学合理、准确、全面和客观、公正。

(一)招标控制价编制的一般规定与使用说明

(1)国有资金投资的建设工程招标,招标人必须编制招标控制价。

(2)招标控制价应由具有编制能力的招标人或受其委托具有相应资质的工程造价咨询人编制和复核。

(3)当招标控制价超过批准的概算时,招标人应将其报原概算审批部门审核。

(4)招标人应在发布招标文件时公布招标控制价,不应上调或下浮。同时,应将招标控制价及有关资料报送工程所在地或有该工程管辖权的行业管理部门工程造价管理机构备查。

(5)投标人经复核认为招标人公布的招标控制价未按照规范的规定进行编制的,应在招标控制价公布后5天内向招标投标监督机构和工程造价管理机构投诉。

(6)招标人根据招标控制价复查结论需要重新公布招标控制价的,其最终公布的时间至招标文件要求提交投标文件截止时间不足15天的,应相应延长投标文件的截止时间。

(二)招标控制价编制的依据

(1)现行《建设工程工程量清单计价规范》(GB 50500—2013)。

(2)现行国家或省级、行业建设主管部门颁发的计价定额和计价办法。

(3)建设工程设计文件及相关资料。

(4)拟定的招标文件及招标工程量清单。

(5)与建设项目相关的标准、规范、技术资料。

(6)拟建工程项目的施工现场情况、工程特点及常规施工方案。

(7)工程造价管理机构发布的工程造价信息,当工程造价信息没有发布时,参照市场价。

(8)其他的相关资料。

(三)招标控制价编制的内容

1.招标控制价的费用组成

建筑工程项目招标控制价按工程造价的组成形式由相应的单项工程造价组成,单项工程造价由相应的单位工程造价组成,单位工程招标控制价由分部分项工程项目费、措施项目费、其他项目费、规费和税金组成。

(1)单位工程控制价=分部分项工程项目费+措施项目费+其他项目费+规费+税金。

(2)单项工程控制价=∑单位工程控制价。

(3)建设项目控制价=∑单项工程控制价。

2.分部分项工程项目费计算

分部分项工程项目费应根据招标文件和招标工程量清单中的分部分项工程项目清单的特征描述及有关要求,按现行计价定额和计价办法规定计算各分部分项工程项目的综合单价,综合单价中应包括招标文件中要求投标人承担的风险范围及其费用。招标文件提供了暂估单价的材料,按其暂估单价计入综合单价。各分部分项工程清单工程量乘以其综合单价得到相应的分部分项工程费用,汇总得到单位工程的分部分项工程项目费,即

$$\text{分部分项工程项目费} = \sum(\text{分部分项工程清单工程量} \times \text{综合单价}) \qquad (2\text{-}3)$$

式中:综合单价=人工费+材料费+施工机具使用费+企业管理费+利润+风险范围费

用。综合单价计算按“13计价规范”表－09“综合单价分析表”的内容填写（见本任务计价表格表2-6）。

分部分项工程项目费用按招标文件中“分部分项工程和单价措施项目清单与计价表”的内容填写计算（见本任务计价表格表2-5）。

3. 措施项目费用计算

措施项目费用应根据招标文件中措施项目清单按规范规定计价。

（1）“单价项目”的措施项目费用计算同“分部分项工程项目计价方法”，按招标文件中“分部分项工程和单价措施项目清单与计价表”的内容填写计算（见本任务计价表格表2-5）。

（2）“总价项目”的措施项目费用计算按招标文件中“总价措施项目清单与计价表”的内容填写（参见本任务计价表格表2-7），编制人应按规范和相关计价文件根据工程的具体情况确定措施项目计价。措施项目中的安全文明施工费必须按国家或省级、行业建设主管部门的规定计算，不得作为竞争性费用。

4. 其他项目费用计算

其他项目费用应根据招标文件中其他项目清单按规范规定计价。按“其他项目清单与计价汇总表”的内容填写计算（见本任务计价表格表2-8）。

1）暂列金额

暂列金额应按招标工程量清单中“暂列金额明细表”（见本任务计价表格表2-9）列出的金额填写。

2）暂估价

暂估价中的材料、工程设备单价应按招标工程量清单中列出的单价“材料（工程设备）暂估单价及调整表”（见本任务计价表格表2-10），计入相应分部分项工程项目的综合单价。

暂估价中的专业工程金额应按招标工程量清单中列出的金额“专业工程暂估价及结算价表”（见本任务计价表格表2-11）填写。

3）计日工

计日工应按招标工程量清单中“计日工表”（见本任务计价表格表2-12）列出的项目数量，根据工程特点和有关计价依据确定综合单价计算和汇总。

4）总承包服务费

总承包服务费应根据招标工程量清单中“总承包服务费计价表”（见本任务计价表格表2-13）列出的内容和要求估算。一般可参照以下标准计算：

（1）招标人仅要求对分包的专业工程进行总承包管理和协调时，按分包专业工程估算造价的1.5%计算。

（2）招标人要求对分包的专业工程进行总承包管理和协调并同时要求提供配合服务时，根据招标文件中的配合服务内容和提出的要求按分包专业工程估算造价的3%～5%计算。

（3）招标人自行供应材料的，按招标人供应材料价值的1%计算。

5. 规费和税金项目费用计算

规费和税金应按招标工程量清单中"规费、税金计价表"(见本任务计价表格表 2-14)的内容填写,必须按国家或省级、行业建设主管部门的规定计算,不得作为竞争性费用。

二、投标报价的编制

投标报价是在招标投标过程中投标单位对拟建工程所要发生的各种费用的计算。在进行投标报价计算时,应根据招标文件进一步复核工程量,结合工程特点和自身的施工技术、装备和管理水平,按照招标文件中的工程量清单的内容和有关计价规定自主报价。投标报价是招标投标过程中的关键性工作,报价是否合理直接关系到投标的成败。

(一)投标报价编制的一般规定

(1)投标报价应由投标人或受其委托具有相应资质的工程造价咨询人编制。

(2)投标报价由投标人依据招标文件和工程特点,结合施工方案、技术措施、企业技术和管理水平等条件自主确定价格,但不得低于成本,不得高于招标控制价。

(3)投标报价应按招标人提供的工程量清单填报价格。填写的项目编码、项目名称,项目特征、计量单位、工程量必须与招标人提供的工程量清单一致。

(4)投标报价应以招标文件中设定的发、承包双方责任划分,作为考虑投标报价费用项目和费用计算的基础,根据工程发、承包模式考虑投标报价的费用内容和计算深度。

(5)投标报价应充分利用现场考察调研、市场价格信息和行情资料,编制基价,确定调价方法;报价计算方法应科学严谨、简明适用。

(6)实行工程量清单计价,投标人对招标人提供的工程量清单与计价表中所列的项目均应填写单价和合价,否则,将被视为此项费用已包含在其他项目的单价和合价中,在竣工结算时,此项费用将不被承认。

(7)实行工程量清单招标,投标人的投标总价应当与组成已标价工程量清单的分部分项工程项目费、措施项目费、其他项目费和规费、税金的合计金额相一致,即投标人在进行工程量清单招标的投标报价时,不能进行投标总价优惠(或降价、让利),投标人对投标报价的任何优惠(或降价、让利)均应反映在相应清单项目的综合单价中。

(二)投标报价编制的依据

(1)现行《建设工程工程量清单计价规范》(GB 50500—2013)。

(2)现行国家或省级、行业建设主管部门颁发的计价办法。

(3)企业定额,现行国家或省级、行业建设主管部门颁发的计价定额等。

(4)招标文件、招标工程量清单及其补充通知、答疑纪要。

(5)建设工程设计文件及相关资料。

(6)施工现场情况、工程特点及投标时拟定的施工组织设计或施工方案。

(7)与建设项目相关的标准、规范等技术资料。

(8)市场价格信息或工程造价管理机构发布的工程造价信息。

(9)其他的相关资料。

(三)投标报价编制的程序

在工程量清单计价模式下,编制投标报价时,投标人应将业主提供的拟建招标工程工程量清单的全部项目和内容逐项填报单价，然后计算出总价。投标人填报单价应完全依据企业技术、管理水平等企业实力而定，以满足市场竞争的需要。工程投标报价编制程序如图 2-4 所示，主要步骤如下所示。

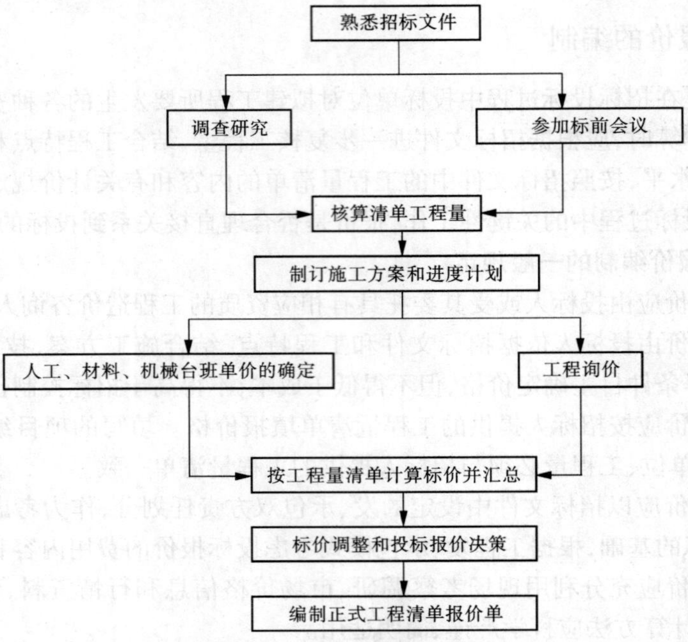

图 2-4　工程投标报价编制程序

1. 准备工作

熟悉图纸，熟悉和研究招标文件，实地考察，准备投标工作的相关资料，分析外部因素，确定投标策略等是编制合理投标报价的关键。

2. 核算清单工程量

一般情况下，投标人必须按招标人提供的工程量清单进行组价，并按照综合单价的形式进行报价。但投标人在以招标人提供的工程量清单为依据来组价时，必须把施工方案及施工工艺造成的工程增量以价格的形式包括在综合单价内。工程量清单中的各分部分项和单价措施项目工程量并不一定十分准确，若设计深度不够则可能有较大的误差，而工程量的多少是选择施工方法、安排劳动力和机械、准备材料必须考虑的因素，也自然影响分项工程的单价，因此一定要对工程量进行复核。有经验的投标人在计算施工工程量时就对清单工程量进行审核，这样可以知道招标人提供的工程量的准确度，为投标人不平衡报价及结算索赔做好准备。

3. 编制施工组织设计及施工方案

施工组织设计及施工方案的科学性、合理性不仅是评标时招标人考虑的主要因素，同时也是投标人确定施工工程量的依据，是投标过程中的主要工作。施工组织设计主要考虑施工方法、施工机械及劳动力的配置、施工进度、质量保证措施、安全文明措施及工期保证措施等，与工程工期、成本、报价有密切关系。

4. 编制投标报价文件

(1)计算组成价格的工程量(可与清单工程量核实同时进行)。

清单工程量是工程实体量,不包含实际施工时增加的工程量,为了准确计价,应按清单项目名称和特征的描述,参考消耗量定额或企业定额的工程量计算规则,准确计算出组成单项清单的相应消耗定额的工程量,为确定分部分项工程项目清单的综合单价打好基础。

(2)通过询价掌握材料、人工、机械等因素的市场价格,结合工程特点,合理计取管理费和利润,并预测风险因素,组成分部分项工程项目的综合单价。计算分部分项工程项目清单的费用。

(3)按照招标文件中的措施项目清单,依据规范规定,结合施工方案,确定单价措施项目的综合单价和总价措施项目的计费方法,计算措施项目清单的费用。

(4)根据招标文件要求,依据规范规定,计算其他项目、规费和税金项目费用中的各项费用。

(5)按照计价规范规定,汇总形成单位工程费用、单项工程费用及建设项目费用。

(四)投标报价编制的内容

1. 投标报价的费用组成

建筑工程项目投标报价的费用组成与招标控制价的组成相同。

(1)单位工程投标价 = 分部分项工程项目费 + 措施项目费 + 其他项目费 + 规费 + 税金。

(2)单项工程投标价 = $\sum$单位工程投标价。

(3)建设项目投标价 = $\sum$单项工程投标价。

2. 分部分项工程项目费用计算

1)计算前的数据准备

根据招标文件的分部分项工程项目清单项目,计算各项目施工工程量,并校核工程量清单。这些工作在接到招标文件后,在投标的前期准备阶段完成,到分部分项工程项目综合单价计算时进行整理、归类、汇总。

2)人、材、机数量测算

企业可以按反映企业水平的企业定额或参照政府消耗量定额确定人工、材料、机械台班的耗用量。再对清单项目进行分析、汇总。

必须注意,分部分项工程项目清单是以建筑物的实体量来划分的,一个清单项目包含若干个工作内容,要完成工作内容,有很多的施工工序,因此进行组价时,要注意工作内容和消耗量定额子目的对应关系,有时是一对一的关系,但有时会一个工作内容要套用多个定额子目或一个定额子目完成多个工作内容。

3)市场调查和询价

根据工程项目的具体情况,考虑人工市场劳务来源是否充沛,材料供应是否充足,价格是否平稳,采用市场价格作为参考,考虑一定的调价系数。分析该工程使用的施工机械是否为常用机械,投标人能否自行配备,机械台班按全国统一机械台班定额计算出台班单价,再根据市场情况考虑调整施工机械费。

4)计算综合单价

(1)按确定的定额含量及查询到的人工、材料、机械台班的单价,对应计算出定额子目单位数量的人工费、材料费和机械费。计算公式:

$$人工费 = \sum(人工工日数 \times 对应人工单价) \quad (2\text{-}4)$$

$$材料费 = \sum(材料定额含量 \times 对应材料单价) \quad (2\text{-}5)$$

$$机械费 = \sum(机械台班定额含量 \times 对应机械台班单价) \quad (2\text{-}6)$$

(2)规范规定综合单价必须包括相应分部分项工程清单项目的全部费用。施工方案、施工技术的增量,以及相应的管理费、利润、风险因素等费用也应全部包含在综合单价内。管理费、利润、风险费等企业可根据自身情况按人工费、材料费、机械费合计数的一定比例计取。

(3)按规范要求填写“综合单价分析表”(见本任务计价表格中表2-6),计算各清单项目的综合单价。分部分项工程量清单综合单价分析表,不是投标人的必报表格,是按招标文件和工程量清单中的要求进行报备的。

5)计算分部分项工程项目清单费用

分部分项工程项目清单费用计算结合招标工程量清单,按规范规定填写“分部分项工程和单价措施项目清单与计价表”(见本任务计价表格中表2-5),汇总得到单位工程的分部分项工程项目清单费用。表内的项目编码、项目名称、项目特征、计量单位、工程量必须按招标工程量清单填写,不能做任何变动。

6)计算分部分项工程项目费用的注意事项

(1)按招标工程量清单逐项计价,不漏项,不增项。

(2)不改动清单工程量。

(3)组成清单项的工程量计算应准确。

(4)人工、材料、机械消耗量的确定应符合实际。

(5)管理费、利润计算及风险因素费用应合理。

(6)分部分项工程和单价措施项目清单与计价表中的综合单价应与综合单价分析表中的综合单价完全一致。

(7)对于投标报价中数字保留小数点的位数依据招标文件要求,招标文件没有规定应按规范规定执行。

3.措施项目费用计算

措施项目费用应根据招标文件中措施项目清单按规范规定计价。

(1)“单价项目”的措施项目费用计算同“分部分项工程项目计价方法”,按招标文件中“分部分项工程和单价措施项目清单与计价表”的内容填写计算(见本任务计价表格中表2-5)。

(2)“总价项目”的措施项目费用计算按招标文件中“总价措施项目清单与计价表”的内容填写(参见本任务计价表格中表2-7),投标人应按规范和相关计价文件并根据自身编制的投标施工组织设计(或施工方案)的具体情况选用综合单价方式报价(包括除规费、税金外的全部费用)。措施项目中的安全文明施工费必须按国家或省级、行业建设主管部门的规定计算,不得作为竞争性费用。

注意:由于各投标人拥有的施工装备、技术水平和采用的施工方法有所差异,招标人提出的措施项目清单是根据一般情况确定的,没有考虑不同投标人的“个性”,投标人投标时应根据自身编制的投标施工组织设计(或施工方案)确定措施项目,投标人根据投标施工组织设计(或施工方案)调整和确定的措施项目应通过评标委员会的评审。

4. 其他项目费用计算

其他项目费用应根据招标文件中其他项目清单按规范规定计价。

1) 暂列金额

暂列金额应按招标工程量清单中其他项目清单中列出的金额填写,不得变动。

2) 暂估价

暂估价不得变动和更改。暂估价中的材料、工程设备必须按照暂估单价计入相应清单项目综合单价;专业工程暂估价必须按照其他项目清单中列出的金额填写。

3) 计日工

计日工应按招标工程量清单中"计日工表"(见本任务计价表格表 2-12)列出的项目数量,根据工程特点和有关计价依据,自主确定各项综合单价并计算费用。

4) 总承包服务费

总承包服务费应根据招标工程量清单中"总承包服务费计价表"(见本任务计价表格表 2-13)列出的分包专业工程内容和供应材料、设备情况,按照招标人提出的协调、配合与服务要求和施工现场管理需要自主确定。

5. 规费和税金项目费用计算

规费和税金的计取标准是依据有关法律、法规和政策规定制订的,具有强制性。因此,投标人计取规费和税金费用时应按招标工程量清单中"规费、税金计价表"(见本任务计价表格表 2-14)的内容填写、计算,必须按国家或省级、行业建设主管部门的规定计算,不得作为竞争性费用。目前,规费、税金包括的具体内容如下:

规费包括:社会保险费(含养老保险费、失业保险费、医疗保险费、工伤保险费、生育保险费),住房公积金,工程排污费。

税金包括:营业税,城市维护建设税,教育费附加,地方教育附加。

(五) 投标报价的决策

投标决策对于一个企业来说是至关重要的,投标决策与投标人的经济效益是紧密相关的。它是投标人经营决策的一部分。影响投标决策的因素十分复杂,投标决策主要从投标的发展过程分为投标前期的投标判断、投标初期的报价策略及最终报价分析。

1. 投标前期的投标判断

得到一个项目的招标信息后,投标人首先要决定是否参加该项目工程的投标,在做此判断时,投标人首先要考虑当前企业的经营状况和长远经营目标,其次要明确参加投标的目的,然后分析中标可能性的影响因素。投标人应该在投标前进行充分的市场分析和研究,了解竞争对手的投标风格,把握投标各方的优劣势,以便合理决策。投标人应针对项目的特点合理使用投标资源,不同项目需要的资源投入量不同。对于条件好,中标概率大的项目,可以多投入。

2. 投标初期的报价策略

投标初期,企业就要确定好自己的报价策略。在确定报价策略时要根据企业自身的经营状况和经营目标,既要考虑到自己的优势和劣势,也要考虑到竞争的激烈程度,还要分析投标项目的整体特点,按照工程的类别、施工条件、资金状况等确定报价策略。一般来说有以下这几种报价策略。

1) 盈利型报价策略

这种策略是投标人充分发挥自身优势,以实现最佳盈利为目标的。

2)竞争型报价策略

投标人以竞争为手段,以开拓市场,低盈利为目标,在精确计算成本的基础上,充分估计各竞争对手的报价目标,用有竞争力的报价达到中标的目的。

3)生存型报价策略

投标人为了克服生存危机而争取工程中标时,可以不考虑其他因素,以生存为重,采取不盈利也要夺标的态度。

3.投标后期的报价分析

在投标后期,当初步报价提出后,应当对这个报价进行多方面分析。分析的目的是探讨这个报价的合理性、竞争性、盈利及风险,从而做出最终报价的决策。分析的方法可以分别从静态分析和动态分析两方面进行。

1)静态分析

首先假定初步报价是合理的,分析报价的各项组成及其合理性。分析步骤如下:

(1)分析组价计算书中的汇总数字,并计算其比例指标。

①统计总建筑面积和各单项建筑面积。

②统计人工费总价及主要工人、辅助工人和管理人员的数量,按报价、工期、建筑面积及统计的工日总数算出单位面积的用工数、单位面积的人工费,计算人工费占总报价的比重。

③统计材料费用总价及各主要材料数量和分类总价,计算单位面积的总材料费用指标和各主要材料消耗指标及费用指标,计算材料费占报价的比重。

④统计临时工程费用,机械设备使用费,模板、脚手架等费用,计算它们占总报价的比重,以及分别占购置费的比例,即以摊销形式摊入本工程的费用和工程结束后的残值。

⑤统计各类管理费汇总数,计算它们占总报价的比重,计算利润、贷款利息的总数和所占比例。

⑥统计分包工程的总价及各分包商的分包价,计算其占总报价和投标人自己施工的直接费用的比例,并计算各分包人分别占分包总价的比例。

⑦如果报价人有意地分别增加了某些风险系数,可以列为潜在利润或隐匿利润提出,以便研讨。

(2)分析整个报价结构的合理性。例如分析总的人工费、材料费、机械费的合计数与总管理费用比例关系,人工费与材料费的比例关系,临时设施费及机械费与总人工费、材料费、机械费合计数的比例关系,利润与总报价的比例关系,判断报价的构成是否基本合理。

(3)分析单位面积价格和用工量、用料量的合理性。可参照当地类似工程的资料进行分析对比,探索本报价的合理性。

(4)对明显不合理的报价构成部分进行微观方面的分析检查。重点是从提高工效、改变施工方案、调整工期、压低供货人和分包人的价格、节约管理费用等方面提出可行措施,并修正初步报价,测算出另一个低报价方案。根据定量分析方法测算出最优报价方案。

(5)将原初步报价方案、低报价方案、最优报价方案整理成对比分析资料,提交内部的报价决策人或决策小组研讨。

2)动态分析

动态分析是指通过假定某些因素的变化,测算报价的变化幅度,特别是这些变化对报价的影响。对工程中风险较大的工作内容,采用扩大单价,增加风险费用的方法来减少风险。例如管理不善、材料设备交货延误、质量返工等多种风险都可能导致工期延误，不但不能索赔，还可能遭到罚款。由于工期延长可能使占用的流动资金及利息增加，管理费相应增大，工资开支增多，机具设备使用费用增大。这种增加的开支部分只能用减小利润来弥补，因此我们通过多次测算可以得知工期拖延多久利润将全部丧失。

4. 最终投标报价决策

1）投标报价决策的依据

作为决策的主要资料依据应当是投标人的计算书及分析指标。投标人应以自己的报价资料为依据进行科学分析，然后做出恰当的投标报价决策。

2）投标报价差异的原因

虽然实行工程量清单计价，是由投标人自由组价，但一般来说，投标人对投标报价的计算方法大同小异，造价工程师掌握的基础价格资料也是相似的。因此，从理论上分析，各投标人的投标报价同招标人的拦标价都应相差不远。除了那些明显的计算失误，如漏算、误解招标文件、有意放弃竞争而报高价者外，出现投标价格差异的基本原因有以下几方面：各自拥有不同的优势；管理费用的差别；选择的施工方案不同；追求利润的高低不一。

3）在利润和风险之间做出决策

由于投标情况纷繁复杂，计价中碰到的情况各不相同，很难事先预料。决策人要全面考虑期望的利润和承担风险的能力，在风险和利润之间进行权衡并做出选择。

三、招标控制价、投标报价的计价表格使用

招标控制价、投标报价的计价表格均应按规范规定采用。具体如下。

（一）封面

（1）招标控制价封面。按“13 计价规范”封－2“招标控制价”的内容填写。

封－2

____________________工程

招标控制价

招　标　人：____________________

（单位盖章）

造价咨询人：____________________

（单位盖章）

年　　月　　日

招标控制价封面应填写招标工程的具体名称、招标人应盖单位公章，如委托工程造价

咨询人编制,还应加盖委托编制招标控制价的工程造价咨询人的单位公章。

(2)投标报价封面。按“13计价规范”封-3“投标总价”的内容填写。

封-3

__________________工程

投标总价

投 标 人:________________

(单位盖章)

年 月 日

投标报价封面应填写投标工程的具体名称、投标人应盖单位公章。

(二)扉页

(1)招标控制价扉页。按“13计价规范”扉-2“招标控制价”的内容填写。

扉-2

__________________工程

招标控制价

招标控制价(小写):__________________________

(大写):__________________________

招 标 人:________________ 造价咨询人:________________

(单位盖章) (单位盖章)

法定代表人 法定代表人

或其授权人:________________ 或其授权人:________________

(签字或盖章) (签字或盖章)

编 制 人:________________ 复 核 人:________________

(造价人员签字盖专用章) (造价工程师签字盖专用章)

编制时间: 年 月 日 复核时间: 年 月 日

招标人自行编制招标控制价时，由招标人单位注册的造价人员编制，招标人盖单位公章，法定代表人或其授权人签字或盖章；招标人委托工程造价咨询人编制招标控制价时，由工程造价咨询人单位注册的造价人员编制，工程造价咨询人盖单位资质专用章，法定代表人或其授权人签字或盖章。编制人是造价工程师的，由其签字盖执业专用章；编制人是造价员的，在编制人栏签字盖专用章，应由造价工程师复核，并在复核人栏签字盖执业专用章。

(2)投标报价扉页。按“13计价规范”扉－3“投标总价”的内容填写。

投标人编制投标报价时，由投标人单位注册的造价人员编制，投标人盖单位公章，法定代表人或其授权人签字或盖章，编制的造价人员(造价工程师或造价员)签字盖执业专用章。

扉－3

投标总价

招　标　人：________________________

工 程 名 称：________________________

投 标 总 价(小写)：________________________

(大写)：________________________

投　标　人：________________________

(单位盖章)

法定代表人
或其授权人：________________________

(签字或盖章)

编　制　人：________________________

(造价人员签字盖专用章)

时　　间：　年　月　日

(三)工程计价总说明

招标控制价、投标报价总说明应按下列内容填写：

(1)工程概况：建设规模、工程特征、计划工期、投标工期、施工现场实际情况、自然地理条件、环境保护要求等。

(2)招标控制价或投标报价包括的范围。

(3)招标控制价或投标报价的编制依据。

(4)采用的施工组织设计。

(5)采用的材料价格来源及综合单价中风险因素、风险范围等。

(6)其他需要说明的问题。

总说明应将上述内容填入“13 计价规范”表 -01“工程计价总说明”(见表 2-1)。

表 2-1 总说明

工程名称:　　　　　　　　　　　　　　　　　　　　　　　　　　第　页　共　页

(四)工程计价汇总表

工程计价汇总表包括:建设项目招标控制价(投标报价)汇总表、单项工程招标控制价(投标报价)汇总表、单位工程招标控制价(投标报价)汇总表。

由于编制招标控制价和投标价包含的内容相同,只是对价格的处理不同,因此对招标控制价和投标报价汇总表的设计使用同一表格。实践中,招标控制价或投标报价可分别印制相应的工程计价汇总表表格。

需要特别注意的是,投标报价汇总表与投标函中投标报价金额应当一致。就投标文件的各个组成部分而言,投标函是最重要的文件,其他组成部分都是投标函的支持性文件,投标函是必须经过投标人签字,并且在开标会上必须当众宣读的文件。如果投标报价汇总表的投标总价与投标函填报的投标总价不一致,应当以投标函中填写的大写金额为准。实践中,对该原则一直缺少一个明确的依据,为了避免出现争议,可以在“投标人须知”中给予明确,用在招标文件中约定的方式来弥补法律、法规依据的不足。

1. 建设项目招标控制价(投标报价)汇总表

建设项目招标控制价(投标报价)汇总表均采用“13 计价规范”表 -02“建设项目招标控制价(投标报价)汇总表”(见表 2-2)。

(1)表中单项工程名称应按单项工程招标控制价(投标报价)汇总表的工程名称填写。

(2)表中金额应按单项工程招标控制价(投标报价)汇总表的合计金额填写。

表 2-2　建设项目招标控制价(投标报价)汇总表

工程名称：　　　　　　　　　　　　　　　　　　　　　　　　第　页　共　页

序号	单项工程名称	金额(元)	其中(元)		
			暂估价	安全文明施工费	规费
	合计				

注:本表适用于建设项目招标控制价或投标报价的汇总。

2. 单项工程招标控制价(投标报价)汇总表

单项工程招标控制价(投标报价)汇总表均采用"13 计价规范"表－03"单项工程招标控制价(投标报价)汇总表"(见表 2-3)。

(1)表中单位工程名称应按单位工程招标控制价(投标报价)汇总表的工程名称填写。

(2)表中金额应按单位工程招标控制价(投标报价)汇总表的合计金额填写。

表 2-3　单项工程招标控制价(投标报价)汇总表

工程名称：　　　　　　　　　　　　　　　　　　　　　　　　第　页　共　页

序号	单位工程名称	金额(元)	其中(元)		
			暂估价	安全文明施工费	规费
	合计				

注:本表适用于单项工程招标控制价或投标报价的汇总。暂估价包括分部分项工程中的暂估价和专业工程暂估价。

3. 单位工程招标控制价(投标报价)汇总表

单位工程招标控制价(投标报价)汇总表均采用"13 计价规范"表－04"单位工程招标控制价(投标报价)汇总表"(见表 2-4)。

单位工程招标控制价(投标报价)汇总表中的金额应分别按照分部分项工程项目清单计价表、措施项目清单计价表、其他项目清单计价汇总表、规费和税金项目清单计价表的合计金额填写。

表 2-4　单位工程招标控制价(投标报价)汇总表

工程名称:　　　　　　　　　　　　　标段:　　　　　　　　　　　　第　页　共　页

序号	汇总内容	金额(元)	其中:暂估价(元)
1	分部分项工程		
1.1			
1.2			
1.3			
1.4			
1.5			
2	措施项目		
2.1	其中:安全文明施工费		
3	其他项目		
3.1	其中:暂列金额		
3.2	其中:专业工程暂估价		
3.3	其中:计日工		
3.4	其中:总承包服务费		
4	规费		
5	税金		
招标控制价合计 = 1 + 2 + 3 + 4 + 5			

注:本表适用于单位工程招标控制价或投标报价的汇总,如无单位工程划分,单项工程也使用本表汇总。

(五)分部分项工程和单价措施项目清单与计价表

招标控制价、投标报价的分部分项工程项目清单计价和单价措施项目清单计价均采用“13 计价规范”表－08“分部分项工程和单价措施项目清单与计价表”(见表 2-5)。

表 2-5 分部分项工程和单价措施项目清单与计价表

工程名称： 标段： 第 页 共 页

<table>
<tr><th rowspan="3">序号</th><th rowspan="3">项目编码</th><th rowspan="3">项目名称</th><th rowspan="3">项目特征描述</th><th rowspan="3">计量单位</th><th rowspan="3">工程量</th><th colspan="3">金额(元)</th></tr>
<tr><th rowspan="2">综合单价</th><th rowspan="2">合价</th><th>其中</th></tr>
<tr><th>暂估价</th></tr>
<tr><td></td><td></td><td></td><td></td><td></td><td></td><td></td><td></td><td></td></tr>
<tr><td></td><td></td><td></td><td></td><td></td><td></td><td></td><td></td><td></td></tr>
<tr><td></td><td></td><td></td><td></td><td></td><td></td><td></td><td></td><td></td></tr>
<tr><td></td><td></td><td></td><td></td><td></td><td></td><td></td><td></td><td></td></tr>
<tr><td colspan="7">本页小计</td><td></td><td></td></tr>
<tr><td colspan="7">合计</td><td></td><td></td></tr>
</table>

注：为计取规费等的使用，可在表中增设“其中：定额人工费”。

编制招标控制价时，编制人对表中的“项目编码”“项目名称”“项目特征”“计量单位”“工程量”必须按招标工程量清单中的相应内容填写，对“综合单价”“合价”以及其中的“暂估价”按规范的规定填写。

编制投标报价时，投标人对表中的“项目编码”“项目名称”“项目特征”“计量单位”“工程量”必须按招标工程量清单中的相应内容填写，均不得改动。“综合单价”“合价”自主决定填写，对其中的“暂估价”栏，投标人应将招标文件或招标工程量清单中提供了暂估材料单价的暂估价进入综合单价，并应计算出暂估单价的材料在“综合单价”及其“合价”中的具体数额，因此为更详细的反应暂估价情况，也可在表中增设一栏“综合单价”其中的“暂估价”。

（六）综合单价分析表

招标控制价、投标报价的分部分项工程和单价措施项目清单项目的综合单价分析、计算均采用“13 计价规范”表－09“综合单价分析表”（见表 2-6）。

综合单价分析表集中反映了构成每一个分部分项工程和单价措施项目清单综合单价的各个价格要素的价格及主要的工、料、机消耗量，是判别综合单价组成及其价格完整性、合理性的主要基础。

编制招标控制价，使用本表应填写使用的省级或行业建设主管部门发布的计价定额名称。

编制投标报价，使用本表应填写使用的企业定额名称，也可填写使用的省级或行业建设主管部门发布的计价定额，如不使用则不填写。投标人在投标报价时，需要对每一个清单项目进行组价，为了使组价工作具有可追溯性，需要表明每一个数据的来源。综合单价分析表实际上是投标人投标组价工作的一个阶段性成果文件，一般随投标文件一同提交，作为已标价工程量清单的组成部分，以便中标后，作为合同文件的附属文件，为因工程变更、工程量偏差等原因调整综合单价提供基础价格数据来源。

表 2-6　综合单价分析表

工程名称：　　　　　　　　　　　　　标段：　　　　　　　　　　　　第　页　共　页

<table>
<tr><td colspan="2">项目编码</td><td colspan="2"></td><td colspan="2">项目名称</td><td colspan="2"></td><td>计量单位</td><td></td><td>工程量</td><td></td></tr>
<tr><td colspan="12">清单综合单价组成明细</td></tr>
<tr><td rowspan="2">定额编号</td><td rowspan="2">定额项目名称</td><td rowspan="2">定额单位</td><td rowspan="2">数量</td><td colspan="4">单价</td><td colspan="4">合价</td></tr>
<tr><td>人工费</td><td>材料费</td><td>机械费</td><td>管理费和利润</td><td>人工费</td><td>材料费</td><td>机械费</td><td>管理费和利润</td></tr>
<tr><td></td><td></td><td></td><td></td><td></td><td></td><td></td><td></td><td></td><td></td><td></td><td></td></tr>
<tr><td></td><td></td><td></td><td></td><td></td><td></td><td></td><td></td><td></td><td></td><td></td><td></td></tr>
<tr><td></td><td></td><td></td><td></td><td></td><td></td><td></td><td></td><td></td><td></td><td></td><td></td></tr>
<tr><td colspan="2">人工单价</td><td colspan="6">小计</td><td></td><td></td><td></td><td></td></tr>
<tr><td colspan="2">元/工日</td><td colspan="6">未计价材料费</td><td colspan="4"></td></tr>
<tr><td colspan="8">清单项目综合单价</td><td colspan="4"></td></tr>
<tr><td colspan="2" rowspan="6">材料费明细</td><td colspan="4">主要材料名称、规格、型号</td><td>单位</td><td>数量</td><td>单价（元）</td><td>合价（元）</td><td>暂估单价（元）</td><td>暂估合价（元）</td></tr>
<tr><td colspan="4"></td><td></td><td></td><td></td><td></td><td></td><td></td></tr>
<tr><td colspan="4"></td><td></td><td></td><td></td><td></td><td></td><td></td></tr>
<tr><td colspan="4"></td><td></td><td></td><td></td><td></td><td></td><td></td></tr>
<tr><td colspan="6">其他材料费</td><td>—</td><td></td><td>—</td><td></td></tr>
<tr><td colspan="6">材料费小计</td><td>—</td><td></td><td>—</td><td></td></tr>
</table>

注：1. 如不使用省级或行业建设主管部门发布的计价依据，可不填定额编号、名称等。

2. 招标文件提供了暂估单价的材料，按暂估的单价填入表内“暂估单价”栏及“暂估合价”栏。

（七）总价措施项目清单与计价表

招标控制价、投标报价的总价措施项目清单计价均采用“13 计价规范”表-11“总价措施项目清单与计价表”（见表 2-7）。

编制招标控制价时，表中措施项目内容应按招标工程量清单内容填写，计费基础、费率应按省级或行业建设主管部门的规定计取。

编制投标报价时，除“安全文明施工费”必须按本规范的强制性规定，按省级或行业建设主管部门的规定计取外，其他措施项目均可根据投标施工组织设计自主报价。

（八）其他项目清单与计价汇总表

招标控制价、投标报价的其他项目清单计价应根据招标文件中其他项目清单按规范规定计价。均采用“13 计价规范”表－12“其他项目清单与计价汇总表”（见表 2-8）。

编制招标控制价时，“暂列金额”和“专业暂估价”按招标工程量清单内容填写，“计日工”和“总承包服务费”应按有关计价规定估算。如招标工程量清单中未列“暂列金额”，应按有关规定编列。

表 2-7 总价措施项目清单与计价表

工程名称： 标段： 第 页 共 页

序号	项目编码	项目名称	计算基础	费率（%）	金额（元）	调整费率（%）	调整后金额（元）	备注
1		安全文明施工费						
2		夜间施工增加费						
3		二次搬运费						
4		冬雨季施工增加费						
5		已完工程及设备保护费						
		合计						

编制人（造价人员）： 复核人（造价工程师）：

注：1.“计算基础”中安全文明施工费可为“定额基价”“定额人工费”或“定额人工费＋定额机械费”，其他项目可为“定额人工费”或“定额人工费＋定额机械费”。

2. 按施工方案计算的措施费，若无“计算基础”和“费率”的数值，也可只填“金额”数值，但应在备注栏说明施工方案出处或计算方法。

表 2-8 其他项目清单与计价汇总表

工程名称： 标段： 第 页 共 页

序号	项目名称	金额（元）	结算金额（元）	备注
1	暂列金额			明细详见表 2-9
2	暂估价			
2.1	材料（工程设备）暂估价/结算价	—		明细详见表 2-10
2.2	专业工程暂估价/结算价			明细详见表 2-11
3	计日工			明细详见表 2-12
4	总承包服务费			明细详见表 2-13
	合计			—

注：材料（工程设备）暂估单价进入清单项目综合单价，此处不汇总。

编制投标报价时，“暂列金额”和“专业工程暂估价”应按招标工程量清单提供的金额填写，不得变动。“计日工”“总承包服务费”自主确定报价。

(九)暂列金额明细表

招标控制价、投标报价的暂列金额项目应根据招标文件中工程量清单所列的“暂列金额”直接填入“13 计价规范”表 –12 –1“暂列金额明细表”(见表 2-9)。

表 2-9 暂列金额明细表

工程名称: 标段: 第 页 共 页

序号	项目名称	计量单位	暂列金额(元)	备注
1				
2				
3				
	合计			—

注:此表由招标人填写,如不能详列,也可只列暂列金额总额,投标人应将上述暂列金额计入投标总价中。

(十)材料(工程设备)暂估单价及调整表

招标控制价、投标报价的材料(工程设备)暂估单价应根据招标文件中工程量清单所列的“材料(工程设备)暂估单价”直接填入“13 计价规范”表 –12 –2“材料(工程设备)暂估单价及调整表”(见表 2-10)。

表 2-10 材料(工程设备)暂估单价及调整表

工程名称: 标段: 第 页 共 页

序号	材料(工程设备)名称、规格、型号	计量单位	数量		暂估(元)		确认(元)		差额±(元)		备注
			暂估	确认	单价	合价	单价	合价	单价	合价	
	合计										

注:此表由招标人填写“暂估单价”,并在备注栏说明暂估价的材料、工程设备拟用在哪些清单项目上,投标人应将上述材料、工程设备暂估单价计入工程量清单综合单价报价中。

(十一)专业工程暂估价及结算价表

招标控制价、投标报价的专业暂估价应根据招标文件中工程量清单所列的“专业工程暂估价”直接填入“13 计价规范”表－12－3“专业工程暂估价及结算价表”（见表2-11）。

表2-11 专业工程暂估价及结算价表

工程名称：　　　　　　　　　　　　标段：　　　　　　　　　　　　第 页 共 页

序号	工程名称	工程内容	暂估金额（元）	结算金额（元）	差额±（元）	备注
合计						

注：此表“暂估金额”由招标人填写，投标人应将“暂估金额”计入投标总价中。结算时按合同约定结算金额填写。

（十二）计日工表

招标控制价、投标报价的计日工计价应根据招标文件中计日工项目清单按规范规定计价。均采用“13 计价规范”表－12－4“计日工表”（见表2-12）。

表2-12 计日工表

工程名称：　　　　　　　　　　　　标段：　　　　　　　　　　　　第 页 共 页

编号	项目名称	单位	暂定数量	实际数量	综合单价（元）	合价（元）	
						暂定	实际
一	人工						
1							
2							
3							
人工小计							
二	材料						
1							
2							
3							
材料小计							

续表 2-12

编号	项目名称	单位	暂定数量	实际数量	综合单价（元）	合价（元）	
						暂定	实际
三	施工机械						
1							
2							
3							
施工机械小计							
四、企业管理费和利润							
总计							

注：此表项目名称、暂定数量由招标人填写，编制招标控制价时，单价由招标人按有关计价规定确定；投标时，单价由投标人自主报价，按暂定数量计算合价计入投标总价中。结算时，按发承包双方确认的实际数量计算合价。

编制招标控制价时，表中的人工、材料、机械台班单价由招标人按有关计价规定填写并计算合价。

编制投标报价时，表中的人工、材料、机械台班单价由投标人自主确定，按已给暂估数量计算合价计入投标总价中。

（十三）总承包服务费计价表

招标控制价、投标报价的总承包服务费计价应根据招标文件中总承包服务项目清单按规范规定计价。均采用“13 计价规范”表－12－5“总承包服务费计价表”（见表 2-13）。

编制招标控制价时，招标人按有关计价规定计价。

编制投标报价时，由投标人根据工程量清单中的总承包服务内容，自主决定报价。

表 2-13　总承包服务费计价表

工程名称：　　　　　　　　　　　　标段：　　　　　　　　　　　　第　页　共　页

序号	项目名称	项目价值（元）	服务内容	计算基础	费率（%）	金额（元）
1	发包人发包专业工程					
2	发包人供应材料					
	合计	—	—		—	

注：此表项目名称、服务内容由招标人填写，编制招标控制价时，费率及金额由招标人按有关计价规定确定；投标时，费率及金额由投标人自主报价，计入投标总价中。

(十四)规费、税金项目计价表

招标控制价、投标报价的规费和税金项目均采用“13 计价规范”表－13“规费、税金项目清单与计价表”(见表2-14)。

表2-14 规费、税金项目清单与计价表

工程名称: 标段: 第 页 共 页

序号	项目名称	计算基础	计算基数	费率(%)	金额(元)
1	规费	定额人工费			
1.1	社会保险费	定额人工费			
(1)	养老保险费	定额人工费			
(2)	失业保险费	定额人工费			
(3)	医疗保险费	定额人工费			
(4)	工伤保险费	定额人工费			
(5)	生育保险费	定额人工费			
1.2	住房公积金	定额人工费			
1.3	工程排污费	按工程所在地环境保护部门收取标准,按实计入			
2	税金	分部分项工程费＋措施项目费＋其他项目费＋规费－按规定不计税的工程设备金额			
合计					

编制人(造价人员): 复核人(造价工程师):

(十五)总价项目进度款支付分解表(投标报价使用)

编制投标报价文件时,投标人应按照招标文件的规定要求填写进度款支付分解表作为合同附件使用,采用“13 计价规范”表－16“总价项目进度款支付分解表”(见表2-15)。

(十六)发包人提供材料和工程设备一览表

编制招标拦标价、投标报价文件时,应按照招标文件的工程量清单填写发包人提供材料和工程设备一览表,采用“13 计价规范”表－20“发包人提供材料和工程设备一览表”(见表2-16)。

(十七)承包人提供主要材料和工程设备一览表

编制招标拦标价、投标报价文件时,应按照招标文件要求按规范规定填写承包人提供主要材料和工程设备基本情况,采用“13 计价规范”表－21 或表－22“承包人提供主要材料和工程设备一览表”(见表2-17、表2-18)。

表 2-15　总价项目进度款支付分解表

工程名称：　　　　　　　　　　　　　　　　　标段：　　　　　　　　　　　　　　　　　单位：元

序号	项目名称	总价金额	首次支付	二次支付	三次支付	四次支付	五次支付	
	安全文明施工费							
	夜间施工增加费							
	二次搬运费							
	社会保险费							
	住房公积金							
	合计							

编制人（造价人员）：　　　　　　　　　　　　　　　　复核人（造价工程师）：

注：1. 本表应由承包人在投标报价时根据发包人在招标文件里明确的进度款支付周期与报价填写，签订合同时，发承包双方可就支付分解协商调整后作为合同附件。

2. 单价合同使用本表，"支付"栏时间应与单价项目进度款支付周期相同。

3. 总价合同使用本表，"支付"栏时间应与约定的工程计量周期相同。

表 2-16　发包人提供材料和工程设备一览表

工程名称：　　　　　　　　　　　　　　　　　标段：　　　　　　　　　　　　　　　　　第　页　共　页

序号	材料（工程设备）名称、规格、型号	单位	数量	单价	交货方式	送达地点	备注

注：此表由招标人填写，供投标人在投标报价、确定总承包服务费时参考。

表 2-17　承包人提供主要材料和工程设备一览表

（适用造价信息差额调整法）

工程名称：　　　　　　　　　　　　　　　　　标段：　　　　　　　　　　　　　　　　　第　页　共　页

序号	名称、规格、型号	单位	数量	风险系数（%）	基准单价（元）	投标单价（元）	发承包人确定单价（元）	备注

注：1. 此表由招标人填写除"投标单价"栏的内容，投标人在投标时自主确定投标单价。

2. 招标人应优先采用工程造价管理机构发布的单价作为基准单价，未发布的，通过市场调查确定其基准单价。

表2-18　承包人提供主要材料和工程设备一览表

（适用价格指数差额调整法）

工程名称：　　　　　　　　　　　　　　　标段：　　　　　　　　　　　　　　　第　页　共　页

序号	名称、规格、型号	变值权重	基本价格指数 F_0	现行价格指数 F_t	备注
	定值权重 A				
	合计	1			

注：1. “名称、规格、型号”“基本价格指数”栏由招标人填写，基本价格指数应首先采用工程造价管理机构发布的价格指数，没有时，可采用发布的价格代替。如人工、机械费也采用本法调整，由招标人在“名称”栏填写。

2. “变值权重”栏由投标人根据该项人工、机械费和材料、工程设备价值在投标总报价中所占的比例填写，1 减去其比例为定值权重。

3. “现行价格指数”按约定的付款证书相关周期最后一天前 42 天的各项价格指数填写，该指数应首先采用工程造价管理机构发布的价格指数，没有时，可采用发布的价格代替。

【任务探索】

1. 结合实际工程案例，合理填写招标控制价、投标报价计价表格。

2. 结合实际工程案例，进行投标报价决策分析。

【任务练习】

一、单项选择题

1. 根据现行《建设工程工程量清单计价规范》（GB 50500—2013）规定，编制工程招标控制价应结合（　　）制定的计价办法进行编制。

A. 当地工程造价管理部门　　　　B. 当地省级建设行政主管部门

C. 当地建设行政主管部门　　　　D. 国家建设部统一

2. 采用工程量清单计价时，要求投标报价根据（　　）。

A. 业主提供的工程量，按照现行概算扩大指标编制得出

B. 业主提供的工程量，结合企业自身所掌握的各种信息、资料及企业定额编制得出

C. 承包商自行计算工程量参照现行预算定额规定编制得出

D. 承包商自行计算工程量，结合企业自身所掌握的各种信息、资料及企业定额编制得出

3. 甲方供料是否计价，如何计价，下列说法正确的是（　　）。

A. 甲方供应的材料应计入投标报价中，并在综合单价中体现

B. 甲方供应的材料不计入综合单价中

C. 甲方供应的材料应计入投标报价中，应在其他项目费中体现

D. 甲方供应的材料应计入投标报价中，应作为不竞争性费用

4. 招标人提供了有暂估单价的材料，应按(　　)计入综合单价。

A. 投标人选择的价格　　B. 市场价

C. 暂估单价　　D. 基价

5. 对投标人报出的措施项目清单中没有列项且施工中又必须发生的项目，招标人(　　)。

A. 要给予投标人以补偿

B. 允许投标人进行补充

C. 可认为其包括在其他措施项目中

D. 可认为其包括在分部分项工程量清单的综合单价中

6. 工程量清单与计价表中列明的所有项目需要填写的单价和合价，投标人均应填写，未填写的单价和合价，叙述正确的是(　　)。

A. 按实际结算

B. 作为漏项处理

C. 协商处理

D. 视为此项费用已包含在工程量清单的其他单价和合价中

7. 综合单价是完成工程量清单中一个规定计量单位项目所需的人工费、材料费、机械费、(　　)，并考虑风险因素。

A. 管理费和利润　　B. 折旧费和大修费

C. 保险费和风险费　　D. 管理费和税金

8. 分部分项工程量清单项目中确定一个工程量清单的项目综合单价不可缺少的重要依据是(　　)。

A. 项目特征　　B. 序号

C. 项目编码　　D. 施工方法

9. 分部分项工程量清单项目的工程量应以实体工程量为准，对于施工方案中需要增加的工程量，投标人投标报价时，在(　　)中考虑。

A. 措施项目　　B. 其他项目清单

C. 该清单项目的综合单价　　D. 暂列金额

10. 工程量清单中的工程量乘以综合单价得到的是(　　)费用。

A. 工程项目　　B. 单项工程

C. 单位工程　　D. 分部分项工程

11. 现行《建设工程工程量清单计价规范》(GB 50500—2013)中脚手架的费用应计入(　　)。

A. 分部分项工程项目费　　B. 措施项目费

C. 材料费　　D. 其他项目费

12. 现行《建设工程工程量清单计价规范》(GB 50500—2013)中安全文明施工费属于(　　)。

A. 间接费　　B. 规费

C. 措施费　　　　　　　　　　　　　　D. 企业管理费

13. 按现行《建设工程工程量清单计价规范》(GB 50500—2013)规定,安全文明施工费应按(　　)规定计价。

A. 投标人　　　　　　　　　　　　　　B. 招标人

C. 承包人　　　　　　　　　　　　　　D. 国家或省级、行业建设主管部门

14. 税金项目清单计价的计算基础是(　　)。

A. 分部分项工程费

B. 分部分项工程费 + 措施项目费

C. 分部分项工程费 + 措施项目费 + 其他项目费 + 规费

D. 分部分项工程费 + 措施项目费 + 其他项目费

15. 下列工程量清单计价方法中,关于费用计算的公式不正确的是(　　)。

A. 分部分项工程费 = ∑分部分项工程量 × 分部分项工程项目综合单价

B. 措施项目费 = ∑措施项目工程量 × 措施项目综合单价

C. 单位工程造价 = ∑单项工程造价 + 措施项目费 + 利润

D. 单位工程造价 = 分部分项工程费 + 措施项目费 + 其他项目费 + 规费 + 税金

二、多项选择题

1. 招标控制价是在工程采用招标发包的过程中,由招标人根据有关计价规定计算的工程造价,其作用是招标人用于对招标工程发包进行最高限价,也叫(　　)。

A. 拦标价　　　　　　　　　　　　　　B. 预算控制价

C. 合同价　　　　　　　　　　　　　　D. 标底

E. 评标价

2. 招标控制价的编制人可能是(　　)。

A. 招标人　　　　　　　　　　　　　　B. 自然人

C. 受委托的工程造价咨询人　　　　　　D. 投标人

E. 工程造价管理部门

3. 投标报价编制依据除计价规范规则外,尚应依据以下文件(　　)。

A. 拟定的投标施工组织设计　　　　　　B. 其他的相关资料

C. 建设工程设计文件资料　　　　　　　D. 拟定的投标施工方案

E. 经审定的预算表

4. 现行《建设工程工程量清单计价规范》(GB 50500—2013)规定,投标报价应根据招标文件中计价要求,可按照下列(　　)自主报价。

A. 企业定额　　　　　　　　　　　　　B. 估算指标

C. 国家或省级颁发的计价定额　　　　　D. 概算定额

E. 行业建设主管部门颁发的计价定额

5. 现行《建设工程工程量清单计价规范》(GB 50500—2013)规定,在工程量清单计价过程中,分部分项工程综合单价应包括(　　)。

A. 人工费 + 材料费 + 机械费　　　　　B. 规费

C. 利润　　　　　　　　　　　　　　　D. 管理费

E. 风险因素

6. 编制投标措施项目费的原则包括(　　)。

A. 投标人要根据施工方案结合企业自身实力编制

B. 投标人要根据施工方案结合企业技术专长自行计算报价

C. 措施费用结算时需要调整的,必须在招标文件或合同中明确

D. 措施项目费,投标人可以不报价作为优惠

E. 措施项目费未计算或少算的费用视为此费用已包括在其他费用内

7. 现行《建设工程工程量清单计价规范》(GB 50500—2013)中以“项”计价的措施项目,根据住房和城乡建设部、财政部发布的《建筑安装工程费用组成》(建标〔2013〕44 号)的规定,“计算基础”可为(　　)。

A. 分部分项工程费　　B. 措施项目费

C. 人工费　　D. 人工费 + 机械费

E. 分部分项工程费 + 可计量的措施项目费

8. 投标人应填报工程量清单计价格式中列明的所有需要填报的单价和合价,如未填报,以下说法中错误的是(　　)。

A. 招标人应要求投标人及时补充

B. 招标人可认为此项费用已包含在工程量清单的其他单价和合价中

C. 投标人应该在开标之前补充

D. 投标人可以在中标后提出索赔

E. 工程结算时,不得依据工程变更进行补充

9. 采用工程量清单报价,下列计算公式正确的是(　　)。

A. 技术措施项目费 = $\sum$技术措施项目工程量 × 措施项目综合单价

B. 单位工程报价 = $\sum$分部分项工程费

C. 单项工程报价 = $\sum$单位工程报价

D. 建设项目总报价 = $\sum$单项工程报价

E. 分部分项工程费 = $\sum$分部分项工程量 × 分部分项工程综合单价

10. 工程量清单计价中采用不平衡报价,综合单价可报高的项目有(　　)。

A. 盈利型报价项目　　B. 生存型报价项目

C. 指定分包项目　　D. 工程量可能减少的项目

E. 工程量可能增加的项目

项目三　建筑工程建筑面积计算

学习目标与要求

学习任务	能力目标	知识要点
任务一 建筑面积基本知识	能够理解建筑面积的组成和作用	建筑面积的概念、组成与作用
任务二 建筑面积的计算	能够结合实际工程计算建筑物建筑面积	建筑面积的计算术语； 建筑面积的计算规则

任务一　建筑面积基本知识

【任务导航】

问题1:建筑面积的概念与组成。

问题2:建筑面积的作用。

【任务解析】

一、建筑面积的概念

建筑面积是指建筑物中符合条件的各层结构外围水平投影面积的总和。建筑面积由有效面积和结构面积组成,有效面积又包括使用面积和辅助面积。即:

建筑面积 = 有效面积 + 结构面积 = 使用面积 + 辅助面积 + 结构面积

(1)使用面积:指建筑物各层平面中直接为生产或生活使用的净面积之和,如客厅、房间、厨房、卫生间等。

(2)辅助面积:指建筑物各层平面中为辅助生产或生活所占的净面积之和,如交通面积:门厅、楼梯、电梯、走廊等。

(3)结构面积:指建筑物各层平面中的墙、柱、通风道等结构所占面积之和。

二、建筑面积的作用

建筑面积作为建筑工程的一项重要技术经济指标,在建筑工程中起着非常重要的作用。

(一)建筑面积是确定建设项目建设规模的重要指标

建设项目从项目建议书的编制到立项审批、工程设计过程中,建筑面积都是作为核定建设规模的重要指标。在建设项目设计过程中,建设项目立项批准文件所核定的建筑面积是初步设计的重要控制指标。对于国家投资的建设项目,施工图设计的建筑面积不得超过初步设计的5%,否则必须重新报批。

(二)建筑面积是确定各项建筑工程经济技术指标的基础

建设项目设计过程中的容积率、建筑密度、平面系数、使用面积系数等评价指标以及建筑工程的各项造价指标(如每平方米造价指标,每平方米人工、材料消耗量造价信息指标等)都是以建筑面积为基础计算的。

(三)建筑面积是编制概算指标和工程概算的主要依据

建筑工程概算指标通常是以建筑面积为计量单位,用概算指标编制概算时,也是以建筑面积为计算基础的。

(四)建筑面积是计算建筑工程工程量的基础

在建筑工程工程造价计算过程中,建筑物底层建筑面积是计算场地平整、综合脚手架、垂直运输、楼地面工程、室内回填土等工程量的基础。

(五)建筑面积是房地产交易与运营费用核定的主要指标

在房地产交易过程中,一般以建筑面积作为计量单位;在房屋建筑工程的运营管理过程中,物业管理费、暖气使用费等费用的计算一般以建筑面积或有效面积作为计量单位。

【任务探索】 在日常生活中建筑面积的应用情况。

任务二 建筑面积的计算

【任务导航】

问题1:理解建筑面积的术语解释。

问题2:掌握建筑面积的计算方法。

【任务解析】

目前,建筑工程建筑面积的计算按国家住房和城乡建设部于2013年12月19日发布的《建筑工程建筑面积计算规范》(GB/T 50353—2013)标准执行。

一、建筑面积计算术语

(1)建筑面积:建筑物(包括墙体)所形成的楼地面面积。包括附属于建筑物的室外阳台、雨篷、檐廊、室外走廊、室外楼梯等。

(2)自然层:按楼地面结构分层的楼层。

(3)结构层高:楼面或地面结构层上表面至上部结构层上表面之间的垂直距离。

(4)围护结构:围合建筑空间的墙体、门、窗等。

(5)建筑空间:以建筑界面限定的、供人们生活和活动的场所。

(6)结构净高:楼面或地面结构层上表面至上部结构层下表面之间的垂直距离。

(7)围护设施:为保障安全而设置的栏杆、栏板等围挡。

(8)地下室:室内地平面低于室外地平面的高度超过室内净高的1/2的房间。

(9)半地下室:室内地平面低于室外地平面的高度超过室内净高的1/3,且不超过1/2的房间。

(10)架空层:仅有结构支撑而无外围护结构的开敞空间层。

(11)走廊:建筑物中的水平交通空间。

(12)架空走廊:专门设置在建筑物的二层或二层以上,作为不同建筑物之间水平交通的空间。

(13)结构层:整体结构体系中承重的楼板层。

(14)落地橱窗:突出外墙面且根基落地的橱窗。指在商业建筑临街面设置的下槛落地,可落在室外地坪,也可落在室内首层地板,用来展览各种样品的玻璃窗。

(15)凸窗(飘窗):凸出建筑物外墙面的窗户。凸窗(飘窗)的窗台应只是墙面的一部分且距(楼)地面应有一定的高度。

(16)檐廊:建筑物挑檐下的水平交通空间。

(17)挑廊:挑出建筑物外墙的水平交通空间。

(18)门斗:建筑物入口处两道门之间的空间。

(19)雨篷:建筑出入口上方为遮挡雨水而设置的部件。是指建筑物出入口上方、凸出墙面、为遮挡雨水而单独设立的建筑部件。雨篷划分为有柱雨篷(包括独立柱雨篷、多柱雨篷、柱墙混合支撑雨篷、墙支撑雨篷)和无柱雨篷(悬挑雨篷)。如凸出建筑物,利用上层结构板(如楼板、阳台底板)进行遮挡,则不视为雨篷;对于无柱雨篷,如顶盖高度达到或超过两个楼层,也不视为雨篷。

(20)门廊:建筑物入口前有顶棚的半围合空间。在建筑物出入口,无门、三面或二面有墙,上部有板(或借用上部楼板)围护的部位。

(21)楼梯:由连续行走的梯级、休息平台和维护安全的栏杆(或栏板)、扶手以及相应的支托结构组成的作为楼层之间垂直交通使用的建筑部件。

(22)阳台:附设于建筑物外墙,设有栏杆或栏板,可供人活动的室外空间。

(23)主体结构:接受、承担和传递建设工程所有上部荷载,维持上部结构整体性、稳定性和安全性的有机联系的构造。

(24)变形缝:防止建筑物在某些因素作用下引起开裂甚至破坏而预留的构造缝。变形缝一般分为伸缩缝、沉降缝、抗震缝三种。

(25)骑楼:建筑底层沿街面后退且留出公共人行空间的建筑物。

(26)过街楼:跨越道路上空并与两边建筑相连接的建筑物。

(27)建筑物通道:为穿过建筑物而设置的空间。

(28)露台:设置在屋面、首层地面或雨篷上的供人室外活动的有围护设施的平台。

(29)勒脚:在房屋外墙接近地面部位设置的饰面保护构造。

(30)台阶:联系室内外地坪或同楼层不同标高而设置的阶梯形踏步。室外台阶还包括与建筑物出入口连接处的平台。

二、建筑面积计算规则

(一)计算建筑面积的范围

(1)建筑物的建筑面积应按自然层外墙结构外围水平面积之和计算。结构层高在2.20 m及以上的,应计算全面积;结构层高在2.20 m以下的,应计算1/2面积。

(2)建筑物内设有局部楼层时,对于局部楼层的二层及以上楼层,有围护结构的应按其围护结构外围水平面积计算,无围护结构的应按其结构底板水平面积计算。结构层高在2.20 m及以上的,应计算全面积;结构层高在2.20 m以下的,应计算1/2面积。

如图3-1(a)所示,局部二层层高2.5 m。建筑面积为:

$$S = LB + lb \tag{3-1}$$

式中 S——局部带楼层的单层建筑物面积;

L——两端山墙勒脚以上结构外表面之间的水平距离;

B——两端纵墙勒脚以上结构外表面之间的水平距离;

l、b——楼层局部部分结构外表面之间的水平距离。

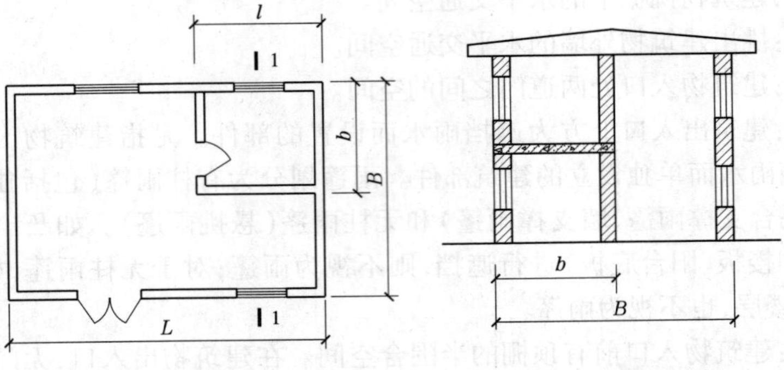

(a)平面示意图　　(b)1—1剖面示意图

图3-1　设有局部楼层的建筑物示意图

(3)对于形成建筑空间的坡屋顶,结构净高在2.10 m及以上的部位应计算全面积;结构净高在1.20 m及以上至2.10 m以下的部位应计算1/2面积;结构净高在1.20 m以下的部位不应计算建筑面积。

(4)对于场馆看台下的建筑空间,结构净高在2.10 m及以上的部位应计算全面积;结构净高在1.20 m及以上至2.10 m以下的部位应计算1/2面积;结构净高在1.20 m以下的部位不应计算建筑面积。室内单独设置的有围护设施的悬挑看台,应按看台结构底板水平投影面积计算建筑面积。有顶盖无围护结构的场馆看台应按其顶盖水平投影面积的1/2计算面积。

(5)地下室、半地下室应按其结构外围水平面积计算。结构层高在2.20 m及以上的,应计算全面积;结构层高在2.20 m以下的,应计算1/2面积。

(6)出入口外墙外侧坡道有顶盖的部位,应按其外墙结构外围水平面积的1/2计算面积。出入口坡道顶盖的挑出长度,为顶盖结构外边线至外墙结构外边线的长度;顶盖以设计图纸为准,对后增加及建设单位自行增加的顶盖等,不计算建筑面积。顶盖不分材料种类(如钢筋混凝土顶盖、彩钢板顶盖、阳光板顶盖等)。地下室出入口如图3-2所示。

(7)建筑物架空层及坡地建筑物吊脚架空层,应按其顶板水平投影计算建筑面积。结构层高在2.20 m及以上的,应计算全面积;结构层高在2.20 m以下的,应计算1/2面积。吊脚架空层如图3-3所示。

(8)建筑物的门厅、大厅应按一层计算建筑面积,门厅、大厅内设置的走廊应按走廊结构底板水平投影面积计算建筑面积。结构层高在2.20 m及以上的,应计算全面积;结构层高在2.20 m以下的,应计算1/2面积。

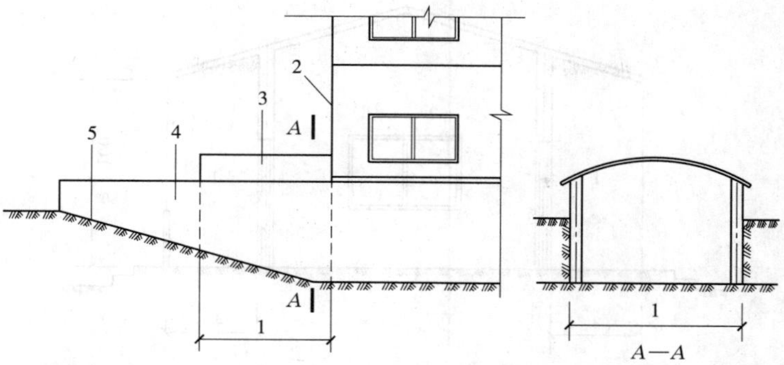

1—计算建筑面积部分;2—主体结构;3—出入口顶盖;4—出入口侧墙;5—出入口坡道

图 3-2 地下室出入口示意图

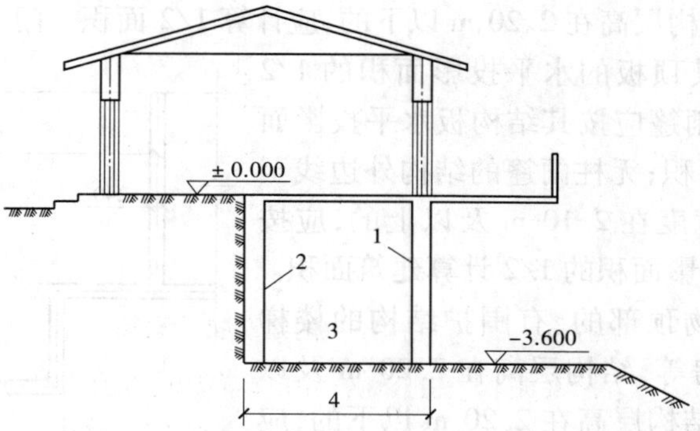

1—墙;2—柱;3—吊脚架空层;4—计算建筑面积部分

图 3-3 吊脚架空层示意图

(9)对于建筑物间的架空走廊,有顶盖和围护设施的,应按其围护结构外围水平面积计算全面积;无围护结构、有围护设施的,应按其结构底板水平投影面积计算 1/2 面积。

(10)对于立体书库、立体仓库、立体车库,有围护结构的,应按其围护结构外围水平面积计算建筑面积;无围护结构、有围护设施的,应按其结构底板水平投影面积计算建筑面积。无结构层的应按一层计算,有结构层的应按其结构层面积分别计算。结构层高在 2.20 m 及以上的,应计算全面积;结构层高在 2.20 m 以下的,应计算 1/2 面积。

(11)有围护结构的舞台灯光控制室,应按其围护结构外围水平面积计算。结构层高在 2.20 m 及以上的,应计算全面积;结构层高在 2.20 m 以下的,应计算 1/2 面积。

(12)附属在建筑物外墙的落地橱窗,应按其围护结构外围水平面积计算。结构层高在 2.20 m 及以上的,应计算全面积;结构层高在 2.20 m 以下的,应计算 1/2 面积。

(13)窗台与室内楼地面高差在 0.45 m 以下且结构净高在 2.10 m 及以上的凸(飘)窗,应按其围护结构外围水平面积计算 1/2 面积。

(14)有围护设施的室外走廊(挑廊),应按其结构底板水平投影面积计算 1/2 面积;有围护设施(或柱)的檐廊,应按其围护设施(或柱)外围水平面积计算 1/2 面积。檐廊示意图见图 3-4。

(15)门斗应按其围护结构外围水平面积计算建筑面积。结构层高在 2.20 m 及以上

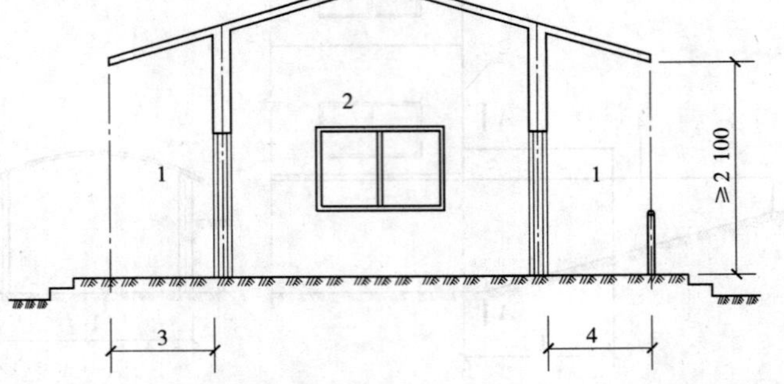

1—檐廊;2—室内部分;3—不计算建筑面积部分;4—计算建筑面积部分

图 3-4　檐廊示意图

的,应计算全面积;结构层高在 2. 20 m 以下的,应计算 1/2 面积。门斗示意见图 3-5。

(16)门廊应按其顶板的水平投影面积的 1/2 计算建筑面积;有柱雨篷应按其结构板水平投影面积的 1/2 计算建筑面积;无柱雨篷的结构外边线至外墙结构外边线的宽度在 2. 10 m 及以上的,应按雨篷结构板的水平投影面积的 1/2 计算建筑面积。

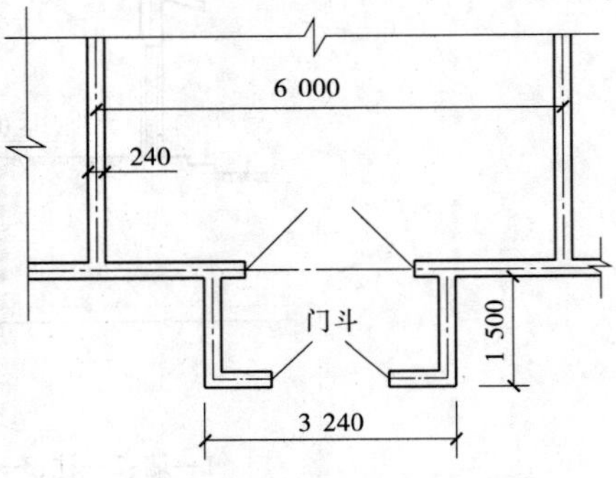

图 3-5　门斗示意图

(17)设在建筑物顶部的、有围护结构的楼梯间、水箱间、电梯机房等,结构层高在 2. 20 m 及以上的应计算全面积;结构层高在 2. 20 m 以下的,应计算1/2面积。

(18)围护结构不垂直于水平面的楼层,应按其底板面的外墙外围水平面积计算。结构净高在 2. 10 m 及以上的部位,应计算全面积;结构净高在 1. 20 m 及以上至 2. 10 m 以下的部位,应计算 1/2 面积;结构净高在 1. 20 m 以下的部位,不应计算建筑面积。

(19)建筑物的室内楼梯、电梯井、提物井、管道井、通风排气竖井、烟道,应并入建筑物的自然层计算建筑面积。

(20)有顶盖的采光井应按一层计算面积,且结构净高在 2. 10 m 及以上的,应计算全面积;结构净高在 2. 10 m 以下的,应计算 1/2 面积。地下室采光井示意见图 3-6。

(21)室外楼梯应并入所依附建筑物自然层,并应按其水平投影面积的 1/2 计算建筑面积。

(22)在主体结构内的阳台,应按其结构外围水平面积计算全面积;在主体结构外的阳台,应按其结构底板水平投影面积计算 1/2 面积。

(23)有顶盖无围护结构的车棚、货棚、站台、加油站、收费站等,应按其顶盖水平投影面积的 1/2 计算建筑面积。

以幕墙作为围护结构的建筑物,应按幕墙外边线计算建筑面积。

(24)建筑物的外墙外保温层,应按其保温材料的水平截面面积计算,并计入自然层建筑面积。建筑物外墙保温示意见图 3-7。

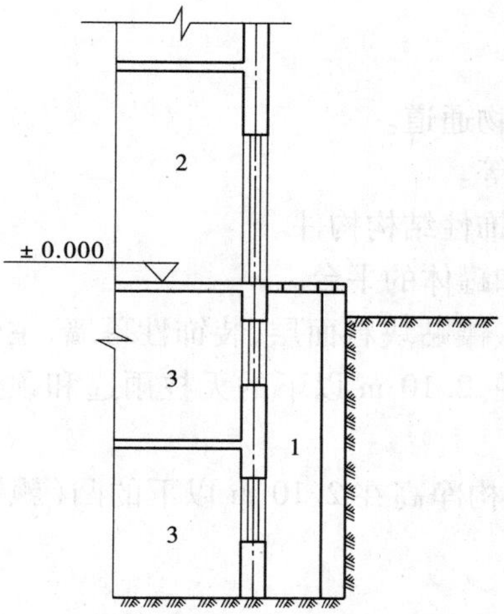

1—采光井；2—地上室内部分；3—地下室

图 3-6 地下室采光井示意图

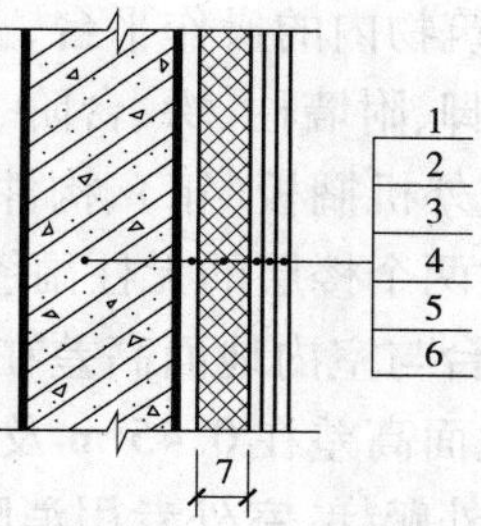

1—墙体；2—粘结砂浆；3—保温材料；4—标准网；5—加强网；6—外墙面层；7—计算建筑面积部位

图 3-7 建筑物外墙保温示意图

(25)与室内相通的变形缝，应按其自然层合并在建筑物建筑面积内计算。对于高低联跨的建筑物(见图 3-8)，当高低跨内部连通时，其变形缝应计算在低跨面积内。

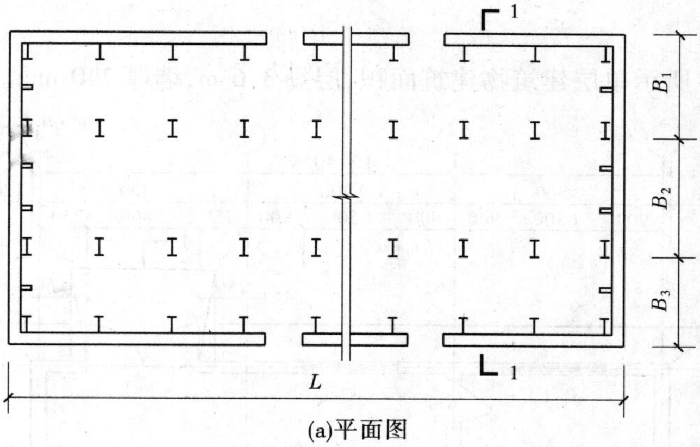

(a)平面图

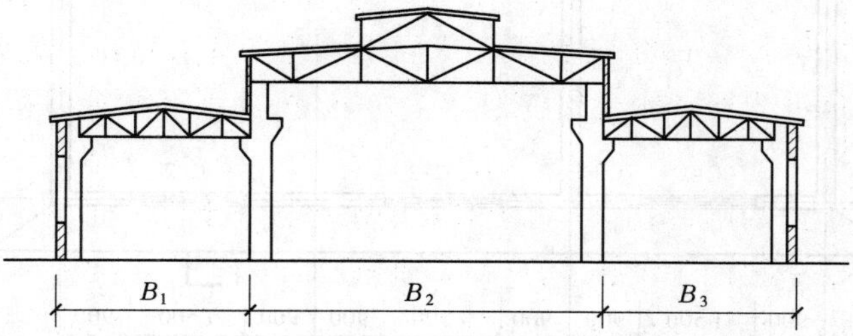

(b)1—1剖面图

图 3-8 某高低联跨单层厂房示意图

(26)对于建筑物内的设备层、管道层、避难层等有结构层的楼层，结构层高在 2.20 m 及以上的，应计算全面积；结构层高在 2.20 m 以下的，应计算 1/2 面积。

(二)不计算建筑面积的范围

(1)与建筑物内不相连通的建筑部件。

(2)骑楼、过街楼底层的开放公共空间和建筑物通道。

(3)舞台及后台悬挂幕布和布景的天桥、挑台等。

(4)露台、露天游泳池、花架、屋顶的水箱及装饰性结构构件。

(5)建筑物内的操作平台、上料平台、安装箱和罐体的平台。

(6)勒脚、附墙柱、垛、台阶、墙面抹灰、装饰面、镶贴块料面层、装饰性幕墙,主体结构外的空调室外机搁板(箱)、构件、配件,挑出宽度在 2.10 m 以下的无柱雨篷和顶盖高度达到或超过两个楼层的无柱雨篷。

(7)窗台与室内地面高差在 0.45 m 以下且结构净高在 2.10 m 以下的凸(飘)窗,窗台与室内地面高差在 0.45 m 及以上的凸(飘)窗。

(8)室外爬梯、室外专用消防钢楼梯。

(9)无围护结构的观光电梯。

(10)建筑物以外的地下人防通道,独立的烟囱、烟道、地沟、油(水)罐、气柜、水塔、贮油(水)池、贮仓、栈桥等构筑物。

三、案例分析

(一)案例 1

计算如图 3-9 所示单层建筑物建筑面积,层高 3.6 m,墙厚 240 mm。

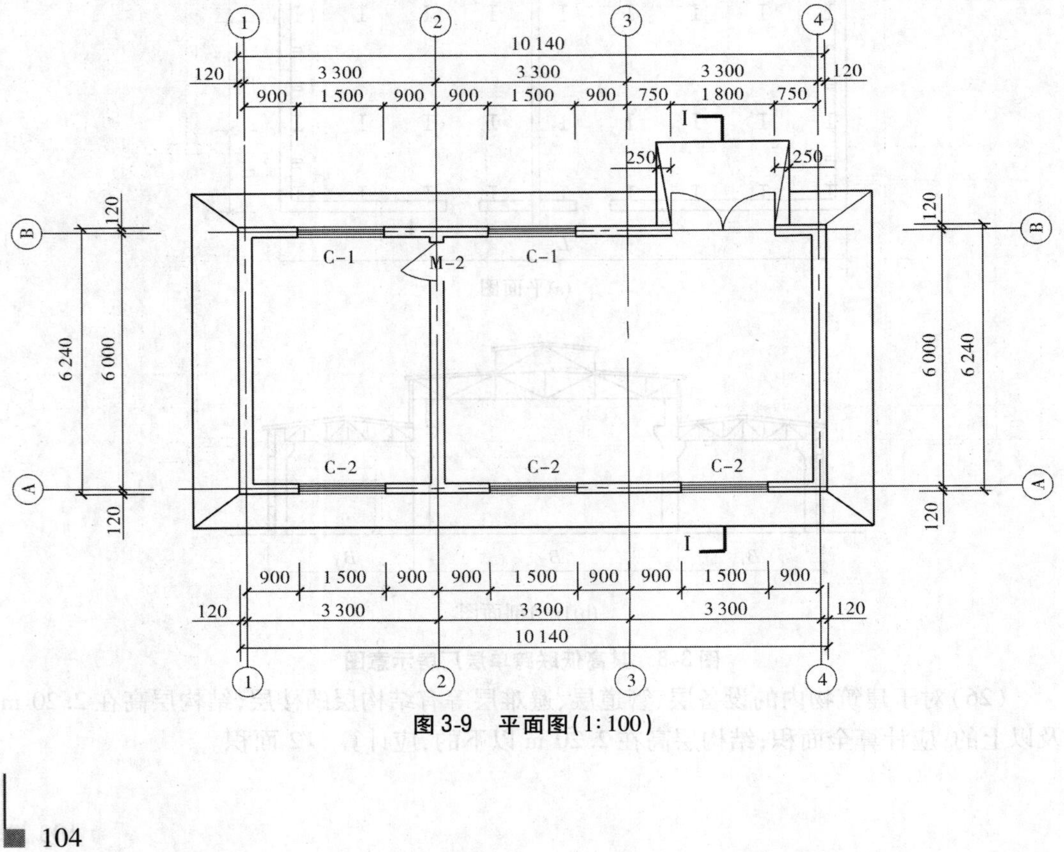

图 3-9　平面图(1:100)

解：$S_{建} = (9.9 + 0.24) \times (6 + 0.24) = 63.27(m^2)$

注意：

工程量计算中“四线一面”经常会遇到，即轴线、外墙中心线（$L_{外中}$）、外墙外边线（$L_{外边}$）、内墙净长线（$L_{内净}$）和建筑面积（$S_{建}$）。

以本题为例：

$L_{外中} = (9.9 + 6) \times 2 = 31.8(m)$

$L_{外边} = (9.9 + 0.24 + 6 + 0.24) \times 2 = 32.76(m)$

$L_{内净} = 6 - 0.12 \times 2 = 5.76(m)$

（二）案例2

某别墅建筑平面图如图3-10所示，墙体均为240 mm厚。试计算其建筑面积。

解：建议按楼层、部位分别计算建筑面积，再汇总。

$S_{一层} = (18.30 + 0.24) \times (12.60 + 0.24) - 3.6 \times 5.2 - (3.6 - 0.24) \times 2.7 - 1.2 \times 4.2 - 1.2 \times 5.3 - (3.6 - 0.24) \times 2 - 3.6 \times 1 = 188.54(m^2)$

$S_{二层} = (18.30 - 3.6 + 0.24) \times (12.60 + 0.24) - (3.6 - 0.24) \times 2.7 - 1.2 \times 4.2 - 1.2 \times 5.3 - (3.6 - 0.24) \times 2 = 164.64(m^2)$

$S_{门廊} = (3.6 - 0.24) \times 2/2 = 3.36(m^2)$

$S_{阳台} = (3.6 - 0.24) \times 2/2 = 3.36(m^2)$

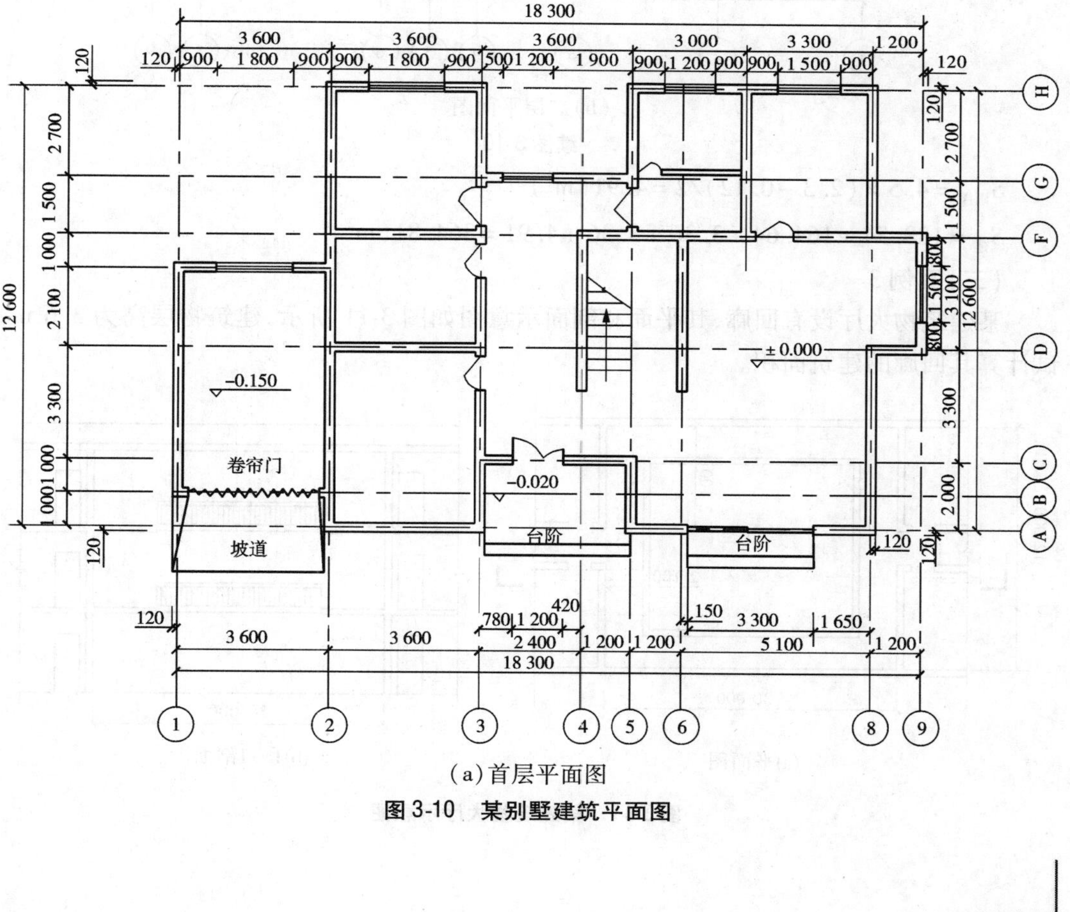

(a)首层平面图

图3-10 某别墅建筑平面图

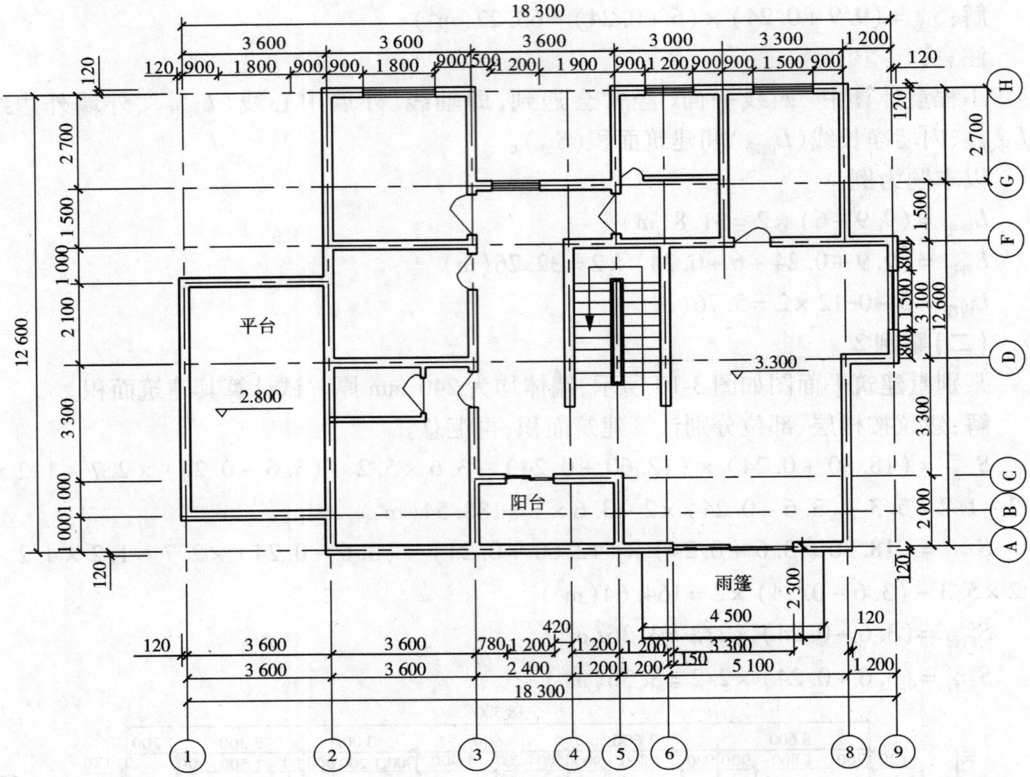

(b)二层平面图

续图 3-10

$S_{雨篷} = 4.5 \times (2.3 - 0.12)/2 = 4.91(m^2)$

$S_{建} = 188.54 + 164.64 + 3.36 + 3.36 + 4.91 = 364.81(m^2)$

(三)案例 3

某建筑物大厅设有回廊,其平面和剖面示意图如图 3-11 所示,建筑物层高为 3.6 m,试计算其回廊的建筑面积。

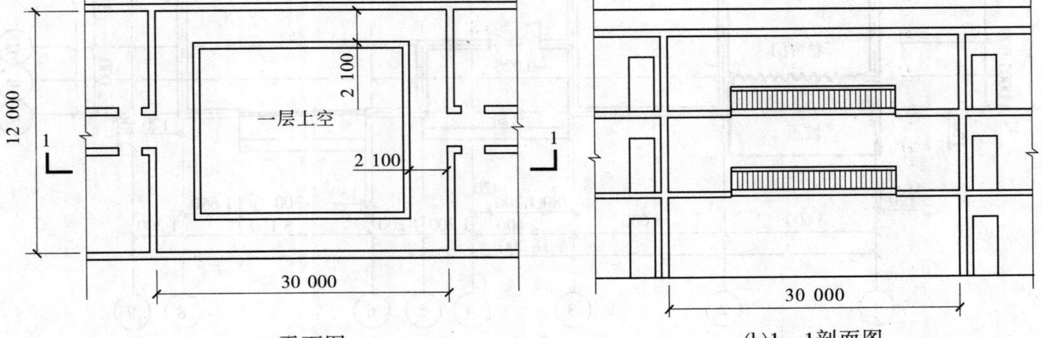

(a)平面图　　(b)1—1剖面图

图 3-11　某建筑物大厅示意图

解:应扣除大厅上空部分建筑面积 = (12 − 2.1 × 2) × (30 − 2.1 × 2) = 201.24(m^2)

回廊部分建筑面积 = (30 × 12 − 201.24) × 2 = 317.52(m^2)

【任务探索】 分析总结建筑物建筑面积计算方法。

【任务练习】

一、单项选择题

1. 建筑面积是指建筑物各层面积的总和,它不包括(　　)。

A. 辅助面积　　B. 附属面积

C. 结构面积　　D. 使用面积

2. 不计算建筑面积的有(　　)。

A. 穿过建筑物的通道　　B. 无围护结构的阳台

C. 建筑物内的变形缝　　D. 建筑物间有顶盖的架空走廊

3. 下列说法不正确的是(　　)。

A. 有永久性顶盖无围护结构的场馆看台应按其顶盖水平投影面积的 1/2 计算

B. 有永久性顶盖的室外楼梯,应按建筑物自然层的水平投影面积的 1/2 计算

C. 建筑物外墙外侧有保温隔热层的,应按外墙外边线计算建筑面积

D. 建筑物主体结构外的阳台均应按其水平投影面积的 1/2 计算

4. 以下不是按建筑物的自然层计算建筑面积的是(　　)。

A. 室内楼梯间、通风排气竖井　　B. 电梯井、观光电梯井、垃圾道

C. 提物井、管道井、附墙烟囱　　D. 室外楼梯

5. 一六层住宅,勒脚以上结构的外围水平面积,每层为 600 m^2,六层有围护结构的挑阳台水平投影面积之和为 200 m^2,则该工程的建筑面积为(　　) m^2。

A. 700　　B. 3 600

C. 3 700　　D. 3 800

6. 对于建筑物的室外台阶,其建筑面积计算正确的是(　　)。

A. 计算全面积　　B. 不计算面积

C. 计算 1/2 面积　　D. 视具体情况而定

7. 某三层办公楼每层外墙结构外围水平面积均为 670 m^2,一层为车库,层高 2.2 m,二、三层为办公室,层高 3.2 m,一层设有挑出墙外 1.5 m 的带栏杆外挑檐廊,檐廊顶盖水平投影面积为 67.5 m^2,该办公楼的建筑面积为(　　) m^2。

A. 1 340.00　　B. 1 373.75

C. 2 043.75　　D. 2 077.50

8. 某单位工业厂房的外墙勒脚以上外围水平面积为 7 200 m^2,厂房高 7.8 m,内设局部二层办公室,层高均为 3.9 m,其外围尺寸面积为 350 m^2,厂房外设有带顶盖楼梯,水平投影面积为 7.5 m^2,则该厂房的总建筑面积为(　　) m^2。

A. 7 553.75　　B. 7 565.00

C. 7 900.00　　D. 7 915.00

二、多项选择题

1. 下列项目按水平投影面积的 1/2 计算建筑面积的有(　　)。

A. 有围护结构的阳台

B. 有永久性顶盖无围护结构的加油站

C. 利用坡屋顶内空间，净高在1.5～2.0 m之间的部分

D. 有永久性顶盖无围护结构的单排柱车棚

E. 建筑物的通道

2. 关于建筑面积计算，说法错误的是(　　)。

A. 单层建筑物建筑面积，应按其外墙勒脚以上结构外围水平投影面积计算

B. 高低连跨的建筑物，应以高低跨的中心线为界计算建筑面积

C. 雨篷结构的外边线至外墙结构外边线的宽度超过1.8 m者，应按雨篷结构板的水平投影面积的1/2计算

D. 有永久性顶盖无围护结构的车棚、货棚、站台、加油站、收费站，应按其顶盖的水平投影面积的1/2计算

E. 场馆看台下的空间，当加以利用且净高超过1.2 m时需要计算建筑面积

3. 建筑物外有围护结构的(　　)，应按其围护结构外围水平面积计算建筑面积。

A. 落地橱窗　　B. 门斗

C. 挑廊　　D. 走廊

E. 檐廊

4. 建筑物顶部有围护结构的楼梯间、水箱间、电梯机房(　　)。

A. 层高2.20 m者应计算全部建筑面积

B. 层高在2.20 m以上者计算全部建筑面积

C. 层高不足2.20 m者应计算1/2建筑面积

D. 层高不足1.80 m者不计算建筑面积

E. 层高不足2.10 m者应计算1/2建筑面积

5. 下列关于建筑面积计算规则说法正确的是(　　)。

A. 建筑物顶部有围护结构的楼梯间，层高不足2.20 m的不计算

B. 建筑物外有永久性顶盖的无围护结构走廊，层高超过2.20 m的全计算

C. 建筑物大厅内层高不足2.20 m的回廊按其结构底板的水平投影面积的1/2计算

D. 有永久性顶盖的室外楼梯，按自然层的水平投影面积的1/2计算

E. 建筑物内的变形缝按其自然层合并在建筑面积内计算

三、能力训练

计算项目五中建筑物的建筑面积。

项目四　房屋建筑工程量清单计价的应用

学习目标与要求

学习任务	能力目标	知识要点
任务一 土石方工程	能够编制土方工程工程量清单； 能够分析计算土方工程清单项目的综合单价； 能够编制土方工程“分部分项工程和单价措施清单与计价表”并计算费用	土方工程工程量清单的编制与计算方法； 土方工程清单项目综合单价分析与费用计算方法
任务二 地基处理与边坡支护工程	能够理解地基处理与边坡支护项目工程量清单的编制和工程量计算方法； 能够分析地基处理与边坡支护清单项目的综合单价	地基处理与边坡支护清单项目工程量计算方法； 地基处理与边坡支护清单项目综合单价分析
任务三 桩基工程	能够编制桩基础工程工程量清单； 能够分析计算桩基础工程清单项目的综合单价； 能够编制桩基础工程“分部分项工程和单价措施清单与计价表”并计算费用	桩基础工程工程量清单的编制与计算方法； 桩基础工程清单项目综合单价分析与费用计算方法
任务四 基础与垫层工程	能够编制砖基础、混凝土基础工程工程量清单； 能够分析计算砖基础、混凝土基础工程清单项目的综合单价； 能够编制砖基础、混凝土基础工程“分部分项工程和单价措施清单与计价表”并计算费用	砖基础、混凝土基础工程工程量清单的编制与计算方法； 砖基础、混凝土基础工程清单项目综合单价分析与费用计算方法
任务五 砌筑工程	能够编制砖与砌块墙体工程工程量清单； 能够分析计算砖与砌块墙体工程清单项目的综合单价； 能够编制砖与砌块墙体工程“分部分项工程和单价措施清单与计价表”并计算费用	砖与砌块墙体工程工程量清单的编制与计算方法； 砖与砌块墙体工程清单项目综合单价分析与费用计算方法
任务六 混凝土及钢筋混凝土工程	能够编制混凝土和钢筋工程工程量清单； 能够分析计算混凝土和钢筋工程清单项目的综合单价； 能够编制混凝土和钢筋工程“分部分项工程和单价措施清单与计价表”并计算费用	混凝土和钢筋工程工程量清单的编制与计算方法； 混凝土和钢筋工程清单项目综合单价分析与费用计算方法

续表

学习任务	能力目标	知识要点
任务七 门窗工程	能够编制门窗工程工程量清单； 能够分析计算门窗工程清单项目的综合单价； 能够编制门窗工程"分部分项工程和单价措施清单与计价表"并计算费用	门窗工程工程量清单的编制与计算方法； 门窗工程清单项目综合单价分析与费用计算方法
任务八 屋面工程	能够编制屋面工程工程量清单； 能够分析计算屋面工程清单项目的综合单价； 能够编制屋面工程"分部分项工程和单价措施清单与计价表"并计算费用	屋面工程工程量清单的编制与计算方法； 屋面工程清单项目综合单价分析与费用计算方法
任务九 楼地面工程	能够编制楼地面工程工程量清单； 能够分析计算楼地面工程清单项目的综合单价； 能够编制楼地面工程"分部分项工程和单价措施清单与计价表"并计算费用	楼地面工程工程量清单的编制与计算方法； 楼地面工程清单项目综合单价分析与费用计算方法
任务十 墙柱面工程	能够编制墙柱面工程工程量清单； 能够分析计算墙柱面工程清单项目的综合单价； 能够编制墙柱面工程"分部分项工程和单价措施清单与计价表"并计算费用	墙柱面工程工程量清单的编制与计算方法； 墙柱面工程清单项目综合单价分析与费用计算方法
任务十一 天棚工程	能够编制天棚工程工程量清单； 能够分析计算天棚工程清单项目的综合单价； 能够编制天棚工程"分部分项工程和单价措施清单与计价表"并计算费用	天棚工程工程量清单的编制与计算方法； 天棚工程清单项目综合单价分析与费用计算方法
任务十二 油漆、涂料、裱糊工程	能够编制油漆、涂料工程工程量清单； 能够分析计算油漆、涂料工程清单项目的综合单价； 能够编制油漆、涂料工程"分部分项工程和单价措施清单与计价表"并计算费用	油漆、涂料工程工程量清单的编制与计算方法； 油漆、涂料工程清单项目综合单价分析与费用计算方法
任务十三 措施项目	能够结合实际工程编制措施项目清单； 能够分析计算技术措施清单项目的综合单价； 能够计算措施项目清单费用	措施项目清单的编制与计算方法； 措施项目清单费用计算方法

房屋建筑工程工程量清单编制时，分部分项工程项目和措施项目的清单项目设置、工程量计算等应按《房屋建筑与装饰工程工程量计算规范》(GB 50854—2013)(简称“13 房屋建筑计量规范”)规定，结合招标文件、建筑工程施工图及相关设计文件完成；其他项目、规费和税金应结合拟建工程具体情况，按照“13 计价规范”和国家或省级相关部门的规定进行编制。房屋建筑工程工程量清单计价应根据招标文件、招标工程量清单的内容，结合相关计价定额与计价办法、市场价格信息、国家或省级相关部门的规定等完成。

任务一 土石方工程

【任务导航】

问题 1：土方工程清单项目工程量计算。

问题 2：土方工程清单项目综合单价分析。

问题 3：通过案例分析，合理编制土方工程工程量清单，计算合价。

【任务解析】

按照“13 房屋建筑计量规范”的规定，结合房屋建筑工程实际情况，本任务主要介绍土方工程、回填的计量与计价方法。

一、清单项目编制与工程量计算

(一)清单项目划分及工程量计算规则

土方工程工程量清单项目设置、项目特征描述的内容、计量单位及工程量计算规则，应按“13 房屋建筑计量规范”中表 A.1 的规定执行，见表 4-1。

土方回填工程量清单项目设置、项目特征描述的内容、计量单位及工程量计算规则，应按“13 房屋建筑计量规范”中表 A.3 的规定执行，见表 4-2。

表 4-1 土方工程(编码:010101)

项目编码	项目名称	项目特征	计量单位	工程量计算规则	工程内容
010101001	平整场地	1. 土壤类别 2. 弃土运距 3. 取土运距	m^2	按设计图示尺寸以建筑物首层建筑面积计算	1. 土方挖填 2. 场地找平 3. 运输
010101002	挖一般土方	1. 土壤类别 2. 挖土深度 3. 弃土运距	m^3	按设计图示尺寸以体积计算	1. 排地表水 2. 土方开挖 3. 围护(挡土板)及拆除 4. 基底钎探 5. 运输
010101003	挖沟槽土方			按设计图示尺寸以基础垫层底面面积乘以挖土深度计算	
010101004	挖基坑土方				
010101005	冻土开挖	1. 冻土厚度 2. 弃土运距		按设计图示尺寸开挖面积乘以厚度以体积计算	1. 爆破 2. 开挖 3. 清理 4. 运输

续表 4-1

项目编码	项目名称	项目特征	计量单位	工程量计算规则	工程内容
010101006	挖淤泥、流砂	1. 挖掘深度 2. 弃淤泥、流砂距离	m^3	按设计图示位置、界限以体积计算	1. 开挖 2. 运输
010101007	管沟土方	1. 土壤类别 2. 管外径 3. 挖沟深度 4. 回填要求	1. m 2. m^3	1. 以 m 计量，按设计图示以管道中心线长度计算 2. 以 m^3 计量，按设计图示管底垫层面积乘以挖土深度计算；无管底垫层按管外径的水平投影面积乘以挖土深度计算。不扣除各类井的长度，井的土方并入工程量	1. 排地表水 2. 土方开挖 3. 围护（挡土板）及拆除 4. 运输 5. 回填

表 4-2　土方回填（编码:010103）

项目编码	项目名称	项目特征	计量单位	工程量计算规则	工程内容
010103001	回填方	1. 密实度要求 2. 填方材料品种 3. 填方粒径要求 4. 填方来源、运距	m^3	按设计图示尺寸以体积计算 1. 场地回填：回填面积乘平均回填厚度 2. 室内回填：主墙间净面积乘回填厚度，不扣除间隔墙 3. 基础回填：按挖方清单工程量减去自然地坪以下埋设的基础体积（包括基础垫层及其他构筑物）	1. 运输 2. 回填 3. 夯实
010103002	余方弃置	1. 废弃料品种 2. 运距	m^3	按挖方清单项目工程量减利用回填方体积（正数）计算	余方点装料运输至弃置点

【注意事项】

(1) 土壤类别按设计文件说明要求，无说明时按“13 房屋建筑计量规范”土壤分类表（表 A.1－1）取定。如土壤类别不能准确划分，招标人可注明为综合，由投标人根据地勘报告决定报价。

(2) 挖土方平均厚度应按自然地面测量标高至设计地坪标高间的平均厚度确定。基础土方开挖深度应按基础垫层底表面标高至交付施工场地标高确定，无交付施工场地标高时，应按自然地面标高确定。

(3) 弃、取土运距可以不描述，但应注明由投标人根据施工现场实际情况自行考虑，决定报价。

(4)土方体积应按挖掘前的天然密实体积计算。非天然密实土方应按表4-3折算。

表4-3 土石方体积折算系数

天然密实度体积	虚方体积	夯实后体积	松填体积
0.77	1.00	0.67	0.83
1.00	1.30	0.87	1.08
1.15	1.50	1.00	1.25
0.92	1.20	0.80	1.00

(5)桩间挖土不扣除桩的体积,并在项目特征中加以描述。挖土方如需截桩头,应按桩基工程相关项目列项。

(6)平整场地指建筑物场地厚度≤±300 mm的挖、填、运、找平。

(7)沟槽、基坑、一般土方的划分为:底宽≤7 m且底长>3倍底宽为沟槽;底长≤3倍底宽且底面面积≤150 m^2 为基坑;超出上述范围则为一般土方。

(8)厚度>±300 mm的竖向布置挖土或山坡切土应按挖一般土方项目编码列项。

(9)土方回填有关要求:

①填方密实度要求,在无特殊要求的情况下,项目特征可描述为满足设计和规范的要求。

②填方材料品种可以不描述,但应注明由投标人根据设计要求验收后方可填入,并符合相关工程的质量规范要求。

③填方粒径要求,在无特殊要求情况下,项目特征可以不描述。

④如需买土回填,应在项目特征填方来源中描述,并注明买土方数量。

(10)天然地基土夯实或"原土打夯"可结合实际补充项目,或者在相应土方工程量清单项目特征中描述。

(二)清单工程量计算

(1)平整场地:S=建筑物首层建筑面积。

(2)挖一般土方:V=设计图示尺寸体积。

(3)挖沟槽土方:V=基础垫层底面面积×挖土深度=设计槽长×槽断面积。

外墙下槽长按垫层中心线尺寸长度计算。

内墙下槽长按垫层净长线尺寸长度计算。

(4)挖基坑土方:V=基础垫层底面面积×挖土深度。

(5)回填土:V=设计图示尺寸体积。

基础回填土: $V = V_{挖土方} - V_{室外设计地坪以下被埋设的基础和垫层等}$

室内回填土: V=室内主墙间的面积×回填土厚度

回填土厚度=室内外高差-地面垫层及面层厚度。

(6)余土弃置(余土外运):$V = V_{挖土方} - V_{回填土}$。

二、综合单价分析

清单项目综合单价=$\sum$调整后的定额综合单价×工程量调整系数。

(一)计价定额的应用说明

(1)土方工程施工,可采用人工开挖或机械开挖,参照国家或省级、行业建设主管部门颁发的计价定额或企业定额时,应结合施工方案选用。

(2)清单项目可能包含若干定额项目(如土方开挖、土方运输、原土夯实等),则清单项目综合单价由其组成定额项目综合单价组合得到。

(3)确定清单项目综合单价时,应注意计价定额中对不同开挖深度、湿土开挖、桩间土方开挖等会有相应的定额综合单价调整。

(二)工程量调整系数

工程量调整系数计算公式为:

$$\text{工程量调整系数} = \text{定额工程量}/\text{清单工程量} \tag{4-1}$$

当定额工程量与清单工程量计算不同时,应根据“工程量调整系数”调整综合单价。

定额工程量计算。土方工程定额工程量计算应按照施工组织设计要求考虑土方边坡或支挡土板、留设工作面等情况。

(1)土方边坡。当施工组织设计无规定时,可按规范或相应计价定额规定放坡,放坡系数可参见表4-4。

表4-4 放坡系数

土类别	放坡起点(m)	人工挖土	机械挖土		
			在坑内作业	在坑上作业	顺沟槽在坑上作业
一、二类土	1.20	1:0.5	1:0.33	1:0.75	1:0.5
三类土	1.50	1:0.33	1:0.25	1:0.67	1:0.33
四类土	2.00	1:0.25	1:0.10	1:0.33	1:0.25

注:1. 沟槽、基坑中土类别不同时,分别按其放坡起点、放坡系数,依不同土类别厚度加权平均计算。

2. 计算放坡时,在交接处的重复工程量不予扣除,原槽、坑做基础垫层时,放坡自垫层上表面开始计算。

①一般土方、基坑土方放坡开挖时的定额工程量计算。

如图4-1所示,定额工程量为:

$$V = (A + KH) \times (B + KH) \times H + (1/3) \times K^2 H^3 \tag{4-2}$$

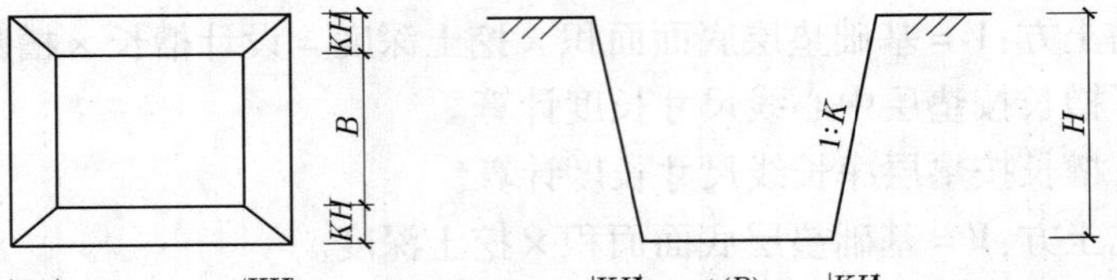

图4-1 基坑土方开挖示意图

②沟槽土方放坡开挖时的定额工程量计算。

如图4-2所示,定额工程量为:

$$V = L \times (A + KH) \times H \tag{4-3}$$

式中 L——沟槽长度。

(2)工作面。当施工组织设计无规定时,可按规范规定工作面取定,如表4-5、表4-6所示。

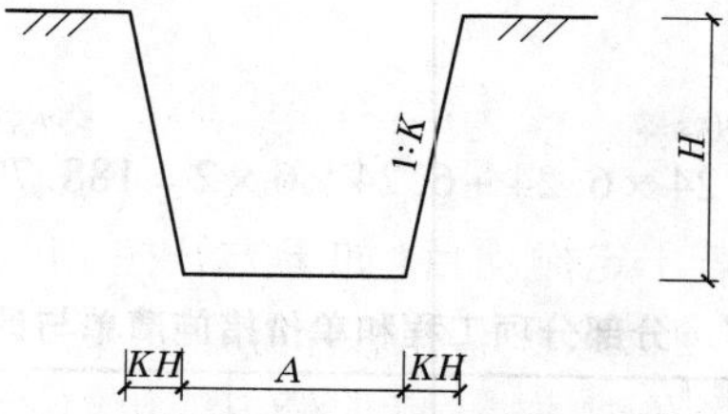

图 4-2　沟槽土方开挖示意图

表 4-5　基础施工所需工作面宽度计算

基础材料	每边各增加工作面宽度(mm)
砖基础	200
浆砌毛石、条石基础	150
混凝土基础垫层支模板	300
混凝土基础支模板	300
基础垂直面做防水层	1 000(防水层面)

表 4-6　管沟施工所需工作面宽度计算

管沟材料	管道结构宽(mm)			
	≤500	≤1 000	≤2 500	>2 500
混凝土及钢筋混凝土管道(mm)	400	500	600	700
其他材质管道(mm)	300	400	500	600

注:管道结构宽:有管座的按基础外缘,无管座的按管道外径。

三、案例分析

案例 1:编制如图 4-3 所示的平整场地清单项目的计量与计价表。

已知土质为坚土,某省计价定额平整场地项目(1－1)显示:每 100 m^2 平整场地人工综合消耗量为 8.1 工日,无材料、机械消耗量,管理费、利润分别为人工费的 17%、15%;人工市场单价为 70 元/工日。

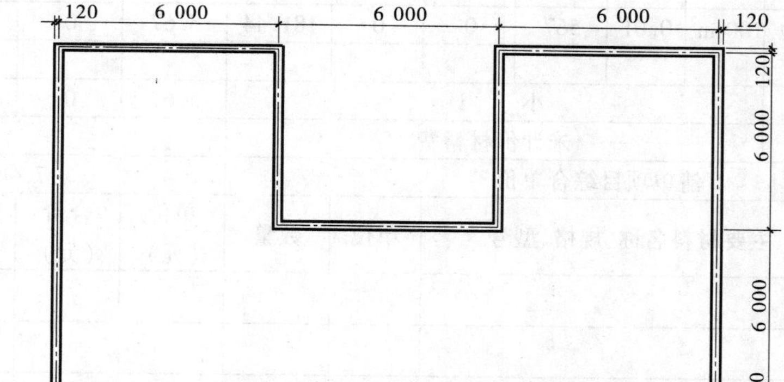

图 4-3　场地平整示意图

解：

1. 清单工程量计算

$$S = 18.24 \times 6.24 + 6.24 \times 6 \times 2 = 188.70(m^2)$$

具体内容见表4-7。

表4-7　分部分项工程和单价措施清单与计价表

序号	项目编码	项目名称	项目特征描述	计量单位	工程量	金额（元）		
						综合单价	合价	其中 暂估价
1	010101001001	平整场地	土壤类别：坚土； 挖、填运距：不考虑	m^2	188.70			

2. 综合单价计算

参照某省《计价定额》项目：平整场地（A1－1）

定额工程量＝清单工程量＝188.70 m^2

则：人工费＝$(8.1 \times 70)/100 = 5.67$（元/$m^2$）

材料费＝0

机械费＝0

管理费＝$5.67 \times 17\% = 0.96$（元/m^2）

利润＝$5.67 \times 15\% = 0.85$（元/m^2）

综合单价＝$5.67 + 0 + 0 + 0.96 + 0.85 = 7.48$（元/$m^2$）

具体内容见表4-8。

表4-8　综合单价分析表

项目编码	010101001001		项目名称		平整场地		计量单位		m^2	工程量	188.70
清单综合单价组成明细											
定额编号	定额名称	定额单位	数量	单价				合价			
				人工费	材料费	机械费	管理费和利润	人工费	材料费	机械费	管理费和利润
A1－1	平整场地	100 m^2	0.01	567	0	0	181.44	5.67	0	0	1.81
人工单价		小计						5.67	0	0	1.81
70元/工日		未计价材料费									
清单项目综合单价								7.48			
材料费明细	主要材料名称、规格、型号						单位	数量	单价（元）	合价（元）	暂估单价（元）	暂估合价（元）
	其他材料费								—		—	
	材料费小计								—		—	

3. 合价

合价 = 清单工程量 × 综合单价 = 188.70 × 7.48 = 1 411.48(元)

结合表 4-7 内容填表 4-9。

表 4-9 分部分项工程和单价措施清单与计价表

序号	项目编码	项目名称	项目特征描述	计量单位	工程量	金额(元)		
						综合单价	合价	其中 暂估价
1	010101001001	平整场地	土壤类别:坚土; 挖、填运距:不考虑	m^2	188.70	7.48	1 411.48	

案例 2:编制如图 4-4 所示的挖基础土方分项工程量清单的计量与计价表。

已知:土质三类土,C20 混凝土条形基础,C10 混凝土垫层。施工组织设计采用垫层每边增加 300 mm 工作面直壁开挖,人工开挖、土方外运 50 m。

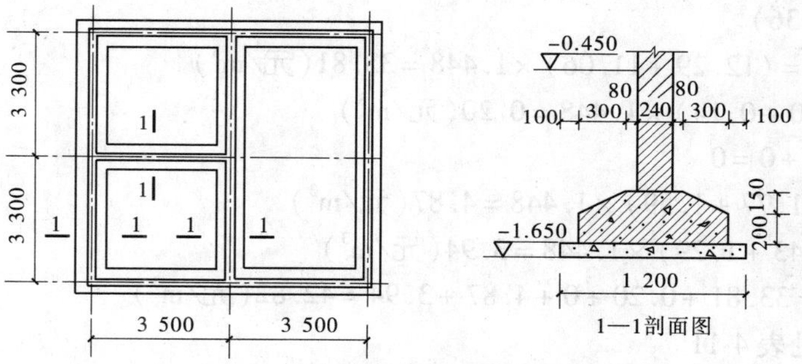

图 4-4 某基础平面与断面示意图

解:

1. 清单工程量计算

外墙下垫层长 = (7 + 6.6) × 2 = 27.2(m)

内墙下垫层长 = (3.5 − 1.2) + (6.6 − 1.2) = 7.7(m)

垫层宽 = 1.2 m

挖土深度 = 1.65 − 0.45 = 1.2(m)

清单工程量 = (27.2 + 7.7) × 1.2 × 1.2 = 50.26(m^3)

具体内容见表 4-10。

表 4-10 分部分项工程和单价措施清单与计价表

序号	项目编码	项目名称	项目特征描述	计量单位	工程量	金额(元)		
						综合单价	合价	其中 暂估价
1	010101003001	挖沟槽土方	土壤类别:三类土; 挖土深度:1.2 m; 弃土运距:50 m	m^3	50.26	42.88	2 155.15	

2. 综合单价计算

结合工程量清单,参照某省《计价定额》规定:

(1)定额工程量及工程量调整系数:

如图 4-5 所示:

基槽宽度 = 1.2 + 0.6 = 1.8(m)

基槽长度:

外墙下槽长 = (7 + 6.6) × 2 = 27.2(m)

内墙下槽长 = (3.5 − 1.8) + (6.6 − 1.8)

= 6.5(m)

定额挖基础土方工程量 = (27.2 + 6.5) × 1.8 × 1.2

= 72.79(m^3)

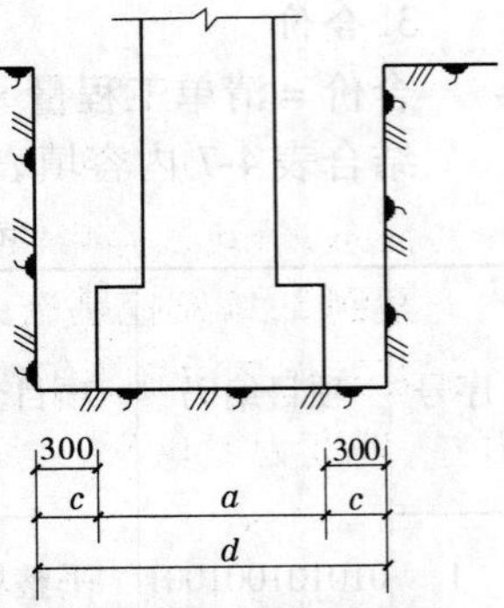

图 4-5　沟槽断面示意图

定额土方运输工程量 = 挖基础土方工程量 = 72.79 m^3

工程量调整系数 = 72.79/50.26 = 1.448

(2)综合单价:

结合工程量清单,参照《计价定额》,本项目清单综合单价包括:土方开挖(A1 − 18)、土方运输(A1 − 36)。

则:人工费 = (12.29 + 11.06) × 1.448 = 33.81(元/m^3)

材料费 = (0 + 0.14) × 1.448 = 0.20(元/m^3)

机械费 = 0 + 0 = 0

管理费 = (1.77 + 1.59) × 1.448 = 4.87(元/m^3)

利润 = (1.43 + 1.29) × 1.448 = 3.94(元/m^3)

综合单价 = 33.81 + 0.20 + 0 + 4.87 + 3.94 = 42.82(元/m^3)

具体内容见表 4-11。

表 4-11　综合单价分析表

项目编码	010101003001			项目名称		挖沟槽土方	计量单位		m³	工程量	50.26
清单综合单价组成明细											
定额编号	定额名称	定额单位	数量	单价				合价			
				人工费	材料费	机械费	管理费和利润	人工费	材料费	机械费	管理费和利润
A1 − 18	人工挖沟槽	100 m³	0.014 5	1 229.33	0	0	320.20	17.83	0	0	4.64
A1 − 36	双轮车运土 50 m 内	100 m³	0.014 5	1 105.53	13.56	0	287.95	16.03	0.20	0	4.18
人工单价			小　计					33.86	0.20	0	8.82
43 元/工日			未计价材料费								
清单项目综合单价								42.88			
材料费明细	主要材料名称、规格、型号				单位	数量		单价(元)	合价(元)	暂估单价(元)	暂估合价(元)
	其他材料费							—		—	
	材料费小计							—		—	

3. 合价

合价 = 清单工程量 × 综合单价 = 50.26 × 42.82 = 2 152.13（元）

结合表 4-11 内容填表 4-10。

注意：公式计算与填表计算存在一定误差，属于正常。

案例 3：编制挖基础土方分项工程量清单的计量与计价表。

若案例 2 中施工组织设计垫层每边增加 300 mm 的工作面，考虑土质不良、采用放坡开挖，坡度为 1:0.5。

解：

1. 清单工程量计算

清单工程量与案例 2 相同，即：清单工程量 = 50.26 m^3。

具体内容见表 4-12。

表 4-12　分部分项工程和单价措施清单与计价表

序号	项目编码	项目名称	项目特征描述	计量单位	工程量	金额（元）		
						综合单价	合价	其中 暂估价
1	010101003001	挖沟槽土方	土壤类别：三类土； 挖土深度：1.2 m； 弃土运距：50 m	m^3	50.26	57.07	2 868.34	

2. 综合单价计算

结合工程量清单，参照某省《计价定额》规定：

（1）定额工程量及工程量调整系数，如图 4-6 所示。

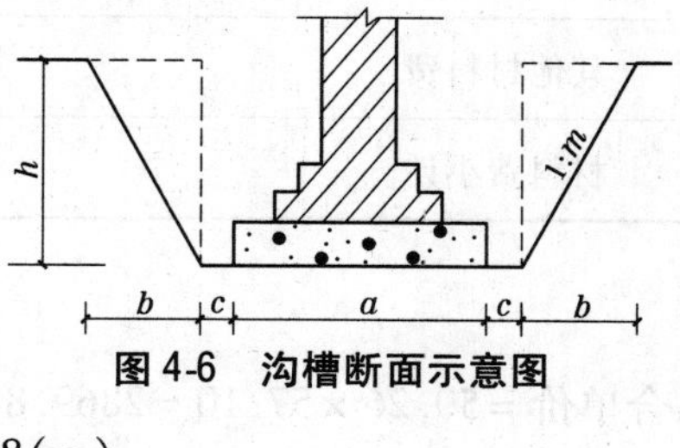

图 4-6　沟槽断面示意图

基槽宽度 1.2 + 0.6 = 1.8（m）

基槽长度 = 27.2 + 6.5 = 33.7（m）

定额挖基础土方工程量 = 定额土方运输工程量

= 33.7 × （1.8 + 0.5 × 1.2） × 1.2 = 97.06（m^3）

工程量调整系数 = 97.06/50.26 = 1.931

（2）综合单价：

结合工程量清单，参照某省《计价定额》规定，本项目清单综合单价包括：土方开挖（A1 − 18）、土方运输（A1 − 36）。

则：人工费 = （12.29 + 11.06） × 1.931

=45.09(元/m^3)

材料费=(0+0.14)×1.931=0.27(元/m^3)

机械费=0+0=0

管理费=(1.77+1.59)×1.931=6.49(元/m^3)

利润=(1.43+1.29)×1.931=5.25(元/m^3)

综合单价=45.09+0.27+0+6.49+5.25=57.10(元/m^3)

具体内容见表4-13。

表4-13 综合单价分析表

<table>
<tr><td>项目编码</td><td colspan="3">010101003001</td><td colspan="2">项目名称</td><td>挖沟槽土方</td><td colspan="2">计量单位</td><td>m^3</td><td>工程量</td><td>50.26</td></tr>
<tr><td colspan="12">清单综合单价组成明细</td></tr>
<tr><td rowspan="2">定额编号</td><td rowspan="2">定额名称</td><td rowspan="2">定额单位</td><td rowspan="2">数量</td><td colspan="4">单价</td><td colspan="4">合价</td></tr>
<tr><td>人工费</td><td>材料费</td><td>机械费</td><td>管理费和利润</td><td>人工费</td><td>材料费</td><td>机械费</td><td>管理费和利润</td></tr>
<tr><td>A1-18</td><td>人工挖沟槽</td><td>100 m^3</td><td>0.019 3</td><td>1 229.33</td><td>0</td><td>0</td><td>320.20</td><td>23.73</td><td>0</td><td>0</td><td>6.18</td></tr>
<tr><td>A1-36</td><td>双轮车运土50 m内</td><td>100 m^3</td><td>0.019 3</td><td>1 105.53</td><td>13.56</td><td>0</td><td>287.95</td><td>21.34</td><td>0.26</td><td>0</td><td>5.56</td></tr>
<tr><td colspan="2">人工单价</td><td colspan="6">小计</td><td>45.07</td><td>0.26</td><td>0</td><td>11.74</td></tr>
<tr><td colspan="2">43元/工日</td><td colspan="6">未计价材料费</td><td colspan="4"></td></tr>
<tr><td colspan="8">清单项目综合单价</td><td colspan="4">57.07</td></tr>
<tr><td rowspan="4">材料费明细</td><td colspan="5">主要材料名称、规格、型号</td><td>单位</td><td>数量</td><td>单价(元)</td><td>合价(元)</td><td>暂估单价(元)</td><td>暂估合价(元)</td></tr>
<tr><td colspan="5"></td><td></td><td></td><td></td><td></td><td></td><td></td></tr>
<tr><td colspan="5">其他材料费</td><td></td><td></td><td>—</td><td></td><td>—</td><td></td></tr>
<tr><td colspan="5">材料费小计</td><td></td><td></td><td>—</td><td></td><td>—</td><td></td></tr>
</table>

3. 合价

合价=清单工程量×综合单价=50.26×57.10=2869.85(元)

结合表4-13内容填表4-12。

案例4:编制挖基础土方分项工程量清单的计量与计价表。

某工程中有钢筋混凝土满堂基础,基础垫层采用C10混凝土。垫层底面面积50 m×25 m,底标高为-4.200 m,室外地坪标高为-1.200 m。地基土为四类土。

施工组织设计采用反铲挖掘机挖土、自卸汽车运土10 km,施工中要求留设800 mm的工作面,从垫层底开始放坡开挖,坡度为1:0.4。人工修边、底部分土方不考虑运输。

解:

1. 清单工程量计算

(1)基础垫层尺寸:50 m×25 m。

(2)挖基础土方深度:3 m。

清单工程量 $=50\times25\times3=3\ 750(m^3)$

具体内容见表4-14。

表4-14　分部分项工程和单价措施清单与计价表

序号	项目编码	项目名称	项目特征描述	计量单位	工程量	金额(元)		
						综合单价	合价	其中 暂估价
1	010101002001	挖一般土方	土壤类别:四类土; 挖掘机挖土深度:3 m; 自卸汽车运距:10 km	m^3	3 750	33.53	125 737.50	

2.综合单价计算

结合工程量清单,参照某省《计价定额》规定:机械土方开挖通常90%采用机械开挖,10%采用人工开挖。

(1)定额工程量及工程量调整系数:

挖土方长度 $=50+1.6=51.6(m)$

挖土方宽度 $=25+1.6=26.6(m)$

挖土方深度 $=4.2-1.2=3(m)$

定额基础土方总开挖量 $=(51.6+0.4\times3)\times(26.6+0.4\times3)\times3+1/3\times0.4^2\times3^3$
$=4\ 404.96(m^3)$

则:机械开挖土方量 $=4\ 404.96\times90\%=3\ 964.46(m^3)$

人工开挖土方量 $=4\ 404.96\times10\%=440.50(m^3)$

机械土方工程量调整系数 $=3\ 964.46/3\ 750=1.057$

人工土方工程量调整系数 $=440.50/3\ 750=0.117$

(2)综合单价:

结合工程量清单,参照某省《计价定额》规定,本项目清单综合单价包括:机械挖、运土方:(A1-41)、(A1-47)×9;人工挖土方:对应子目:(A1-12),且人工×2。

则:人工费 $=(0.16+0)\times1.057+21.98\times2\times0.117=5.31$(元/$m^3$)

材料费 $=(0.03+0)\times1.057+0=0.03$(元/$m^3$)

机械费 $=(9.79+1.58\times9)\times1.057+0=25.38$(元/$m^3$)

管理费 $=(0.21+0.02\times9)\times1.057+3.17\times0.117=0.78$(元/$m^3$)

利润 $=(0.21+0.02\times9)\times1.057+2.56\times0.117=0.71$(元/$m^3$)

综合单价 $=5.31+0.03+25.38+0.78+0.71=32.21$(元/$m^3$)

具体内容见表4-15。

表 4-15　综合单价分析表

项目编码	010101002001			项目名称	挖一般土方		计量单位	m^3		工程量	3 750
清单综合单价组成明细											
定额编号	定额名称	定额单位	数量	单价				合价			
				人工费	材料费	机械费	管理费和利润	人工费	材料费	机械费	管理费和利润
A1－41	机械挖土汽车运土 1 km	1 000 m^3	0.001 1	157.38	34.83	9 791.15	418.95	0.17	0.04	10.77	0.46
A1－47 换	自卸汽车运土 9 km	1 000 m^3	0.001 1	0	0	14 218.38	433.98	0	0	15.64	0.48
A1－12	人工挖土方 3 m 以内	100 m^3	0.001 2	4 396.32	0	0	572.54	5.28	0	0	0.69
人工单价		小　计						5.45	0.04	26.41	1.63
43 元/工日		未计价材料费									
清单项目综合单价								33.53			
材料费明细	主要材料名称、规格、型号				单位	数量		单价（元）	合价（元）	暂估单价（元）	暂估合价（元）
	其他材料费							—		—	
	材料费小计							—		—	

3. 合价

合价＝清单工程量×综合单价＝3 750×32.21＝120 787.5（元）

结合表 4-15 内容填表 4-14。

案例 5：编制如图 4-4 所示的土方回填分项工程工程量清单的计量与计价表。

已知：土质三类土，施工组织设计采用直壁原槽开挖，基础垫层体积为 4.19 m^3，室外地坪以下混凝土及砖基础体积为 18.36 m^3，墙厚 240 mm，室内地面及垫层厚度为 150 mm，人工运回填土 50 m。

解：

按“13房屋建筑计量规范”，本工程土方回填可列“基础土方回填、室内土方回填”两个清单项目。

1. 清单工程量计算

(1)基础土方回填土清单工程量：由案例2知：挖基础土方清单工程量 $=50.26\ m^3$，则：

基础土方回填清单工程量 $=50.26-4.19-18.36=27.71(m^3)$

(2)室内土方回填清单工程量 = 主墙间净面积 × 回填土厚度

$=[(3.5-0.24)\times(3.3-0.24)\times2+(3.5-0.24)\times(6.6-0.24)]\times(0.45-0.15)=40.68\times0.3=12.20(m^3)$

具体内容见表4-16。

表4-16　分部分项工程和单价措施清单与计价表

序号	项目编码	项目名称	项目特征描述	计量单位	工程量	金额(元)		
						综合单价	合价	其中 暂估价
1	010103001001	基础土方回填	密实度：满足设计要求； 填料：原土(三类土)； 夯填：分层夯填； 运输距离：50 m	m^3	27.71	26.60	737.09	
2	010103001002	室内土方回填	密实度：满足设计要求； 填料：原土(三类土)； 夯填：分层夯填； 运输距离：50 m	m^3	12.20	26.60	324.52	
		小　计					1 061.61	

2. 综合单价计算

结合回填土工程量清单，参照某省《计价定额》规定：

(1)定额土方回填工程量 = 土方回填清单工程量。

(2)综合单价：

结合工程量清单，参照某省《计价定额》规定：本项目清单综合单价包括：

土方回填(夯填)(A1-B4)；

土方运输50 m(A1-36)，应考虑采用夯填时“土方体积折算系数”，即计算综合单价时,应乘以1.15的系数。

则:人工费 $=7.82+11.06\times1.15=20.54$(元/$m^3$)

材料费 $=0+0.14\times1.15=0.16$(元/m^3)

机械费 $=0+0=0$

管理费 $=1.33+1.59\times1.15=3.16$(元/$m^3$)

利润 $=1.27+1.29\times1.15=2.75$(元/$m^3$)

综合单价 $=20.54+0.16+0+3.16+2.75=26.61$(元/$m^3$)

具体内容见表4-17、表4-18。

表4-17 综合单价分析表(一)

项目编码		010103001001		项目名称		土方回填(基础)		计量单位	m³	工程量	27.71
清单综合单价组成明细											
定额编号	定额名称	定额单位	数量	单价				合价			
				人工费	材料费	机械费	管理费和利润	人工费	材料费	机械费	管理费和利润
A1-B4	回填土(夯填)	100 m³	0.01	781.74	0	0	259.97	7.82	0	0	2.60
A1-36换	双轮车运回填土50 m	100 m³	0.01	1 271.36	15.59	0	331.14	12.71	0.16	0	3.31
人工单价		小计						20.53	0.16	0	5.91
43元/工日		未计价材料费									
清单项目综合单价								26.60			
材料费明细	主要材料名称、规格、型号				单位	数量		单价(元)	合价(元)	暂估单价(元)	暂估合价(元)
	其他材料费							—		—	
	材料费小计							—		—	

表 4-18 综合单价分析表(二)

<table>
<tr><td>项目编码</td><td colspan="3">010103001002</td><td>项目名称</td><td colspan="2">土方回填(室内)</td><td colspan="2">计量单位</td><td>m³</td><td>工程量</td><td>12.20</td></tr>
<tr><td colspan="12">清单综合单价组成明细</td></tr>
<tr><td rowspan="2">定额编号</td><td rowspan="2">定额名称</td><td rowspan="2">定额单位</td><td rowspan="2">数量</td><td colspan="4">单价</td><td colspan="4">合价</td></tr>
<tr><td>人工费</td><td>材料费</td><td>机械费</td><td>管理费和利润</td><td>人工费</td><td>材料费</td><td>机械费</td><td>管理费和利润</td></tr>
<tr><td>A1 - B4</td><td>回填土(夯填)</td><td>100 m³</td><td>0.01</td><td>781.74</td><td>0</td><td>0</td><td>259.97</td><td>7.82</td><td>0</td><td>0</td><td>2.60</td></tr>
<tr><td>A1 - 36 换</td><td>双轮车运回填土 50 m</td><td>100 m³</td><td>0.01</td><td>1 271.36</td><td>15.59</td><td>0</td><td>331.14</td><td>12.71</td><td>0.16</td><td>0</td><td>3.31</td></tr>
<tr><td></td><td></td><td></td><td></td><td></td><td></td><td></td><td></td><td></td><td></td><td></td><td></td></tr>
<tr><td colspan="2">人工单价</td><td colspan="6">小计</td><td>20.53</td><td>0.16</td><td>0</td><td>5.91</td></tr>
<tr><td colspan="2">43 元/工日</td><td colspan="6">未计价材料费</td><td colspan="4"></td></tr>
<tr><td colspan="8">清单项目综合单价</td><td colspan="4">26.60</td></tr>
<tr><td rowspan="5">材料费明细</td><td colspan="4">主要材料名称、规格、型号</td><td>单位</td><td colspan="2">数量</td><td>单价(元)</td><td>合价(元)</td><td>暂估单价(元)</td><td>暂估合价(元)</td></tr>
<tr><td colspan="4"></td><td></td><td colspan="2"></td><td></td><td></td><td></td><td></td></tr>
<tr><td colspan="4"></td><td></td><td colspan="2"></td><td></td><td></td><td></td><td></td></tr>
<tr><td colspan="7">其他材料费</td><td>—</td><td></td><td>—</td><td></td></tr>
<tr><td colspan="7">材料费小计</td><td>—</td><td></td><td>—</td><td></td></tr>
</table>

3. 合价

(1)基础回填土工程量清单合价 = 27.71 × 26.61 = 737.36(元)

(2)室内回填土工程量清单合价 = 12.20 × 26.61 = 324.64(元)

回填土分部分项工程费用合计 = 737.36 + 324.64 = 1062.00(元)

结合表 4-17、表 4-18 的内容填表 4-16。

【任务探索】 结合规范和实际工程案例,分析并编制一般房屋建筑工程中土方工程工程量清单。

【任务练习】

一、单项选择题

1. 挖土方平均厚度应按自然地面测量标高至(　　)间的平均厚度确定。

A. 室内地坪标高　　B. 室外地坪标高

C. 设计地坪标高　　D. 自然地坪标高

2. 挖基础土方清单工程量计算规则按(　　)计算。

A. 施工技术方案　　B. 设计图示尺寸以基础垫层底面面积乘以挖土深度

C. 考虑放坡和工作面　　D. 实际开挖的工程量

3. 某土方开挖工程,挖深 3 m、底长 20 m、底宽 7 m,其清单项目名称应设置为(　　)。

A. 挖一般土方　　B. 挖沟槽土方

C. 挖基坑土方　　D. 挖天然土方

4. 一建筑物首层结构平面轮廓尺寸为60 m×15 m，室外散水面积70 m^2，平台面积60 m^2，台阶、坡道面积20 m^2，按清单计算规则场地平整工程量为(　　)m^2。

A. 900　　B. 960　　C. 980　　D. 970

5. 某工程挖基础土方，已知该工程场地原自然地面标高为 −0.85 m，交付施工场地标高为 −0.45 m，基础垫层底表面标高为 −1.8 m，则清单项目工程量的挖土深度为(　　)m。

A. 0.95　　B. 1.5　　C. 1.35　　D. 1.8

6. 外墙下沟槽长度应按其图示基础垫层间的(　　)长度计算。

A. 实际　　B. 外边线　　C. 中心线　　D. 轴线

7. 室内(房心)回填土工程量以主墙间净面积乘以填土厚度计算，这里的"主墙"是指结构厚度在(　　)mm 以上的各类墙体。

A. 100　　B. 120　　C. 180　　D. 240

8. 某基坑土方开挖工程，清单量为 100 m^3，投标时由于考虑放坡，计算工程量为200 m^3，投标清单综合单价为10 元/m^3，则该项报价应为(　　)元。

A. 1 000　　B. 2 000　　C. 3 000　　D. 4 000

二、多项选择题

1. 结合"13 房屋建筑计量规范"计量规范要求，挖一般土方 010101002 清单项目的工作内容一般可以包括(　　)。

A. 沟槽开挖　　B. 土方运输　　C. 挖淤泥、流砂

D. 人工挖孔桩间挖土　　E. 井点降水

2. 关于建筑工程施工图中的"素土夯实"工作，下列说法正确的有(　　)。

A. 并入相应土方开挖的清单项目中，并在相应项目特征描述中说明

B. 按规范清单工程量计算规则，有则考虑，无则不考虑

C. 可补充项目清单

D. 并入相应垫层的清单项目中，并在相应项目特征描述中说明

E. 工程量清单无此项内容时，投标人可在结算时进行索赔

3. 土方工程项目综合单价分析时，应考虑(　　)等因素。

A. 规范中清单特征描述内容与计价定额项目的一致性

B. 规范中清单项目工程量计算与计价定额项目工程量计算的一致性

C. 施工技术方案

D. 计价定额自身项目的单价调整

E. 工程量计算的准确性

三、能力训练

编制项目五中建筑物的土方工程工程量清单，结合计价定额进行项目综合单价分析并计价。

任务二 地基处理与边坡支护工程

【任务导航】

问题1:地基处理常用清单项目的工程量计算与综合单价分析。

问题2:基坑与边坡支护常用清单项目的工程量计算与综合单价分析。

【任务解析】

按照"13 房屋建筑计量规范"规定,本任务主要包括地基处理、基坑与边坡支护等内容的计量与计价。

一、地基处理

地基处理工程量清单项目设置、项目特征描述的内容、计量单位及工程量计算规则,应按"13 房屋建筑计量规范"中表 B.1 的规定执行。

(一)换填垫层(010201001)、褥垫层(010201017)

1. 清单工程量计算

$$V = 设计图示尺寸体积 \tag{4-4}$$

【注意事项】

(1)褥垫层一般是解决 CFG 复合地基中地基承载力不均匀的常用方法,设置在桩顶与基础之间,多采用砂石垫层。

(2)褥垫层的清单工程量也可按设计图示尺寸铺设面积计算。

2. 综合单价分析

(1)通常计价定额无专用换埋垫层、褥垫层,应按计价定额规定参考其他垫层单价。

(2)设计垫层的材料、配比、外加剂等可能与计价定额不同,应按计价定额规定对相应定额单价调整后使用。

(二)预压地基(010201003)、强夯地基(010201004)

1. 清单工程量计算

$$S = 设计图示处理面积 \tag{4-5}$$

2. 综合单价分析

(1)强夯地基设计夯击能不同,则单价不同。

(2)定额工程量与清单工程量计算方法不同时,应对定额单价进行调整。

(三)复合地基桩地基处理(010201006 ~ 010201015)

工程中,通常采用振冲桩、砂石桩、CFG 桩、深层搅拌桩、喷粉桩、夯实水泥土桩、高压旋喷桩、石灰桩、灰土挤密桩、柱锤冲扩桩等进行地基处理。

1. 清单工程量计算

$$L = 设计图示尺寸桩长 \tag{4-6}$$

【注意事项】

(1)振冲桩、砂石桩的清单工程量也可按计桩截面乘以桩长以体积计算。

(2)设计桩长应包括桩尖的总长度。

2. 综合单价分析

(1)综合单价应包含桩、空桩的单价。

(2)定额工程量与清单工程量计算方法不同时,应对定额单价进行调整。

(四)注浆地基(010201016)

1. 清单工程量计算

$$L = \text{设计图示尺寸孔深} \tag{4-7}$$

或

$$V = \text{设计图示尺寸加固体积} \tag{4-8}$$

2. 综合单价分析

(1)综合单价应包含注浆管的制作、安装和注浆体的单价。

(2)定额工程量与清单工程量计算方法不同时,应对定额单价进行调整。

二、基坑与边坡支护

基坑与边坡支护工程量清单项目设置、项目特征描述的内容、计量单位及工程量计算规则,应按“13 房屋建筑计量规范”中表 B.2 的规定执行。

(一)地下连续墙(010202001)

1. 清单工程量计算

$$V = \text{设计墙中心线长} \times \text{墙厚} \times \text{槽深} \tag{4-9}$$

2. 综合单价分析

(1)综合单价应包含导墙开挖、导墙浇灌、机械成槽、清底置换、安拔接头管、浇筑连续墙混凝土、运土、混凝土现场搅拌加工等的单价。

(2)各组成部分定额工程量与清单工程量计算方法不同时,应对定额单价进行调整。

(3)回填土、钢筋网等可另行列项计算。

(二)锚杆(锚索)(010202007)、土钉(010202008)

1. 清单工程量计算

$$L = \text{设计图示尺寸孔深} \tag{4-10}$$

或

$$N = \text{设计图示数量} \tag{4-11}$$

2. 综合单价分析

(1)锚杆综合单价应包含预应力锚杆制作安装、锚杆钻孔灌浆、入岩增加费等的单价。

(2)各组成部分定额工程量与清单工程量计算方法不同时,应对定额单价进行调整。

(3)锚杆间的连梁可另行列项计算。

(4)土钉综合单价应根据置入方法(钻孔置入、打入、射入等)不同确定。

(三)喷射混凝土(010202009)

1. 清单工程量计算

$$S = \text{设计图示尺寸面积} \tag{4-12}$$

2. 综合单价分析

喷射混凝土主要结合锚杆或土钉进行边坡支护,综合单价应根据护坡混凝土厚度确定。

【任务探索】 结合深基坑工程施工方案,分析并编制边坡支护工程工程量清单。

【任务练习】

一、单项选择题

1. 按"13 房屋建筑计量规范"规定,下列地基处理项目工程量清单工程量只能按图示尺寸体积计算的是(　　)。

A. CFG 桩　　B. 换填垫层　　C. 褥垫层　　D. 深层搅拌桩

2. 按"13 房屋建筑计量规范"规定,下列地基处理与边坡支护工程项目特征描述中可以不详细描述,由招标人根据相关资料自行确定的是(　　)。

A. 桩长、孔深　　B. 材料的种类、强度

C. 地层情况　　D. 桩径、孔径

二、多项选择题

1. 按"13 房屋建筑计量规范"规定,下列地基处理与边坡支护工程项目清单工程量可以按图示尺寸桩长(孔深)和图示尺寸数量计算的有(　　)。

A. 锚杆　　B. CFG 桩　　C. 土钉

D. 注浆地基　　E. 钢板桩

2. 一般深基坑喷锚支护工程中,可能包含以下(　　)清单项目。

A. 锚杆　　B. 喷射混凝土　　C. 喷粉桩

D. 土钉　　E. 锚杆连梁

3. 地下连续墙清单项目的综合单价可能包含以下(　　)等费用。

A. 导墙开挖　　B. 导墙混凝土浇筑　　C. 混凝土加工

D. 钢筋网　　E. 机械成槽

4. 一般高压旋喷桩清单项目的综合单价可能包含以下(　　)等费用。

A. 成孔　　B. 注浆　　C. 混凝土加工

D. 泥浆外运　　E. 空桩

任务三　桩基工程

【任务导航】

问题 1:预制钢筋混凝土桩项目清单编制、工程量计算与综合单价分析。

问题 2:灌注钢筋混凝土桩项目清单编制、工程量计算与综合单价分析。

问题 3:截(凿)桩头、桩承台项目清单编制、工程量计算与综合单价分析。

问题 4:通过案例分析,编制桩基础工程工程量清单,进行综合单价分析与费用计算。

【任务解析】

按照"13 房屋建筑计量规范"规定,结合房屋建筑工程实际情况,本节学习任务主要包括预制桩(打桩)、灌注桩、截(凿)桩头、桩承台等内容的计量与计价。

一、预制桩(打桩)

(一)清单项目编制与工程量计算

1. 清单项目划分及工程量计算规则

打桩工程量清单项目设置、项目特征描述的内容、计量单位及工程量计算规则,应按“13 房屋建筑计量规范”中表 C.1 的规定执行,见表 4-19。

表 4-19 打桩(编码:010301)

项目编码	项目名称	项目特征	计量单位	工程量计算规则	工程内容
010301001	预制钢筋混凝土方桩	1. 地层情况 2. 送桩深度、桩长 3. 桩截面 4. 桩倾斜度 5. 沉桩方法 6. 接桩方式 7. 混凝土强度等级	1. m 2. m^3 3. 根	1. 以 m 计量,按设计图示尺寸以桩长(包括桩尖)计算 2. 以 m^3 计量,按设计图示截面面积乘以桩长(包括桩尖)以实体积计算 3. 以根计量,按设计图示数量计算	1. 工作平台搭拆 2. 桩机竖拆、移位 3. 沉桩 4. 接桩 5. 送桩
010301002	预制钢筋混凝土管桩	1. 地层情况 2. 送桩深度、桩长 3. 桩外径、壁厚 4. 桩倾斜度 5. 沉桩方法 6. 桩尖类型 7. 混凝土强度等级 8. 填充材料种类 9. 防护材料种类			1. 工作平台搭拆 2. 桩机竖拆、移位 3. 沉桩 4. 接桩 5. 送桩 6. 桩尖制作安装 7. 填充材料、刷防护材料
010301003	钢管桩	1. 地层情况 2. 送桩深度、桩长 3. 材质 4. 管径、壁厚 5. 桩倾斜度 6. 沉桩方法 7. 填充材料种类 8. 防护材料种类	1. t 2. 根	1. 以 t 计量,按设计图示尺寸以质量计算 2. 以根计量,按设计图示数量计算	1. 工作平台搭拆 2. 桩机竖拆、移位 3. 沉桩 4. 接桩 5. 送桩 6. 切割钢管、精割盖帽 7. 管内取土 8. 填充材料、刷防护材料

【注意事项】

打试验桩和打斜桩应按相应项目单独列项,并应在项目特征中注明试验桩或斜桩

(斜率)。

2. 清单工程量计算

(1)预制钢筋混凝土方桩、管桩

$$V = 设计图示桩长(含桩尖) \times 桩截面面积 \quad (4\text{-}13)$$

或

$$L = 设计图示桩长(含桩尖) \quad (4\text{-}14)$$

或

$$N = 设计图示桩的数量 \quad (4\text{-}15)$$

(2)钢管桩

$$T = 设计图示钢管桩的质量 \quad (4\text{-}16)$$

或

$$N = 设计图示桩的数量 \quad (4\text{-}17)$$

(二)综合单价分析

(1)预制混凝土桩清单项目综合单价应包含桩的制作、桩的运输、打桩、接桩、送桩等费用的单价。

(2)管桩内若灌注混凝土,其费用应计入综合单价。

(3)执行计价定额时,应结合土层情况、打桩机械、桩径、桩长、送桩长度、接桩方法等情况进行清单综合单价计算。

二、灌注桩

(一)清单项目编制与工程量计算

1. 清单项目划分及工程量计算规则

灌注桩工程量清单项目设置、项目特征描述的内容、计量单位及工程量计算规则,应按"13 房屋建筑计量规范"中表 C.2 的规定执行,见表 4-20。

表 4-20 灌注桩(编码:010302)

项目编码	项目名称	项目特征	计量单位	工程量计算规则	工程内容
010302001	泥浆护壁成孔灌注桩	1. 地层情况 2. 空桩长度、桩长 3. 桩径 4. 成孔方法 5. 护筒类型、长度 6. 混凝土种类、强度等级	1. m 2. m^3 3. 根	1. 以 m 计量,按设计图示尺寸以桩长(包括桩尖)计算 2. 以 m^3 计量,按不同截面在桩上范围内以体积计算 3. 以根计量,按设计图示数量计算	1. 护筒埋设 2. 成孔、固壁 3. 混凝土制作、运输、灌注、养护 4. 土方、废泥浆外运 5. 打桩场地硬化及泥浆池、泥浆沟
010302002	沉管灌注桩	1. 地层情况 2. 空桩长度、桩长 3. 复打长度 4. 桩径 5. 沉桩方法 6. 桩尖类型 7. 混凝土种类、强度等级			1. 打(沉)拔钢管 2. 桩尖制作、安装 3. 混凝土制作、运输、灌注、养护

续表 4-20

项目编码	项目名称	项目特征	计量单位	工程量计算规则	工程内容
010302003	干作业成孔灌注桩	1. 地层情况 2. 空桩长度、桩长 3. 桩径 4. 扩孔直径、高度 5. 成孔方法 6. 混凝土种类、强度等级	1. m 2. m^3 3. 根	1. 以 m 计量，按设计图示尺寸以桩长(包括桩尖)计算 2. 以 m^3 计量，按不同截面在桩上范围内以体积计算 3. 以根计量，按设计图示数量计算	1. 成孔、扩孔 2. 混凝土制作、运输、灌注、振捣、养护
010302004	挖孔桩土(石)方	1. 地层情况 2. 挖孔深度 3. 弃土(石)运距	m^3	按设计图示尺寸(含护壁)截面面积乘以挖孔深度以 m^3 计算	1. 排地表水 2. 挖土、凿石 3. 基底钎探 4. 运输
010302005	人工挖孔灌注桩	1. 桩芯长度 2. 桩芯直径、扩底直径、扩底高度 3. 护壁厚度、高度 4. 护壁混凝土种类、强度等级 5. 桩芯混凝土种类、强度等级	1. m^3 2. 根	1. 以 m^3 计量，按桩芯混凝土体积计算 2. 以根计量，按设计图示数量计算	1. 护壁制作 2. 混凝土制作、运输、灌注、振捣、养护

【注意事项】

(1)泥浆护壁成孔灌注桩是指在泥浆护壁条件下成孔，采用水下灌注混凝土的桩。其成孔方法包括冲击钻成孔、冲抓锥成孔、回旋钻成孔、潜水钻成孔、泥浆护壁的旋挖成孔等。

(2)沉管灌注桩的沉管方法包括锤击沉管法、振动沉管法、振动冲击沉管法、内夯沉管法等。

(3)干作业成孔灌注桩是指在不用泥浆护壁和套筒护壁的情况下，用钻机成孔后，下钢筋笼，灌注混凝土的桩。适用于地下水位以上的土层使用。其成孔方法包括螺旋钻成孔、螺旋钻成孔扩底、干作业的旋挖成孔等。

(4)项目特征中的空桩长度 = 孔深 - 桩长，孔深为自然地面至设计桩底的深度。

(5)混凝土种类：指清水混凝土、彩色混凝土、水下混凝土等，如在同一地区既使用预拌(商品)混凝土，又允许现场搅拌混凝土，也应注明(下同)。

(6)混凝土灌注桩的钢筋笼制作、安装，按“13 房屋建筑计量规范”附录 E. 15 中(010515004)项目另行编码列项。

(7)砖砌挖孔桩护壁可按“13 房屋建筑计量规范”附录 D. 1 中(010401002)项目另行编码列项。

2. 清单工程量计算

(1)泥浆护壁成孔灌注桩、沉管灌注桩、干作业成孔灌注桩：

$$V = \text{设计图示桩长(含桩尖)} \times \text{桩截面面积} \quad (4\text{-}18)$$

或
$$L = \text{设计图示桩长(含桩尖)} \quad (4\text{-}19)$$

或
$$N = \text{设计图示桩的数量} \quad (4\text{-}20)$$

(2)人工挖孔灌注桩:

$$V = \text{设计图示尺寸桩芯混凝土体积} \quad (4\text{-}21)$$

或
$$N = \text{设计图示桩的数量} \quad (4\text{-}22)$$

(二)综合单价分析

(1)泥浆护壁成孔灌注桩综合单价应包含混凝土桩、空桩、泥浆池(沟)及泥浆运输等费用的单价。结合工程实际情况,也可能包含"入岩增加费用"。

(2)沉管灌注桩综合单价应包含桩尖、混凝土桩、空桩等费用的单价。结合工程实际情况,也可能包含"复打增加费用"。

(3)干作业成孔灌注桩综合单价应包含混凝土桩、空桩、运土等费用的单价。

(4)人工挖孔灌注桩综合单价应包含混凝土桩、空桩、护壁制作等费用的单价,可不含挖土、运土费用。挖孔桩土方按(010302004)另行列项计算。

(5)结合实际工程质量要求,混凝土灌注桩综合单价分析应考虑施工中的超灌情况对混凝土桩及其空桩的费用调整。

(6)执行计价定额时,应结合土层情况、成孔方法、桩径、桩长等情况进行清单综合单价计算。

三、截(凿)桩头

(一)清单项目编制与工程量计算

1. 清单项目划分及工程量计算规则

截(凿)桩头工程量清单项目设置、项目特征描述的内容、计量单位及工程量计算规则,应按"13 房屋建筑计量规范"中表 C.1 的规定执行,见表 4-21。

表 4-21 打桩(编码:010301)

项目编码	项目名称	项目特征	计量单位	工程量计算规则	工程内容
010301004	截(凿)桩头	1. 桩类型 2. 桩头截面、高度 3. 混凝土强度等级 4. 有无钢筋	1. m^3 2. 根	1. 以 m^3 计量,按设计桩截面乘以桩头长度以体积计算 2. 以根计量,按设计图示数量计算	1. 截(切割)桩头 2. 凿平 3. 废料外运

【注意事项】

(1)截(凿)桩头清单项目适用于房屋建筑工程中各种桩基础工程。

(2)截(凿)桩头清单项目应结合工程实际、计价定额确定是否列项。

2. 清单工程量计算

$$V = \text{设计图示桩头长度} \times \text{桩截面面积} \quad (4\text{-}23)$$

或
$$N = \text{设计图示桩的数量} \quad (4\text{-}24)$$

(二)综合单价分析

(1)截(凿)桩头清单项目综合单价应包含凿(截)桩头、桩头运输等费用的单价。

(2)执行计价定额时,应结合工程实际情况按定额规定进行单价调整。

四、桩承台基础

(一)清单项目编制与工程量计算

1. 清单项目划分及工程量计算规则

桩承台基础工程量清单项目设置、项目特征描述的内容、计量单位及工程量计算规则,应按“13 房屋建筑计量规范”中表 E.1 的规定执行,见表 4-22。

表 4-22　现浇混凝土基础(编码:010501)

项目编码	项目名称	项目特征	计量单位	工程量计算规则	工程内容
010501005	桩承台基础	1. 混凝土种类 2. 混凝土强度等级	m^3	按设计图示尺寸以体积计算。不扣除伸入承台基础的桩头所占体积	1. 模板及支撑制作、安装、拆除、堆放、运输及清理模内杂物、刷隔离剂等 2. 混凝土制作、运输、浇筑、振捣、养护

【注意事项】

(1)实际工程中,桩承台一般按“独立、带型”分别列项。

(2)桩承台基础模板可单列措施项目,也可并入桩承台基础清单项目中。

(3)桩承台基础中的钢筋按“13 房屋建筑计量规范”E. 15 中相关项目列项。

(4)工程量计算时,不扣除基础中钢筋、铁件等所占体积,但应扣除劲性骨架的型钢所占体积。

2. 清单工程量计算

$$V = \text{设计图示尺寸体积} \tag{4-25}$$

(二)综合单价分析

(1)根据项目清单,结合计价定额规定确定综合单价。

(2)若桩承台基础模板并入桩承台基础清单项目中,则综合单价应包含模板费用单价。

五、案例分析

案例 1:编制预制钢筋混凝土桩基础清单项目的计量与计价表。

某工程有 30 根 RC 柱。根据上部荷载计算,每根柱下设计有 6 000 mm × 4 000 mm × 700 mm 的桩承台(现场搅拌 C20 混凝土),截凿桩高度 500 mm,每个承台下有 4 根 350 mm × 350 mm 断面的预制 C30 钢筋混凝土方桩(外购),桩长 30 m,由 3 根长 10 m 的方桩用焊接方式接桩,桩顶距自然地面 5 m。桩为成品预制桩,土质一级土,采用柴油打桩机打桩。

解：

按"13 房屋建筑计量规范"的有关规定，结合某省计价定额内容，案例中桩基础工程可列为"预制钢筋混凝土方桩、桩承台基础（含模板）"两个清单项目。因为计价定额的"桩承台基础"项目已含有高度500 mm内的截凿桩费用。

1. 清单工程量计算

（1）预制钢筋混凝土方桩（010301001001）

清单工程量：$L = 30 \times 120 = 3\ 600$（m）

（2）桩承台基础（010501005001）

清单工程量：$V = 6 \times 4 \times 0.7 \times 30 = 504$（$m^3$）

具体内容见表4-23。

表4-23　分部分项工程和单价措施清单与计价表

序号	项目编码	项目名称	项目特征描述	计量单位	工程量	金额（元）		
						综合单价	合价	其中 暂估价
1	010301001001	预制钢筋混凝土方桩	一级土； 桩长30 m，送桩深度5 m； 桩截面：350 mm×350 mm（成品桩）； 垂直地面打入； 焊接接桩； C30混凝土	m	3 600	167.84	604 224.00	
2	010501005001	桩承台基础	清水混凝土； 现场搅拌C20（碎40）混凝土； 模板安装、拆除	m^3	504	379.17	191 101.68	
			小　计				795 325.68	

2. 综合单价计算

结合工程量清单，参照某省《计价定额》的规定：

（1）预制钢筋混凝土方桩综合单价包括：打桩、送桩、接桩（焊接）

打桩（A2－3）：定额工程量 $= 30 \times 0.35 \times 0.35 \times 120 = 441$（$m^3$）（$>150\ m^3$）

打桩工程量调整系数 $= 441/3\ 600 = 0.122\ 5$

送桩（A2－4）：定额工程量 $= (5 + 0.5) \times 0.35 \times 0.35 \times 120 = 80.85$（$m^3$）

送桩工程量调整系数 $= 80.85/3\ 600 = 0.022\ 5$

接桩（A2－22）：定额工程量 $= 2 \times 120 = 240$（个）

接桩工程量调整系数 $= 240/3\ 600 = 0.066\ 7$

则：人工费 $= 0.122\ 5 \times 47.09 + 0.022\ 5 \times 67.32 + 0.066\ 7 \times 87.72 = 13.13$（元/m）

材料费 $= 0.122\ 5 \times 832.77 + 0.022\ 5 \times 6.64 + 0.066\ 7 \times 156.32 = 112.59$（元/m）

机械费 $= 0.122\ 5 \times 130.91 + 0.022\ 5 \times 187.01 + 0.066\ 7 \times 197.49 = 33.42$（元/m）

管理费 = 0.122 5 × 16.44 + 0.022 5 × 23.51 + 0.066 7 × 37.93 = 5.07(元/m)

利润 = 0.122 5 × 11.75 + 0.022 5 × 16.79 + 0.066 7 × 27.09 = 3.62(元/m)

综合单价 = 13.13 + 112.59 + 33.42 + 5.07 + 3.62 = 167.83(元/m)

(2)桩承台基础综合单价包括:桩承台基础、桩承台模板、现场搅拌混凝土加工费

桩承台基础(A4 - 11):定额工程量 = 清单工程量

桩承台模板(独立)(A12 - 69):定额工程量 = 清单工程量

混凝土现场搅拌加工(A4 - 197):定额工程量 = 504 × 1.015 = 511.56(m^3)

混凝土加工工程量调整系数 = 511.56/504 = 1.015

则:人工费 = 52.03 + 20.38 + 1.015 × 13.12 = 85.73(元/m^3)

材料费 = 178.86 + 16.19 + 0 = 195.05(元/m^3)

机械费 = 0.83 + 1.96 + 1.015 × 18.30 = 21.36(元/m^3)

管理费 = 29.77 + 7.87 + 1.015 × 9.06 = 46.84(元/m^3)

利　润 = 19.36 + 6.24 + 1.015 × 4.53 = 30.20(元/m^3)

综合单价 = 85.73 + 195.05 + 21.36 + 46.84 + 30.20 = 379.18(元/m^3)

具体内容见表4-24、表4-25。

表4-24　综合单价分析表(一)

项目编码	010301001001			项目名称	预制钢筋混凝土方桩			计量单位	m	工程量	3600
清单综合单价组成明细											
定额编号	定额名称	定额单位	数量	单价				合价			
				人工费	材料费	机械费	管理费和利润	人工费	材料费	机械费	管理费和利润
A2 - 3	打预制钢筋混凝土方桩(桩长12 m以上)	m^3	0.122 5	47.09	832.77	130.91	28.19	5.77	102.01	16.04	3.45
A2 - 4	送预制钢筋混凝土方桩(桩长12 m以上)	m^3	0.022 5	67.32	6.64	187.01	40.30	1.51	0.15	4.21	0.91
A2 - 22	接桩(焊接)	个	0.066 7	87.72	156.32	197.49	65.02	5.85	10.43	13.17	4.34
人工单价		小计						13.13	112.59	33.42	8.70
43元/工日		未计价材料费									
清单项目综合单价								167.84			
材料费明细	主要材料名称、规格、型号				单位	数量		单价(元)	合价(元)	暂估单价(元)	暂估合价(元)
	其他材料费							—		—	
	材料费小计							—		—	

表 4-25　综合单价分析表(二)

项目编码	010501005001			项目名称	桩承台基础		计量单位	m³	工程量	504	
清单综合单价组成明细											
定额编号	定额名称	定额单位	数量	单价				合价			
				人工费	材料费	机械费	管理费和利润	人工费	材料费	机械费	管理费和利润
A4－11	桩承台基础(独立)	10 m³	0.1	520.30	1 788.63	8.27	491.26	52.03	178.86	0.83	49.13
A12－69	桩承台模板(独立)	10 m³	0.1	203.82	161.89	19.63	141.12	20.38	16.19	1.96	14.11
A4－197	现场搅拌混凝土加工费	10 m³	0.101 5	131.15	0	183.03	135.90	13.31	0	18.58	13.79
人工单价		小　　计						85.72	195.05	21.37	77.03
43 元/工日		未计价材料费									
清单项目综合单价								379.17			
材料费明细	主要材料名称、规格、型号				单位	数量		单价(元)	合价(元)	暂估单价(元)	暂估合价(元)
	其他材料费							—		—	
	材料费小计							—		—	

3. 合价

(1)预制钢筋混凝土方桩工程量清单合价 = 3 600 × 167.83 = 604 188.00(元)

(2)桩承台基础工程量清单合价 = 504 × 379.18 = 191 106.72(元)

预制钢筋混凝土桩基础工程费用合计 = 604 188 + 191 106.72 = 795 294.72(元)

结合表 4-24、表 4-25 内容填表 4-23。

案例 2:编制钢筋混凝土灌注桩清单项目的计量与计价表。

某桩基础工程,土质中风化岩(二级土),用潜水钻机钻孔灌注混凝土桩、C30(碎 40)水下混凝土采用现场搅拌,设计桩径ϕ1 000、桩长 15 m,桩顶距自然地面 1.8 m。其中入岩深度 2 m,共计 30 根,每根桩使用钢筋笼 0.85 t(螺纹钢 HRB335,ϕ12),泥浆外运 4 km;施工中应考虑翻浆。(不考虑承台、凿截桩)

解:

按"13 房屋建筑计量规范"的有关规定,案例中灌注桩工程可列为"泥浆护壁成孔灌注桩、钢筋笼"两个清单项目。

1. 清单工程量计算

(1)泥浆护壁成孔灌注桩(010302001001)

清单工程量:$L = 15 \times 30 = 450$(m)

(2)钢筋笼(010515004001)

清单工程量:$T=0.85\times30=25.5$(t)

具体内容见表4-26。

表4-26　分部分项工程和单价措施清单与计价表

序号	项目编码	项目名称	项目特征描述	计量单位	工程量	金额(元)		
						综合单价	合价	其中
								暂估价
1	010302001001	泥浆护壁成孔灌注桩	二级土; 桩长15 m,空桩长度1.8 m; 桩径Φ1 000; 泥浆护壁潜水钻机成孔; C30水下混凝土采用现场搅拌;中风化岩,入岩深度2 m; 泥浆运输4 km	m	450	712.04	320 418.00	
2	010515004001	钢筋笼	螺纹钢HRB335,Φ12	t	25.5	5 380.98	137 214.99	
			小　计				457 632.99	

2.综合单价计算

结合工程量清单,参照某省《计价定额》的规定:

(1)泥浆护壁成孔灌注桩综合单价包括:混凝土桩、入岩增加费、空桩费、泥浆外运(含泥浆池、沟)、混凝土加工费。

混凝土桩(A.2-X34):定额规定无设计说明时,超灌0.8 m。

定额工程量 $=(15+0.8)\times\pi\times0.5^2\times30=372.09(\mathrm{m}^3)$

混凝土桩工程量调整系数 $=372.09/450=0.826\ 9$

入岩增加费(A.2-X36):定额工程量 $=2\times\pi\times0.5^2\times30=47.1(\mathrm{m}^3)$

入岩工程量调整系数 $=47.1/450=0.104\ 7$

空桩费(A.2-X38):定额工程量 $=(1.8-0.8)\times\pi\times0.5^2\times30=23.55(\mathrm{m}^3)$

混凝土桩工程量调整系数 $=23.55/450=0.052\ 3$

泥浆外运(A.2-39):定额工程量 $=(15+1.8)\times\pi\times0.5^2\times30=395.64(\mathrm{m}^3)$

混凝土桩工程量调整系数 $=395.84/450=0.879\ 2$

混凝土现场搅拌加工(A.4-197):定额工程量 $=372.09\times1.25=465.11(\mathrm{m}^3)$

混凝土桩工程量调整系数 $=465.11/450=1.033\ 6$

则:人工费 $=0.826\ 9\times106.68+0.1047\times148.87+0.052\ 3\times45.15+0.879\ 2\times36.55+1.033\ 6\times13.12=151.86$(元/m)

材料费 $=0.826\ 9\times311.56+0+0.052\ 3\times18.05+0.879\ 2\times3.77+0=261.89$(元/m)

机械费 $=0.826\ 9\times87.79+0.104\ 7\times315.94+0.052\ 3\times81.45+0.879\ 6\times82.54+1.033\ 6\times18.30=201.42$(元/m)

管理费 $=0.826\ 9\times35.72+0.104\ 7\times61.01+0.052\ 3\times17.54+0.879\ 2\times13.05+1.033\ 6\times9.06=57.68$(元/m)

利　润 $=0.826\ 9\times25.52+0.104\ 7\times43.58+0.052\ 3\times12.53+0.879\ 2\times9.32+$

1.033 6 ×4.53 =39.20(元/m)

综合单价 =151.86 +261.89 +201.42 +57.68 +39.20 =712.05(元/m)

(2)钢筋笼综合单价参考:钢筋笼(A.4 -182)

定额工程量 =清单工程量 =25.5 t

则:人工费 =764.11 元/t

材料费 =3 349.03 元/t

机械费 =617.74 元/t

管理费 =433.40 元/t

利　润 =216.70 元/t

综合单价 =764.11 +3 349.03 +617.74 +433.40 +216.70 =5 380.98(元/t)

具体内容见表 4-27、表 4-28。

表 4-27　综合单价分析表(一)

项目编码	010302001001			项目名称	泥浆护壁成孔灌注桩		计量单位		m	工程量	450
清单综合单价组成明细											
定额编号	定额名称	定额单位	数量	单　价				合　价			
				人工费	材料费	机械费	管理费和利润	人工费	材料费	机械费	管理费和利润
A.2 - X34	泥浆护壁钻孔桩	m^3	0.826 9	106.68	311.56	87.79	61.24	88.21	257.63	72.59	50.64
A.2 - X36	入岩增加费	m^3	0.104 7	148.87	—	315.94	104.59	15.59	—	33.08	10.95
A.2 - X38	空桩费	m^3	0.052 3	45.15	18.05	81.45	30.07	2.36	0.94	4.26	1.57
A.2 - 39	泥浆外运	m^3	0.879 2	36.55	3.77	82.54	22.37	32.13	3.31	72.57	19.67
A.4 - 197	混凝土现场搅拌	10 m^3	0.103 4	131.15	—	183.03	135.90	13.56	—	18.93	14.05
人工单价		小　计						151.85	261.88	201.43	96.88
43 元/工日		未计价材料费									
清单项目综合单价								712.04			
材料费明细	主要材料名称、规格、型号					单位	数量	单价(元)	合价(元)	暂估单价(元)	暂估合价(元)
	水下混凝土 C30					m^3	(1.034)	220.53	(228.02)		
	模板料					m^3	0.006	1 215.00	7.29		
	水泥 42.5					t	0.478	320	152.96		
	中粗砂					m^3	0.476	80	38.08		
	碎石 20 ~40 mm					m^3	0.724	50	36.20		
	其他材料费							—	27.35	—	
	材料费小计							—	261.88	—	

表 4-28　综合单价分析表(二)

项目编码	010515004001		项目名称		钢筋笼		计量单位	t	工程量		25.5
清单综合单价组成明细											
定额编号	定额名称	定额单位	数量	单价				合价			
				人工费	材料费	机械费	管理费和利润	人工费	材料费	机械费	管理费和利润
A.4－182	桩基钢筋笼	t	1	764.11	3 349.03	617.74	650.10	764.11	3 349.03	617.74	650.10
人工单价		小计						764.11	3 349.03	617.74	650.10
43 元/工日		未计价材料费									
清单项目综合单价								5 380.98			
材料费明细	主要材料名称、规格、型号					单位	数量	单价(元)	合价(元)	暂估单价(元)	暂估合价(元)
	钢筋Φ10 以内Ⅰ级					t	0.190	3 250.00	617.50		
	钢筋Φ10 以上Ⅰ级					t	0.830	3 200.00	2 656.00		
	电焊条(综合)					kg	16.00	4.000	64.00		
	其他材料费							—	11.53	—	
	材料费小计							—	3 349.03	—	

3. 合价

(1)泥浆护壁成孔灌注桩工程量清单合价 = 450 × 712.05 = 320 422.50(元)

(2)钢筋笼工程量清单合价 = 25.5 × 5 380.98 = 137 214.99(元)

钢筋混凝土灌注桩工程费用合计 = 320 422.50 + 137 214.99 = 457 637.49(元)

结合表 4-27、表 4-28 内容填表 4-26。

【任务探索】 结合桩基础实际工程案例,分析并编制一般房屋建筑工程中桩基础工程工程量清单与计价表。

【任务练习】

一、单项选择题

1.“13 房屋建筑计量规范”桩基工程清单工程量计算规则中的桩顶标高由(　　)确定。

A. 打桩记录表数据　　B. 桩基础大样图的设计图示尺寸

C. 现场测量的桩顶高度　　D. 竣工结算时

2.“13 房屋建筑计量规范”桩基工程清单工程量计算不能按设计长度计算的是(　　)。

A. 沉管灌注桩　　B. 预制钢筋混凝土方桩

C. 人工挖孔桩　　D. 泥浆护壁成孔灌注桩

3. 灌注桩综合单价分析时,应注意在施工过程中混凝土应浇筑至(　　)。

A. 桩顶设计标高　　B. 超过桩顶设计标高一般 0.5 m 以上

C. 略低于桩顶设计标高　　D. 与承台底面平齐

4. 截(凿)桩头清单项目不适用于(　　)。

A. 灌注混凝土桩　　B. 预制钢筋混凝土桩

C. CFG 桩　　D. 钢板桩

二、多项选择题

1. 根据桩的施工方法不同,桩可分为(　　)。

A. 摩擦桩　　B. 端承桩　　C. 预制桩

D. 灌注桩　　E. 冲孔桩

2. 按"13 房屋建筑计量规范"规定,预制钢筋混凝土桩的计量单位可为(　　)。

A. m　　B. m^2　　C. m^3　　D. 根　　E. t

3. 预制钢筋混凝土方桩 010301001 清单项目的综合单价应包括(　　)等费用。

A. 桩制作　　B. 打桩　　C. 送桩　　D. 接桩　　E. 截桩头

4. 混凝土灌注桩清单项目的综合单价均应包括(　　)等费用。

A. 混凝土桩　　B. 打桩　　C. 空桩　　D. 桩承台　　E. 送桩

5. 下列(　　)灌注桩清单项目的综合单价分析时应考虑施工中混凝土超灌的影响。

A. 泥浆护壁成孔　　B. 沉管　　C. 干作业成孔

D. 人工挖孔　　E. 砂石

三、能力训练

某工程桩基础为柴油打桩机打沉管灌注桩,土壤为一级。设计桩长 12 m,桩顶距自然地面为 2 m,桩径为 500 mm,现场拌制混凝土强度为 C20(碎 20、42.5 级水泥),每根桩钢筋笼(HRB335、Φ12)的设计图示净用钢量为 110 kg,共有 60 根桩。编制此桩基础工程项目清单的计量与计价表。(设计采用成品桩尖,不考虑桩尖、凿截桩费用)

任务四　基础与垫层工程

【任务导航】

问题 1:垫层项目清单编制、工程量计算与综合单价分析。

问题 2:砖基础项目清单编制、工程量计算与综合单价分析。

问题 3:混凝土基础项目清单编制、工程量计算与综合单价分析。

问题 4:通过案例分析,编制砖基础、混凝土基础工程工程量清单,进行综合单价分析和费用计算。

【任务解析】

按照"13 房屋建筑计量规范"规定,结合房屋建筑工程实际情况,本节学习任务主要包括垫层、砖基础、混凝土基础等内容的计量与计价。

一、垫层

(一)清单项目编制与工程量计算

1. 清单项目划分及工程量计算规则

垫层工程量清单项目设置、项目特征描述的内容、计量单位及工程量计算规则,应按"13 房屋建筑计量规范"中表 D.4、E.1 的规定执行,如表 4-29、表 4-30 所示。

表 4-29　垫层(编码:010404)

项目编码	项目名称	项目特征	计量单位	工程量计算规则	工程内容
010404001	垫层	垫层材料种类、配合比、厚度	m^3	按设计图示尺寸以 m^3 计算	1. 垫层材料的拌制 2. 垫层铺设 3. 材料运输

表 4-30　现浇混凝土基础(编码:010501)

项目编码	项目名称	项目特征	计量单位	工程量计算规则	工程内容
010501001	垫层	1. 混凝土种类 2. 混凝土强度等级	m^3	按设计图示尺寸以体积计算	1. 模板及支撑制作、安装、拆除、堆放、运输及清理模内杂物、刷隔离剂等 2. 混凝土制作、运输、浇筑、振捣、养护

【注意事项】

(1)房屋建筑工程中垫层项目非混凝土垫层按 010404001 列项。

(2)房屋建筑工程中垫层项目混凝土垫层按 010501001 列项。

2. 清单工程量计算

$$V_{基础垫层} = 设计垫层底面积 \times 垫层厚度 \tag{4-26}$$

$$V_{楼地面垫层} = 主墙间净面积 \times 设计垫层厚度 \tag{4-27}$$

注:楼地面垫层面积应扣除凸出地面构筑物、设备基础、室内铁道、地沟等所占面积,不扣除间壁墙(厚度≤120 mm)及≤0.3 m^2 柱、垛、附墙烟囱及孔洞所占面积。

(二)综合单价分析

(1)根据项目清单,结合计价定额规定确定综合单价。

(2)若混凝土垫层模板并入垫层清单项目中,则综合单价应包含模板费用单价。

二、砖基础

(一)清单项目编制与工程量计算

1. 清单项目划分及工程量计算规则

砖基础工程量清单项目设置、项目特征描述的内容、计量单位及工程量计算规则,应按“13房屋建筑计量规范”中表D.1的规定执行,见表4-31。

表4-31 砖砌体(编码:010401)

项目编码	项目名称	项目特征	计量单位	工程量计算规则	工程内容
010401001	砖基础	1. 砖品种、规格、强度等级 2. 基础类型 3. 砂浆强度等级 4. 防潮层材料种类	m^3	按设计图示尺寸以体积计算 包括附墙垛基础宽出部分体积,扣除地梁(圈梁)、构造柱所占体积,不扣除基础大放脚T形接头处的重叠部分及嵌入基础内的钢筋、铁件、管道、基础砂浆防潮层和单个面积≤0.3 m^2 的孔洞所占体积,靠墙暖气沟的挑檐不增加 基础长度:外墙按外墙中心线,内墙按内墙净长线计算	1. 砂浆制作、运输 2. 砌砖 3. 防潮层铺设 4. 材料运输

【注意事项】

(1)“砖基础”项目适用于各种类型砖基础,如柱基础、墙基础、管道基础等。

(2)基础与墙(柱)身使用同一种材料时,以设计室内地面为界(有地下室者,以地下室室内设计地面为界),以下为基础,以上为墙(柱)身。基础与墙身使用不同材料,位于设计室内地面高度≤±300 mm时,以不同材料为分界线,高度>±300 mm时,以设计室内地面为分界线。

(3)砖围墙以设计室外地坪为界,以下为基础,以上为墙身。

(4)砖基础一般包括基础墙和大放脚(等高式、不等高式)两部分。

2. 清单工程量计算

$$V_{墙基础} = 基础墙体积 + 大放脚体积$$
$$= 基础墙长度 \times (基础墙的断面面积 + 大放脚折算断面面积)$$
$$= 基础墙长度 \times 基础墙厚度 \times (基础墙高度 + 大放脚折算高度) \quad (4\text{-}28)$$
$$V_{柱基础} = 基础柱的高度 \times 柱的断面面积 + 柱大放脚折算体积 \quad (4\text{-}29)$$

【注意事项】

(1)基础墙长度:外墙下按基础墙的中心线尺寸长度计算;内墙下按基础墙的净长线尺寸长度计算。

(2)基础墙厚度:标准砖墙计算厚度按“13房屋建筑计量规范”中表D.5“相关问题

及说明”规定厚度取值。

(3)基础墙高度:一般取基础底面至室内地面高度。

(4)大放脚折算断面面积、折算高度:可查表计算。

(5)可能增加体积:附墙垛基础宽出部分体积。

(6)可能扣除体积:嵌入砖基础中的地(圈)梁、构造柱等混凝土构件体积,以及在 0.3 m^2 以上的孔洞所占体积。

(二)综合单价分析

(1)砖基础清单项目综合单价一般应包含砖基础、基础防潮层等费用的单价。

(2)根据项目清单,结合计价定额规定确定综合单价。

三、现浇混凝土基础

(一)清单项目编制与工程量计算

1. 清单项目划分及工程量计算规则

现浇混凝土基础工程量清单项目设置、项目特征描述的内容、计量单位及工程量计算规则,应按“13 房屋建筑计量规范”中表 E. 1 的规定执行,见表 4-32。

表 4-32 现浇混凝土基础(编码:010501)

项目编码	项目名称	项目特征	计量单位	工程量计算规则	工程内容
010501002	带型基础	1. 混凝土种类 2. 混凝土强度等级	m^3	按设计图示尺寸以体积计算	1. 模板及支撑制作、安装、拆除、堆放、运输及清理模内杂物、刷隔离剂等 2. 混凝土制作、运输、浇筑、振捣、养护
010501003	独立基础				
010501004	满堂基础				
010501006	设备基础				

【注意事项】

(1)在实际工程中,有肋带形基础(注明肋高)、无肋带形基础应分别列项。

(2)箱型基础一般按其组成构件(满堂基础、柱、墙、梁、板等)分别列项。

(3)框架式设备基础一般按其组成构件(满堂基础、柱、墙、梁、板等)分别列项。

(4)混凝土基础模板可单列措施项目,也可并入相应基础清单项目中。

(5)钢筋混凝土基础中的钢筋、铁件按“13 房屋建筑计量规范”E. 15、E. 16 中相关项目列项。

(6)工程量计算时,不扣除基础中钢筋、铁件等所占体积,但应扣除劲性骨架的型钢所占体积。

2. 清单工程量计算

1)带型基础

$$V = \text{设计图示尺寸体积} = \text{基础长度} \times \text{断面积} + V_{\text{T型接头体积}} \tag{4-30}$$

注:(1)基础长度:外墙下按基础中心线长度,内墙下按基础净长线长度。

(2) T 形接头（见图 4-7），其体积计算如下：

接头体积：$V_T = L_T \times b \times H + [L_T/6 \times (B + 2b) \times h_1]$　　(4-31)

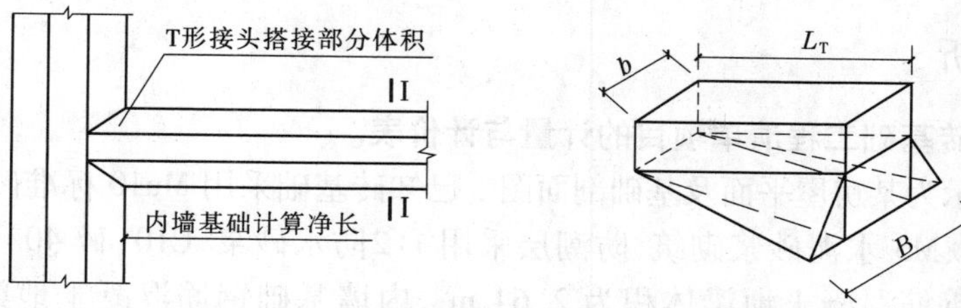

图 4-7　混凝土带型基础 T 形接头示意图

2) 独立基础

$$V = 设计图示尺寸体积 \tag{4-32}$$

注：工程中独立基础一般为阶梯状或阶坡状。若为阶坡状（见图 4-8），其体积计算如下：

$$V = a \times b \times h + h_1/6 \times [a_1 \times b_1 + a \times b + (a_1 + a) \times (b_1 + b)] \tag{4-33}$$

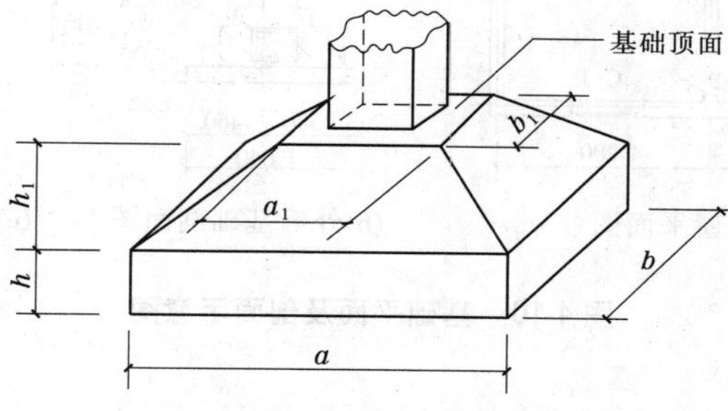

图 4-8　混凝土独立基础示意图

3) 满堂基础

$$V = 设计图示尺寸体积 \tag{4-34}$$

注：工程中满堂基础一般分为有梁式、无梁式（见图 4-9）。其体积计算如下：

有梁式：V = 梁、底板的体积和

无梁式：V = 底板、柱墩、边肋的体积和

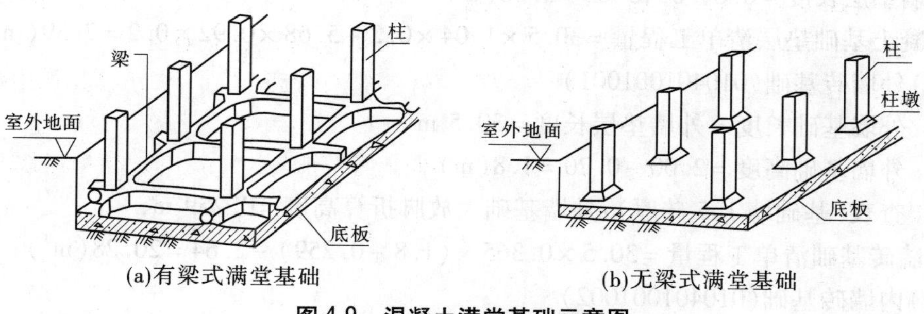

图 4-9　混凝土满堂基础示意图

(二) 综合单价分析

(1) 根据项目清单特征内容，结合计价定额规定确定综合单价。综合单价应包括混

凝土的制作、运输、浇筑、振捣成型及养护的费用。

(2)若混凝土基础模板并入基础清单项目,则综合单价应包含模板费用单价。

四、案例分析

案例1:编制砖基础工程清单项目的计量与计价表。

如图4-10所示为某房屋平面及基础剖面图。已知砖基础采用Mu10标准砖(240 mm×115 mm×53 mm)、M5水泥砂浆砌筑,防潮层采用1:2防水砂浆,C10(碎40)混凝土垫层200厚;外墙基础钢筋混凝土地梁体积为2.64 m^3,内墙基础钢筋混凝土地梁体积0.37 m^3。试计算此砖基础工程的分部分项工程费用。(不考虑土方、混凝土加工及模板费用)

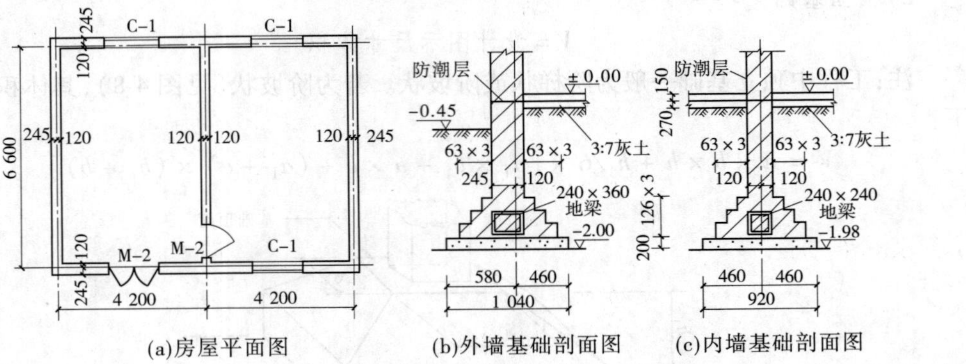

图4-10 基础平面及剖面示意图

解:

按"13房屋建筑计量规范"的有关规定,案例中砖基础工程可列为"混凝土基础垫层、外墙砖基础、内墙砖基础"三个清单项目。

1.清单工程量计算

(1)混凝土基础垫层(010501001001)

外墙垫层长度=(8.4+0.245×2−0.365+6.6+0.245×2−0.365)×2=30.5(m)

内墙垫层长度=6.6−0.46×2=5.68(m)

混凝土基础垫层清单工程量=30.5×1.04×0.2+5.68×0.92×0.2=7.39(m^3)

(2)外墙砖基础(010401001001)

外墙基础长度=外墙垫层长度=30.5 m

外墙基础高度=2.00−0.20=1.8(m)

查表(基础墙1.5砖厚):外墙基础大放脚折算高度=0.259 m

外墙砖基础清单工程量=30.5×0.365×(1.8+0.259)−2.64=20.28(m^3)

(3)内墙砖基础(010401001002)

内墙基础长度=6.6−0.24=6.36(m)

内墙基础高度=1.98−0.20=1.78(m)

查表(基础墙1砖厚):内墙基础大放脚折算高度=0.394 m

内墙砖基础清单工程量 $=6.36\times0.24\times(1.78+0.394)-0.37=2.95(m^3)$

具体内容见表4-33。

表4-33 分部分项工程和单价措施清单与计价表

序号	项目编码	项目名称	项目特征描述	计量单位	工程量	金额(元) 综合单价	合价	其中 暂估价
			D 砌筑工程					
1	010401001001	外墙砖基础	Mu10 标准砖(240 mm×115 mm×53 mm) 条形砖基础,基础墙厚度 370 mm; M5 水泥砂浆砌筑; 1:2防水砂浆防潮层	m^3	20.28	257.56	5 223.32	
2	010401001002	内墙砖基础	Mu10 标准砖(240×115×53) 条形砖基础,基础墙厚度 240 mm; M5 水泥砂浆砌筑; 1:2防水砂浆防潮层	m^3	2.95	257.24	758.86	
			分部小计				5 982.18	
			E 混凝土与钢筋工程					
3	010501001001	混凝土基础垫层	一般现浇混凝土; 混凝土强度:C10(碎40)	m^3	7.39	248.82	1 838.78	
			分部小计				1 838.78	
			合　计				7 820.96	

2. 综合单价计算

结合工程量清单,参照某省《计价定额》规定:

(1)混凝土基础垫层综合单价参考:混凝土基础垫层(A4-13):

定额混凝土基础垫层工程量 = 清单工程量 $=7.39\ m^3$

综合单价分析与计算见表4-34。

(2)外墙砖基础综合单价包括:砖基础、基础防潮层。

砖基础(A3-1):定额外墙砖基础体积 = 清单工程量 $=20.28\ m^3$

基础防潮层(A3-4):定额基础防潮层工程量 = 基础长度 × 基础墙厚度

$=30.5\times0.365=11.13(m^2)$

基础防潮层工程量调整系数 $=11.13/20.28=0.549$

综合单价分析与计算见表4-35。

表4-34　综合单价分析表(一)

项目编码	010501001001			项目名称	混凝土基础垫层		计量单位	m^3		工程量	7.39
清单综合单价组成明细											
定额编号	定额名称	定额单位	数量	单价				合价			
				人工费	材料费	机械费	管理费和利润	人工费	材料费	机械费	管理费和利润
A4－13	混凝土基础垫层	10 m^3	0.1	516.43	1 603.12	8.38	360.30	51.64	160.31	0.84	36.03
人工单价		小　计						51.64	160.31	0.84	36.03
43元/工日		未计价材料费									
清单项目综合单价								248.82			
材料费明细	主要材料名称、规格、型号				单位	数量		单价(元)	合价(元)	暂估单价(元)	暂估合价(元)
	其他材料费							—		—	
	材料费小计							—		—	

表4-35　综合单价分析表(二)

项目编码	010401001001			项目名称	外墙砖基础		计量单位	m^3		工程量	20.28
清单综合单价组成明细											
定额编号	定额名称	定额单位	数量	单价				合价			
				人工费	材料费	机械费	管理费和利润	人工费	材料费	机械费	管理费和利润
A3－1	砖基础	10 m^3	0.1	502.67	1 811.79	19.78	182.55	50.27	181.18	1.98	18.26
A3－4	墙基防潮层	100 m^2	0.005 5	353.03	566.99	17.31	129.05	1.94	3.12	0.10	0.71
人工单价		小　计						52.21	184.30	2.08	18.97
43元/工日		未计价材料费									
清单项目综合单价								257.56			
材料费明细	主要材料名称、规格、型号				单位	数量		单价(元)	合价(元)	暂估单价(元)	暂估合价(元)
	其他材料费							—		—	
	材料费小计							—		—	

(3)内墙砖基础综合单价包括:砖基础、基础防潮层。

砖基础(A3－1):定额内墙砖基础体积＝清单工程量＝2.95 m^3

基础防潮层(A3－4):定额基础防潮层工程量＝6.36×0.24＝1.53(m^2)

基础防潮层工程量调整系数＝1.53/2.95＝0.519

综合单价分析与计算见表4-36。

表4-36 综合单价分析表(三)

项目编码	010401001002	项目名称	内墙砖基础	计量单位	m^3	工程量	2.95

清单综合单价组成明细

定额编号	定额名称	定额单位	数量	单价				合价			
				人工费	材料费	机械费	管理费和利润	人工费	材料费	机械费	管理费和利润
A3－1	砖基础	10 m^3	0.1	502.67	1 811.79	19.78	182.55	50.27	181.18	1.98	18.26
A3－4	墙基防潮层	100 m^2	0.005 2	353.03	566.99	17.31	129.05	1.84	2.95	0.09	0.67
人工单价		小计						52.11	184.13	2.07	18.93
43元/工日		未计价材料费									
清单项目综合单价								257.24			

材料费明细	主要材料名称、规格、型号	单位	数量	单价(元)	合价(元)	暂估单价(元)	暂估合价(元)
	其他材料费					—	
	材料费小计			—		—	

3. 合价

结合表4-34、表4-35、表4-36内容填表4-33中的综合单价,计算合价。

案例2:编制混凝土基础工程清单项目的计量与计价表。

如图4-11所示为某房屋平面及基础剖面图。已知混凝土基础采用现场搅拌C15(碎石40)混凝土浇筑。(不考虑模板费用)

解:

按"13房屋建筑计量规范"的有关规定,案例中混凝土基础工程可列为"带型混凝土基础(010501002001)"清单项目。

1. 清单工程量计算

$$V=\text{基础长度}\times\text{断面面积}+\text{T型接头体积} \tag{4-35}$$

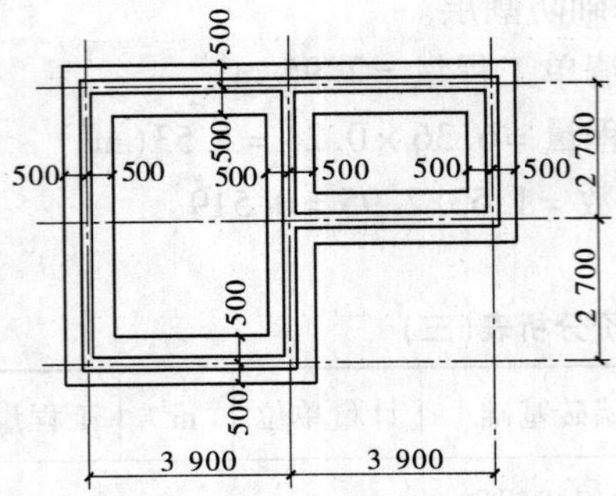

(a)基础平面图

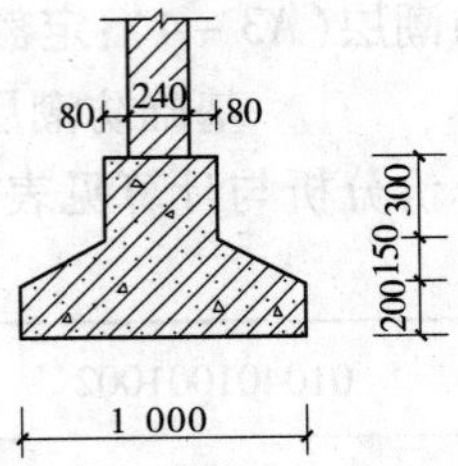

(b)基础剖面图

图 4-11　基础平面及剖面示意图

(1)混凝土基础长度 $=(7.8+5.4)\times 2+(2.7-1)=28.1$(m)

(2)基础断面面积 $=0.4\times 0.3+(0.4+1)\times 0.15/2+1\times 0.2=0.425$($m^2$)

(3)内外墙 T 型接头(两个):

$V_{T接头体积}=[0.3\times 0.4\times 0.3+(0.3/6)\times(1+2\times 0.4)\times 0.15]\times 2=0.099$($m^3$)

带型基础清单工程量 $=28.1\times 0.425+0.099=12.04$($m^3$)

具体内容见表 4-37。

表 4-37　分部分项工程和单价措施清单与计价表

序号	项目编码	项目名称	项目特征描述	计量单位	工程量	金额(元)		
						综合单价	合价	其中:暂估价
		E 混凝土及钢筋混凝土工程						
1	010501002001	带型基础	现场搅拌清水混凝土; 强度:现浇 C15(碎 40)混凝土	m^3	12.04	277.38	3 339.66	

2. 综合单价计算

结合工程量清单,参照某省的《计价定额》规定:

带型基础综合单价包括:混凝土带型基础(有梁式)、混凝土现场搅拌加工

混凝土带型基础(有梁式)(A4－2):定额混凝土基础工程量 = 清单工程量

混凝土现场搅拌加工(A4－197):混凝土体积 $=12.04\times 1.015=12.22$(m^3)

混凝土加工工程量调整系数 $=12.22/12.04=1.015$

综合单价分析与计算见表 4-38。

3. 合价

结合表 4-38 内容填表 4-37 中的综合单价,计算合价。

【任务探索】　结合实际基础工程案例,分析并编制一般房屋建筑工程中砖基础或混凝土基础工程工程量清单与计价表。

表 4-38 综合单价分析表

项目编码		010501002001		项目名称		带型基础	计量单位		m^3	工程量	12.04
清单综合单价组成明细											
定额编号	定额名称	定额单位	数量	单价				合价			
				人工费	材料费	机械费	管理费和利润	人工费	材料费	机械费	管理费和利润
A4－2	有梁式带型基础	10 m^3	0.1	371.09	1 696.03	8.27	241.64	37.11	169.60	0.83	24.16
A4－197	现场搅拌混凝土加工费	10 m^3	0.101 5	131.15	0	183.03	135.9	13.31	0	18.58	13.79
人工单价		小　计						50.42	169.60	19.41	37.95
43 元/工日		未计价材料费									
清单项目综合单价								277.38			
材料费明细	主要材料名称、规格、型号				单位	数量		单价（元）	合价（元）	暂估单价（元）	暂估合价（元）
	其他材料费							—		—	
	材料费小计							—		—	

【任务练习】

一、单项选择题

1. 地面垫层按室内主墙间净面积乘以设计厚度以 m^3 计算，应扣除(　　)的面积。

A. 柱、垛　　B. 凸出地面的设备基础、地沟等

C. 间壁墙　　D. 附墙烟囱

2. 砖基础与墙体使用不同材料时，工程量计算规则规定以不同材料为界分别计算基础和墙体工程量，范围是(　　)。

A. 室内地坪正负 300 mm 以内　　B. 室内地坪正负 300 mm 以外

C. 室外地坪正负 300 mm 以内　　D. 室外地坪正负 300 mm 以外

3. 砖基础大放脚每层挑出的宽度应为(　　)mm。

A. 50　　B. 80　　C. 60　　D. 100

4. 砖基础与钢筋混凝土柱基相连接时，砖基础算至(　　)。

A. 柱基础边　　B. 柱边　　C. 柱子中心线　　D. 以上都不对

5. 某独立柱混凝土基础，基础部分体积 6.0 m^3，基础下混凝土垫层体积 0.45 m^3，则该独立基础清单工程量是(　　)m^3。

A. 0.45　　B. 5.55　　C. 6.00　　D. 6.45

二、多项选择题

1. 砖基础清单工程量按设计图示尺寸以体积计算，不扣除(　　)所占体积。

A. 靠墙暖气沟的挑檐　　B. 单个面积 0.3 m^2 以上的孔洞所占体积

C. 附墙垛基础宽出部分体积　　D. 嵌入基础内的钢筋所占体积

E. 基础大放脚 T 形接头处的重叠部分

2. 按规范规定，砖基础清单工程量计算规则中关于基础长度计算，以下内容（　　）是正确的。

A. 外墙基础按中心线　　B. 外墙基础按外边线

C. 内墙基础按基础净长线　　D. 内墙基础按基础墙净长线

E. 外墙、内墙基础都按基础中心线

3. 按规范规定，混凝土带型基础清单工程量计算规则中关于基础长度计算，以下内容（　　）是正确的。

A. 外墙基础按中心线　　B. 外墙基础按外边线

C. 内墙基础按基础净长线　　D. 内墙基础按基础墙（梁）净长线

E. 外墙、内墙基础都按基础中心线

4. 按规范规定，混凝土基础清单项目综合单价应包括（　　）等费用。

A. 混凝土的制备　　B. 混凝土的浇筑、养护　　C. 基础中钢筋

D. 基础模板　　E. 混凝土垫层

三、能力训练

编制如图 4-12 所示独立混凝土基础工程项目清单的计量与计价表。已知混凝土基础采用现场拌制 C15（碎石 40、42.5 级水泥）浇筑，模板项目并入混凝土基础中。

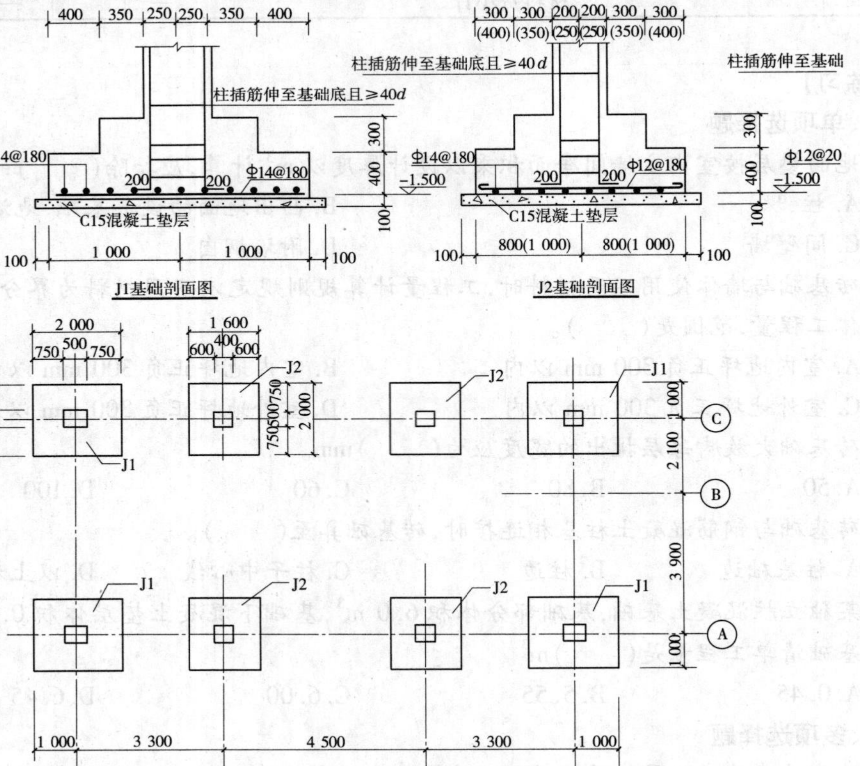

图 4-12　基础平面及剖面示意图

任务五　砌筑工程

【任务导航】

问题1:砖墙项目清单编制、工程量计算与综合单价分析。

问题2:砌块墙项目清单编制、工程量计算与综合单价分析。

问题3:通过案例分析,编制砖墙体工程工程量清单,进行综合单价分析与费用计算。

【任务解析】

按照"13 房屋建筑计量规范"规定,结合房屋建筑工程实际情况,本节学习任务主要包括砖墙及其他砖砌体、砌块墙等内容的计量与计价。

一、砖墙及其他砖砌体

(一)清单项目编制与工程量计算

1. 清单项目划分及工程量计算规则

砖砌体工程量清单项目设置、项目特征描述的内容、计量单位及工程量计算规则,应按"13 房屋建筑计量规范"中表 D.1 的规定执行,见表 4-39。

表 4-39　砖砌体(编码:010401)

项目编码	项目名称	项目特征	计量单位	工程量计算规则	工程内容
010401003	实心砖墙	1. 砖品种、规格、强度等级 2. 墙体类型 3. 砂浆强度等级、配合比	m^3	按设计图示尺寸以体积计算 扣除门窗、洞口、嵌入墙内的钢筋混凝土柱、梁、圈梁、挑梁、过梁及凹进墙内的壁龛、管槽、暖气槽、消火栓箱所占体积。不扣除梁头、板头、檩头、垫木、木楞头、沿缘木、木砖、门窗走头、砖墙内加固钢筋、木筋、铁件、钢管及单个面积≤0.3 m^2 的孔洞所占的体积。凸出墙面的腰线、挑檐、压顶、窗台线、虎头砖、门窗套的体积亦不增加。凸出墙面的砖垛并入墙体体积内计算 1. 墙长度:外墙按中心线,内墙按净长计算 2. 墙高度: (1)外墙:斜(坡)屋面无檐口天棚者算至屋面板底;有屋架且室内外均有天棚者算至屋架下弦底另加 200 mm;无天棚者算至屋架下弦底另加 300 mm,出檐宽度超过 600 mm 时按实砌高度计算;与钢筋混凝土楼板隔层者算至板顶。平屋面算至钢筋混凝土板底 (2)内墙:位于屋架下弦者,算至屋架下弦底;无屋架者算至天棚底另加 100 mm;有钢筋混凝土楼板隔层者算至楼板顶;有框架梁时算至梁底 (3)女儿墙:从屋面板上表面算至女儿墙顶面(如有混凝土压顶时算至压顶下表面) (4)内、外山墙:按其平均高度计算 3. 框架间墙:不分内外墙按墙体净尺寸以体积计算 4. 围墙:高度算至压顶上表面(如有混凝土压顶时算至压顶下表面),围墙柱并入围墙体积内	1. 砂浆制作、运输 2. 砌砖 3. 刮缝 4. 砖压顶砌筑 5. 材料运输
010401004	多孔砖墙				
010401005	空心砖墙				

续表 4-39

项目编码	项目名称	项目特征	计量单位	工程量计算规则	工程内容
010401006	空斗墙	1. 砖品种、规格、强度等级 2. 墙体类型 3. 砂浆强度等级、配合比	m^3	按设计图示尺寸以空斗墙外形体积计算。墙角、内外墙交接处、门窗洞口立边、窗台砖、屋檐处的实砌部分体积并入空斗墙体积内	1. 砂浆制作、运输 2. 砌砖 3. 装填充料 4. 刮缝 5. 材料运输
010401007	空花墙			按设计图示尺寸以空花部分外形体积计算，不扣除空洞部分体积	
010401008	填充墙	1. 砖品种、规格、强度等级 2. 墙体类型 3. 填充材料种类及厚度 4. 砂浆强度等级、配合比		按设计图示尺寸以填充墙外形体积计算	
010401009	实心砖柱	1. 砖品种、规格、强度等级 2. 柱类型 3. 砂浆强度等级、配合比		按设计图示尺寸以体积计算。扣除混凝土及钢筋混凝土梁垫、梁头、板头所占体积	1. 砂浆制作、运输 2. 砌砖 3. 刮缝 4. 材料运输
010401010	多孔砖柱				
010401012	零星砌砖	1. 零星砌砖名称、部位 2. 砖品种、规格、强度等级 3. 砂浆强度等级、配合比	1. m^3 2. m^2 3. m 4. 个	1. 以 m^3 计量，按设计图示尺寸截面面积乘以长度计算 2. 以 m^2 计量，按设计图示尺寸水平投影面积计算 3. 以 m 计量，按设计图示尺寸长度计算 4. 以个计量，按设计图示数量计算	1. 砂浆制作、运输 2. 砌砖 3. 刮缝 4. 材料运输
010401013	砖散水、地坪	1. 砖品种、规格、强度等级 2. 垫层材料种类、厚度 3. 散水、地坪厚度 4. 面层种类、厚度 5. 砂浆强度等级	m^2	按设计图示尺寸以面积计算	1. 土方挖、运、填 2. 地基找平、夯实 3. 铺设垫层 4. 砖砌散水、地坪 5. 抹砂浆面层
010401014	砖地沟、明沟	1. 砖品种、规格、强度等级 2. 沟截面尺寸 3. 垫层材料种类、厚度 4. 混凝土强度等级 5. 砂浆强度等级	m	按设计图示以中心线长度计算	1. 土方挖、运、填 2. 铺设垫层 3. 底板混凝土制作、运输、浇筑、振捣、养护 4. 砌砖 5. 刮缝、抹灰 6. 材料运输

【注意事项】

(1)附墙烟囱、通风道、垃圾道应按设计图示尺寸以体积(扣除孔洞所占体积)计算并入所依附的墙体体积内。

(2)空斗墙的窗间墙、窗台下、楼板下、梁头下等的实砌部分,按零星砌砖项目编码列项。

(3)“空花墙”项目适用于各种类型的空花墙,使用混凝土花格砌筑的空花墙,实砌墙体与混凝土花格应分别计算,混凝土花格按混凝土及钢筋混凝土中预制构件相关项目编码列项。

(4)框架外表面的镶贴砖部分,按零星项目编码列项。

(5)台阶、台阶挡墙、梯带、锅台、炉灶、蹲台、池槽、池槽腿、砖胎模、花台、花池、楼梯栏板、阳台栏板、地垄墙、≤0.3 m^2 的孔洞填塞等,应按零星砌砖项目编码列项。砖砌锅台与炉灶可按外形尺寸以个计算,砖砌台阶可按水平投影面积以 m^2 计算,小便槽、地垄墙可按长度计算,其他工程以 m^3 计算。

(6)砖砌体内钢筋加固,应按“13 房屋建筑计量规范”附录 E 中相关项目编码列项。

(7)砖砌体勾缝按“13 房屋建筑计量规范”附录 M 中相关项目编码列项。

2. 清单工程量计算

1)实心砖、多孔砖、空心砖墙

$$V = \text{墙长} \times \text{墙高} \times \text{墙厚} - \text{应扣除体积} + \text{应增加体积} \tag{4-36}$$

注:(1)应扣除体积:门窗洞口、过人洞,嵌入墙体的混凝土构件(不扣梁头、板头)及壁龛、管槽、暖气槽、消火栓箱等,以及洞口面积 >0.3 m^2 的洞体积。

(2)应增加体积:凸出墙面的附砖垛。

(3)墙长:外墙按墙中心线长度,内墙按墙净长线长度;

框架间墙长取柱间净长。

(4)墙高:

①外墙墙高:

平屋面:至钢筋混凝土屋面板底。

坡屋面:无檐口、无天棚:至屋面板底;

有屋架、有天棚:至屋架底 +200 mm;

有屋架、无天棚:至屋架底 +300 mm。

②内墙墙高:

有混凝土楼板:至板顶;

屋架下:至屋架底;

无屋架:至天棚底 +100 mm。

③框架间墙高:至钢筋混凝土梁底。

④女儿墙高:从屋面板顶至墙顶(混凝土压顶下表面)。

(5)墙厚:标准砖墙厚度按“13 房屋建筑计量规范”中表 D.5.2“标准墙计算厚度表”规定厚度取值(见表 4-40)。

表 4-40 标准砖墙计算厚度

砖数（厚度）	1/4	1/2	3/4	1	$1\frac{1}{2}$	2	$2\frac{1}{2}$	3
计算厚度（mm）	53	115	180	240	365	490	615	740

2）空斗墙、空花墙、填充墙

$$V=\text{设计图示尺寸外形体积} \tag{4-37}$$

注意事项同实心砖墙。

（二）综合单价分析

（1）砖墙体清单项目综合单价一般可能包含砖墙、砖过梁或钢筋砖过梁等费用的单价。

（2）根据项目清单，结合计价定额规定确定综合单价。

二、砌块墙

（一）清单项目编制与工程量计算

1. 清单项目划分及工程量计算规则

砌块砌体工程量清单项目设置、项目特征描述的内容、计量单位及工程量计算规则，应按“13 房屋建筑计量规范”中表 D. 2 的规定执行。

2. 清单工程量计算

$$V=\text{墙长}\times\text{墙高}\times\text{墙厚}-\text{应扣除体积}+\text{应增加体积} \tag{4-38}$$

注意事项同实心砖墙。

（二）综合单价分析

（1）砌块墙清单项目综合单价一般可能包含砌块墙、砖过梁或钢筋砖过梁等费用的单价。

（2）根据项目清单，结合计价定额规定确定综合单价。

三、案例分析

【案例 1】 编制砖墙体清单项目的计量与计价表。

如图 4-13 所示某房屋平面图，已知混水墙体计算高度 3 m，采用 Mu10 标准砖（240 mm × 115 mm × 53 mm）、M5 混合砂浆砌筑。墙体内构件即门窗洞口尺寸见表 4-41，试计算此砖墙体的分部分项工程费用。

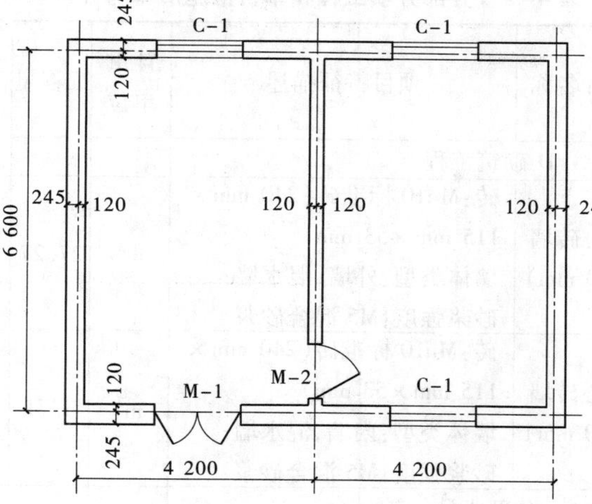

图 4-13 某房屋平面示意图

表 4-41 门窗洞口尺寸

门窗	洞口尺寸(长×宽)	混凝土构件名称		构件体积(m^3)
M-1	1 200×2 100	过梁	外墙	0.51
M-2	1 000×2 100		内墙	0.06
C-1	1 500×1 500	圈梁	外墙	2.23
			内墙	0.31

解:按"13 房屋建筑计量规范"的有关规定,案例中砖墙工程可列为"实心砖墙(370厚)、实心砖墙(240厚)"两个清单项目。

1. 清单工程量计算

(1)实心砖墙(370厚)(010401003001)。

外墙长度 $=(8.4+0.245\times2-0.365+6.6+0.245\times2-0.365)\times2=30.5(\text{m})$

外墙工程量 = 墙长×墙高×墙厚 − 门窗洞口体积 − 墙中混凝土构件体积

$=30.5\times3\times0.365-(1.2\times2.1+1.5\times1.5\times3)\times0.365-0.51-2.23$

$=27.27(\text{m}^3)$

(2)实心砖墙(240厚)(010401003002)。

内墙长度 $=6.6-0.24=6.36(\text{m})$

内墙工程量 = 墙长×墙高×墙厚 − 门窗洞口体积 − 墙中混凝土构件体积

$=6.36\times3\times0.24-1\times2.1\times0.24-0.06-0.31=3.71(\text{m}^3)$

具体内容见表 4-42。

表 4-42　分部分项工程和单价措施清单与计价表

序号	项目编码	项目名称	项目特征描述	计量单位	工程量	金额(元)		
						综合单价	合价	其中暂估价
	D 砌筑工程							
1	010401003001	实心砖墙(370 mm)	砖:Mu10 标准砖(240 mm×115 mm×53 mm) 墙体类型:外墙,混水墙; 砂浆强度:M5 混合砂浆	m^3	27.27	259.30	7 071.11	
2	010401003002	实心砖墙(240 mm)	砖:Mu10 标准砖(240 mm×115 mm×53 mm) 墙体类型:内墙,混水墙; 砂浆强度:M5 混合砂浆	m^3	3.71	260.97	968.20	
	分部小计						8 039.31	
	合　计							

2. 综合单价计算

结合工程量清单,参照某省《计价定额》规定:

(1)370 厚实心砖墙综合单价参考:1 砖以上砖墙(A3－5H),但材料费应换算;定额(A3－5H)中砌筑砂浆为 M2.5 混合砂浆,工程中采用 M5 混合砂浆。

换算后材料费＝1 829.82＋2.48×(153.39－147.89)＝1 843.46(元/10 m^3)

定额砖墙工程量＝清单工程量＝27.27 m^3

综合单价分析与计算见表 4-43。

表 4-43　综合单价分析表(一)

项目编码	010404003001			项目名称	实心砖墙(370 mm)	计量单位	m^3	工程量	27.27
清单综合单价组成明细										

定额编号	定额名称	定额单位	数量	单价				合价			
				人工费	材料费	机械费	管理费和利润	人工费	材料费	机械费	管理费和利润
A3－5H	1 砖以上砖墙	10 m^3	0.1	572.33	1 843.46	19.16	157.99	57.23	184.35	1.92	15.80
人工单价				小　计				57.23	184.35	1.92	15.80
43 元/工日				未计价材料费							
清单项目综合单价								259.30			

材料费明细	主要材料名称、规格、型号	单位	数量	单价(元)	合价(元)	暂估单价(元)	暂估合价(元)
	其他材料费			—		—	
	材料费小计			—		—	

(2)240 厚实心砖墙综合单价参考:1 砖墙(A3 - 6H),但材料费应换算;定额(A3 - 6H)中砌筑砂浆为 M2.5 混合砂浆,工程中采用 M5 混合砂浆。

换算后材料费 = 1 833.19 + 2.37 × (153.39 - 147.89) = 1 846.23(元/10 m^3)

定额砖墙工程量 = 清单工程量 = 27.27 m^3

综合单价分析与计算见表 4-44。

表 4-44　综合单价分析表(二)

项目编码	010401003002			项目名称	实心砖墙(240 mm)		计量单位		m^3	工程量	3.71
清单综合单价组成明细											
定额编号	定额名称	定额单位	数量	单价				合价			
				人工费	材料费	机械费	管理费和利润	人工费	材料费	机械费	管理费和利润
A3 - 6H	1 砖墙	10 m^3	0.1	583.94	1 846.23	18.55	161.01	58.39	184.62	1.86	16.10
人工单价		小　计						58.39	184.62	1.86	16.10
43 元/工日		未计价材料费									
清单项目综合单价								260.97			
材料费明细	主要材料名称、规格、型号				单位	数量		单价(元)	合价(元)	暂估单价(元)	暂估合价(元)
	其他材料费							—		—	
	材料费小计							—		—	

3. 合价

结合表 4-43、表 4-44 内容填表 4-42 中的综合单价,计算合价。

【任务探索】　结合实际砌筑工程案例,分析并编制一般房屋建筑工程中砖墙体或砌块墙体工程工程量清单与计价表。

【任务练习】

一、单项选择题

1. 实心砖墙按设计图示尺寸以体积计算,扣除(　　)所占体积。

A. 砖墙内加固钢筋　　B. 单个面积 0.3 m^2 以上的孔洞

C. 梁头　　D. 板头

2. 下列关于实心砖墙墙长度计算说法正确的是(　　)。

A. 外墙按外边线,内墙按净长计算

B. 外墙按中心线,内墙按中心线计算

C. 外墙按中心线,内墙按净长计算

D. 外墙按净长线,内墙按中心线计算

3. 计算砌块墙工程量时,应扣除(　　)的体积。

A. 木砖　　B. 混凝土构造柱

C. 砌体内加固钢筋　　D. 嵌入墙内的梁头

4. 砖散水、地坪按设计图示尺寸以(　　)计算。

A. 面积　　B. 体积　　C. 延长米　　D. 长度

二、多项选择题

1. 实心砖墙按设计图示尺寸以体积计算时,(　　)体积亦不增加。

A. 压顶　　B. 凸出墙面的砖垛　　C. 挑檐

D. 窗台线　　E. 虎头砖

2. 砌块墙清单工程量按长度乘以厚度再乘以高度以"立方米"计算,应扣除(　　)。

A. 梁头　　B. 过人洞　　C. 嵌入墙身的钢筋混凝土柱

D. 平砌砖过梁　　E. 钢筋混凝土过梁

3. 零星砌砖清单项目包括(　　)。

A. 厕所蹲位　　B. 台阶挡墙　　C. 花池

D. 台阶　　E. 楼梯栏板

4. 关于外墙砖砌高度计算说法正确的是(　　)。

A. 位于屋架下弦,其高度算至下弦底

B. 坡屋面无檐口天棚的算至屋面板底

C. 有屋架无天棚的算至屋架下弦底

D. 平屋面算至钢筋混凝土板底面

E. 出檐宽度超过600 mm时,按实砌高度计算

5. 根据"13 房屋建筑计量规范"规定,以下建筑工程工程量计算正确的说法是(　　)。

A. 砖围墙如有混凝土压顶时算至压顶上表面

B. 砖基础的垫层通常包括在基础工程量中不另行计算

C. 砖外墙凸出墙面的砖垛应按体积并入墙体内计算

D. 砖地坪通常按设计图示尺寸以面积计算

E. 通风管道、垃圾道通常按图示尺寸以长度计算

三、能力训练

编制项目五中建筑物的墙体工程量清单,结合计价定额进行项目综合单价分析并计价。

任务六　混凝土及钢筋混凝土工程

【任务导航】

问题1:现浇混凝土构件项目清单编制、综合单价分析与费用计算。

问题2:预制混凝土构件项目清单编制、综合单价分析与费用计算。

问题3:钢筋工程项目清单编制、工程量计算方法、综合单价分析与费用计算。

【任务解析】

按照“13 房屋建筑计量规范”规定，结合房屋建筑工程实际情况，本节学习任务主要包括现浇混凝土构件(柱、梁、墙、板、楼梯等)、预制混凝土构件、钢筋等内容的计量与计价。

一、现浇混凝土构件

(一)现浇混凝土柱

1. 清单项目划分及工程量计算规则

现浇混凝土柱工程量清单项目设置、项目特征描述的内容、计量单位及工程量计算规则，应按“13 房屋建筑计量规范”中表 E.2 的规定执行，见表 4-45。

表 4-45　现浇混凝土柱(编码:010502)

项目编码	项目名称	项目特征	计量单位	工程量计算规则	工程内容
010502001	矩形柱	1. 混凝土种类 2. 混凝土强度等级	m^3	按设计图示尺寸以体积计算 柱高: 1. 有梁板的柱高，应自柱基上表面(或楼板上表面)至上一层楼板上表面之间的高度计算 2. 无梁板的柱高，应自柱基上表面(或楼板上表面)至柱帽下表面之间的高度计算 3. 框架柱的柱高，应自柱基上表面至柱顶高度计算 4. 构造柱按全高计算，嵌接墙体部分(马牙槎)并入柱身体积 5. 依附柱上的牛腿和升板的柱帽，并入柱身体积计算	1. 模板及支架(撑)制作、安装、拆除、堆放、运输及清理模内杂物、刷隔离剂等 2. 混凝土制作、运输、浇筑、振捣、养护
010502002	构造柱				
010502003	异形柱	1. 柱形状 2. 混凝土种类 3. 混凝土强度等级			

【注意事项】

(1)L 形柱和变截面矩形柱可执行“矩形柱”清单项目。

(2)柱面有凹凸和竖向线脚，工字、十字、T 形、5 ~ 7 边形柱执行“异形柱”清单项目。

(3)工程量计算时，不扣除基础中钢筋、铁件等所占体积，但应扣除劲性骨架的型钢所占体积。

2. 清单工程量计算

$$V = \text{设计图示尺寸体积} = \text{柱高} \times \text{柱的断面面积} \quad (4\text{-}39)$$

注:(1)柱高:结合设计图示尺寸,按规范规定取值。

构造柱柱高:需分层计算时,自柱基(圈梁)上表面至上层圈梁上表面。位于主次梁间时,取净高。

(2)柱断面面积:按设计图示尺寸计算。

构造柱马牙槎(见图 4-14)并入构造柱体积内。其断面面积计算如下:

$$S = 构造柱依附的墙厚 \times 0.03 \times n(马牙槎个数) \tag{4-40}$$

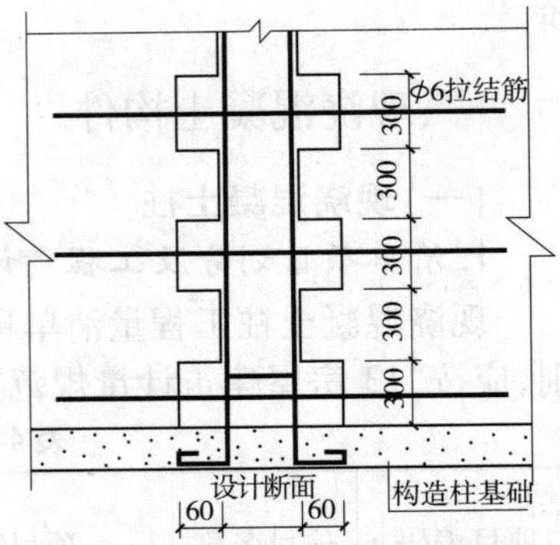

图 4-14　构造柱马牙槎示意图

(单位:mm)

3. 综合单价分析

(1)根据项目清单特征内容,结合计价定额规定确定综合单价。综合单价应包括混凝土的制作、运输、浇筑、振捣成型及养护的费用。

(2)若混凝土柱模板并入柱清单项目中,则综合单价应包含模板费用单价。

(二)现浇混凝土梁

1. 清单项目划分及工程量计算规则

现浇混凝土梁工程量清单项目设置、项目特征描述的内容、计量单位及工程量计算规则,应按“13 房屋建筑计量规范”中表 E.3 的规定执行,见表 4-46。

表 4-46　现浇混凝土梁(编码:010503)

项目编码	项目名称	项目特征	计量单位	工程量计算规则	工程内容
010503001	基础梁	1. 混凝土种类 2. 混凝土强度等级	m^3	按设计图示尺寸以体积计算。不扣除构件内钢筋、预埋铁件所占体积,伸入墙内的梁头、梁垫并入梁体积内 梁长: 1. 梁与柱连接时,梁长算至柱侧面 2. 主梁与次梁连接时,次梁长算至主梁侧面	1. 模板及支架(撑)制作、安装、拆除、堆放、运输及清理模内杂物、刷隔离剂等 2. 混凝土制作、运输、浇筑、振捣、养护
010503002	矩形梁				
010503003	异形梁				
010503004	圈梁				
010503005	过梁				
010503006	弧形、拱形梁				

【注意事项】

(1)截面为 T 字形、十字形、工字形的梁,以及变截面梁可执行“异形梁”清单项目。

(2)工程量计算时,不扣除基础中钢筋、铁件等所占体积,但应扣除劲性骨架的型钢所占体积。

2. 清单工程量计算

$$V = 设计图示尺寸体积 = 梁长 \times 梁的断面面积 \tag{4-41}$$

注:(1)梁长:结合设计图示尺寸,按规范规定取值。

(2)梁断面面积:按设计图示尺寸断面计算。

3. 综合单价分析

(1)根据项目清单特征内容,结合计价定额规定确定综合单价。综合单价应包括混凝土的制作、运输、浇筑、振捣成型及养护的费用。

(2)若将混凝土梁模板并入梁清单项目中,则综合单价应包含模板费用单价。

(三)现浇混凝土墙

1. 清单项目划分及工程量计算规则

现浇混凝土墙工程量清单项目设置、项目特征描述的内容、计量单位及工程量计算规则,应按“13 房屋建筑计量规范”中表 E.4 的规定执行,见表 4-47。

表 4-47　现浇混凝土墙(编码:010504)

项目编码	项目名称	项目特征	计量单位	工程量计算规则	工程内容
010504001	直形墙	1. 混凝土种类 2. 混凝土强度等级	m^3	按设计图示尺寸以体积计算 扣除门窗洞口及单个面积 > 0.3 m^2 的孔洞所占体积 墙垛及突出墙面部分并入墙体体积计算内	1. 模板及支架(撑)制作、安装、拆除、堆放、运输及清理模内杂物、刷隔离剂等 2. 混凝土制作、运输、浇筑、振捣、养护
010504002	弧形墙				
010504003	短肢剪力墙				
010504004	挡土墙				

【注意事项】

(1)短肢剪力墙是指截面厚度≤300 mm、4 < 截面宽度与厚度之比≤8 的混凝土墙。

(2)截面宽度与厚度之比≤4 的混凝土墙执行“柱”清单项目。

2. 清单工程量计算

$$V = 设计图示尺寸体积 = 墙长 \times 墙高 \times 墙厚 - 应扣除体积 + 应增加体积 \quad (4\text{-}42)$$

3. 综合单价分析

(1)根据项目清单特征内容,结合计价定额规定确定综合单价。综合单价应包括混凝土的制作、运输、浇筑、振捣成型及养护的费用。

(2)若将混凝土墙模板并入墙清单项目中,则综合单价应包含模板费用单价。

(四)现浇混凝土板

1. 清单项目划分及工程量计算规则

现浇混凝土板工程量清单项目设置、项目特征描述的内容、计量单位及工程量计算规则,应按“13 房屋建筑计量规范”中表 E.5 的规定执行,见表 4-48。

表 4-48　现浇混凝土板(编码:010505)

项目编码	项目名称	项目特征	计量单位	工程量计算规则	工程内容
010505001	有梁板	1. 混凝土强度种类 2. 混凝土强度等级	m^3	按设计图示尺寸以体积计算。不扣除单个面积≤0.3 m^2 的孔洞所占体积 压型钢板混凝土楼板扣除构件内压型钢板所占体积 有梁板(包括主、次梁与板)按梁、板体积之和计算,无梁板按板和柱帽体积之和计算,各类板伸入墙内的板头并入板体积内,薄壳板的肋、基梁并入薄壳体积内计算	1. 模板及支架(撑)制作、安装、拆除、堆放、运输及清理模内杂物、刷隔离剂等 2. 混凝土制作、运输、浇筑、振捣、养护
010505002	无梁板				
010505003	平板				
010505004	拱板				
010505005	薄壳板				
010505006	栏板				
010505007	天沟(檐沟)、挑檐板			按设计图示尺寸以体积计算	
010505008	雨篷、悬挑板、阳台板			按设计图示尺寸以墙外部分体积计算。包括伸出墙外的牛腿和雨篷反挑檐的体积	
010505009	空心板			按设计图示尺寸以体积计算。空心板(GBF 高强薄壁蜂巢芯板等)应扣除空心部分体积	
010505010	其他板			按设计图示尺寸以体积计算	

【注意事项】

现浇挑檐、天沟板、雨篷、阳台与板(包括屋面板、楼板)连接时,以外墙外边线为分界线;与圈梁(包括其他梁)连接时,以梁外边线为分界线。外边线以外为挑檐、天沟、雨篷或阳台。

2. 清单工程量计算

$$V = \text{设计图示尺寸体积} \tag{4-43}$$

(1)有梁板、薄壳板:V = 梁、板体积之和。

(2)无梁板:V = 板、柱帽体积和(含板头)。

(3)平板、栏板:V = 板的图示体积(含板头、墙内部分体积)。

(4)天沟、挑檐板:V = 伸出墙外部分体积(含反檐)。

(5)雨篷、阳台板:V = 伸出墙外部分体积(含牛腿、反檐)。

(6)空心板:V = 设计图示尺寸体积(扣除空心部分体积)。

有梁板、无梁板、平板示意图见图 4-15;天沟、挑檐板示意图见图 4-16。

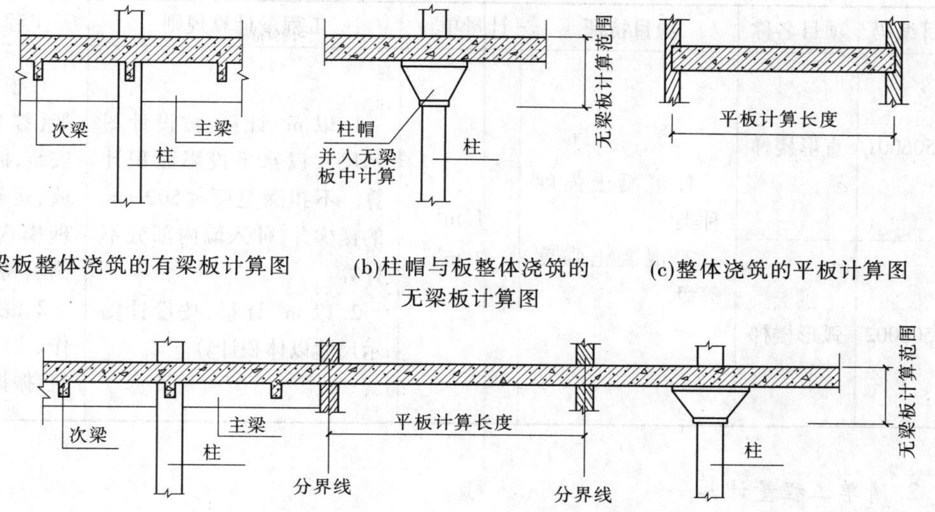

(a)梁板整体浇筑的有梁板计算图　(b)柱帽与板整体浇筑的无梁板计算图　(c)整体浇筑的平板计算图

(d)多种板相连接时以墙体中心线为界示意图

图 4-15　有梁板、无梁板、平板示意图

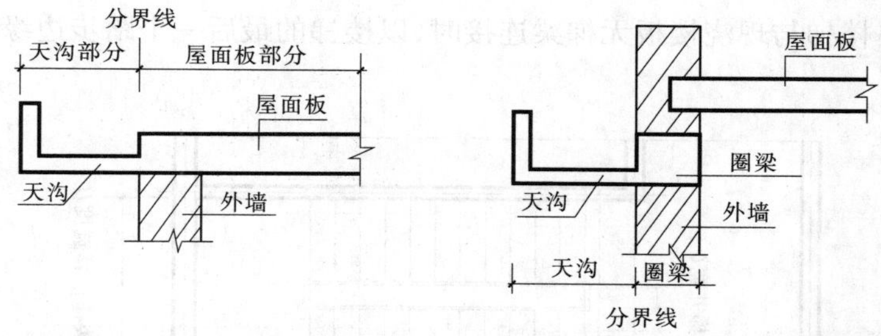

(a)屋面板与天沟相连时的分界线示意图　(b)圈梁与天沟相连时的分界线示意图

图 4-16　天沟、挑檐板示意图

3. 综合单价分析

(1)根据项目清单特征内容,结合计价定额规定确定综合单价。综合单价应包括混凝土的制作、运输、浇筑、振捣成型及养护的费用。

(2)若将混凝土板模板并入板清单项目中,则综合单价应包含模板费用单价。

(五)现浇混凝土楼梯

1. 清单项目划分及工程量计算规则

现浇混凝土楼梯工程量清单项目设置、项目特征描述的内容、计量单位及工程量计算规则,应按“13 房屋建筑计量规范”中表 E. 6 的规定执行,见表 4-49。

表 4-49 现浇混凝土楼梯(编码:010506)

项目编码	项目名称	项目特征	计量单位	工程量计算规则	工程内容
010506001	直形楼梯	1. 混凝土强度种类 2. 混凝土强度等级	1. m^2 2. m^3	1. 以 m^2 计量,按设计图示尺寸以水平投影面积计算。不扣除宽度≤500 mm的楼梯井,伸入墙内部分不计算 2. 以 m^3 计量,按设计图示尺寸以体积计算	1. 模板及支架(撑)制作、安装、拆除、堆放、运输及清理模内杂物、刷隔离剂等 2. 混凝土制作、运输、浇筑、振捣、养护
010506002	弧形楼梯				

2. 清单工程量计算

$$S = \text{设计图示尺寸水平投影面积} \tag{4-44}$$

或

$$V = \text{设计图示尺寸体积} \tag{4-45}$$

注:(1)整体楼梯水平投影面积包括梯板、踏步、休息平台、平台梁、斜梁及楼梯连接梁(注意楼梯与楼层板的分界,见图 4-17)。

(2)当整体楼梯与现浇楼板无梯梁连接时,以楼梯的最后一个踏步边缘加 300 mm 为界。

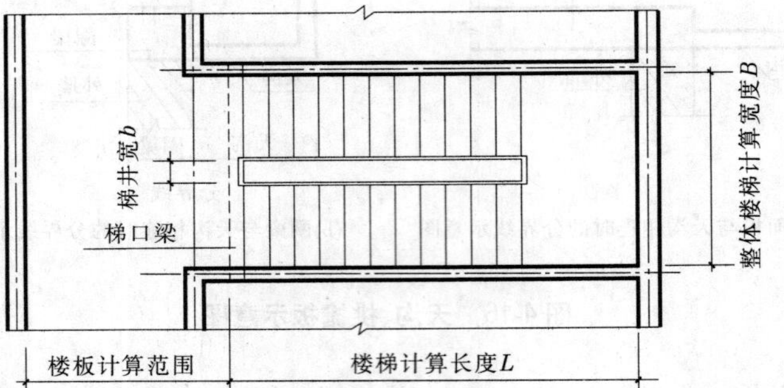

图 4-17 整体楼梯平面示意图

3. 综合单价分析

(1)根据项目清单特征内容,结合计价定额规定确定综合单价。综合单价应包括混凝土的制作、运输、浇筑、振捣成型及养护的费用。

(2)若将混凝土楼梯模板并入楼梯清单项目中,则综合单价应包含模板费用单价。

(六)现浇混凝土其他构件

1. 清单项目划分及工程量计算规则

现浇混凝土其他构件工程量清单项目设置、项目特征描述的内容、计量单位及工程量计算规则,应按“13 房屋建筑计量规范”中表 E.7 的规定执行,见表 4-50。

表 4-50　现浇混凝土其他构件(编码:010507)

项目编码	项目名称	项目特征	计量单位	工程量计算规则	工程内容
010507001	散水、坡道	1. 垫层材料种类、厚度 2. 面层厚度 3. 混凝土种类 4. 混凝土强度等级 5. 变形缝填塞材料种类	m^2	按设计图示尺寸以水平投影面积计算。不扣除单个≤0.3 m^2的孔洞所占面积	1. 地基夯实 2. 铺设垫层 3. 模板及支撑制作、安装、拆除、堆放、运输及清理模内杂物、刷隔离剂等 4. 混凝土制作、运输、浇筑、振捣、养护 5. 变形缝填塞
010507002	室外地坪	1. 地坪厚度 2. 混凝土强度等级			
010507003	电缆沟、地沟	1. 土壤类别 2. 沟截面净空尺寸 3. 垫层材料种类、厚度 4. 混凝土种类 5. 混凝土强度等级 6. 防护材料种类	m	按设计图示以中心线长度计算	1. 挖填、运土石方 2. 铺设垫层 3. 模板及支撑制作、安装、拆除、堆放、运输及清理模内杂物、刷隔离剂等 4. 混凝土制作、运输、浇筑、振捣、养护 5. 刷防护材料
010507004	台阶	1. 踏步高、宽 2. 混凝土种类 3. 混凝土强度等级	1. m^2 2. m^3	1. 以 m^2 计量,按设计图示尺寸水平投影面积计算 2. 以 m^3 计量,按设计图示尺寸以体积计算	1. 模板及支撑制作、安装、拆除、堆放、运输及清理模内杂物、刷隔离剂等 2. 混凝土制作、运输、浇筑、振捣、养护
010507005	扶手、压顶	1. 断面尺寸 2. 混凝土种类 3. 混凝土强度等级	1. m 2. m^3	1. 以 m 计量,按设计图示的中心线延长米计算 2. 以 m^3 计量,按设计图示尺寸以体积计算	1. 模板及支架(撑)制作、安装、拆除、堆放、运输及清理模内杂物、刷隔离剂等 2. 混凝土制作、运输、浇筑、振捣、养护
010507007	其他构件	1. 构件的类型 2. 构件规格 3. 部位 4. 混凝土种类 5. 混凝土强度等级	m^3	按设计图示尺寸以体积计算	

【注意事项】

(1)现浇混凝土小型池槽、垫块、门框等,应按其他构件项目编码列项。

(2)架空式混凝土台阶,按现浇楼梯计算。

2. 清单工程量计算

(1)散水、坡道、地坪。

$$S = \text{设计图示尺寸水平投影面积} \tag{4-46}$$

(2)电缆沟、地沟。

$$L = \text{设计图示尺寸中心线长度} \tag{4-47}$$

(3)台阶。

$$S = \text{设计图示尺寸水平投影面积} \tag{4-48}$$

或

$$V = \text{设计图示尺寸体积} \tag{4-49}$$

注:台阶与平台相连时,可向平台方向外延 300 mm(见图 4-18)。

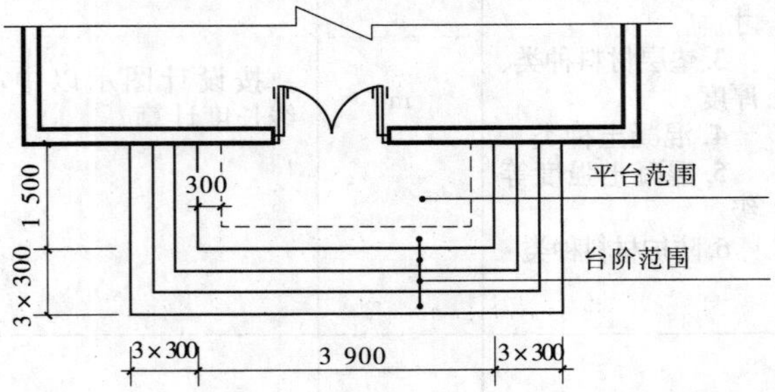

图 4-18 台阶平面示意图

(4)扶手、压顶。

$$L = \text{设计图示尺寸中心线尺寸长度} \tag{4-50}$$

或

$$V = \text{设计图示尺寸体积} \tag{4-51}$$

(5)其他构件。

$$V = \text{设计图示尺寸体积} \tag{4-52}$$

3. 综合单价分析

(1)散水、坡道、室外地坪清单项目综合单价可包括地基夯实、垫层、面层、变形缝等费用,综合单价分析时应根据项目清单特征内容,结合计价定额规定综合确定,防止重复计算或漏算。

(2)电缆沟、地沟清单项目综合单价可包括地基夯实、垫层、防护材料等费用,综合单价分析时应根据项目清单特征内容,结合计价定额规定综合确定,防止重复计算或漏算。

(3)综合单价应包括混凝土的制作、运输、浇筑、振捣成型及养护的费用。

(4)若将混凝土构件模板并入构件清单项目中,则综合单价应包含模板费用单价。

(七)后浇带

1. 清单项目划分及工程量计算规则

后浇带工程量清单项目设置、项目特征描述的内容、计量单位及工程量计算规则,应按“13 房屋建筑计量规范”中表 E.8 的规定执行，见表 4-51。

表 4-51　后浇带（编码：010508）

项目编码	项目名称	项目特征	计量单位	工程量计算规则	工程内容
010508001	后浇带	1. 混凝土种类 2. 混凝土强度等级	m^3	按设计图示尺寸以体积计算	1. 模板及支架（撑）制作、安装、拆除、堆放、运输及清理模内杂物、刷隔离剂等 2. 混凝土制作、运输、浇筑、振捣、养护及混凝土交接面、钢筋等的清理

2. 清单工程量计算

$$V = \text{设计图示后浇带部分尺寸体积} \tag{4-53}$$

注：(1) 后浇带是指混凝土浇筑时按设计预留的一定宽度，这部分先不浇，待主体结构达到设计要求或结构沉降稳定后再用高一级强度等级的膨胀混凝土补浇。因形状是带状的，故称为后浇带。

(2) 后浇带清单项目应注意按工程实际板、墙、基础等分别列项计算。

3. 综合单价分析

(1) 综合单价应包括混凝土的制作、运输、浇筑、振捣成型及养护的费用。

(2) 若将混凝土构件模板并入构件清单项目中，则综合单价应包含模板费用单价。

（八）案例分析

【案例 1】　编制构造柱清单项目的计量与计价表。

试计算如图 4-19 所示 C20（碎 40）混凝土构造柱的费用。已知柱高为 3 m，断面尺寸为 240 mm × 370 mm。（现场搅拌混凝土，不考虑模板费用）

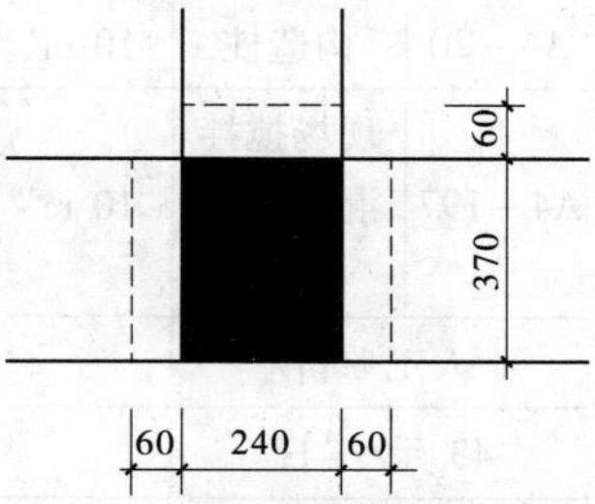

图 4-19　构造柱平面示意图

解：构造柱清单项目（010502002001）。

1. 清单工程量计算：

V = 柱体积 + 马牙槎体积

$= 0.24 \times 0.365 \times 3 + (0.24 \times 0.03 + 0.365 \times 0.03 \times 2) \times 3 = 0.35(m^3)$

具体内容见表 4-52。

表 4-52 分部分项工程和单价措施清单与计价表

序号	项目编码	项目名称	项目特征描述	计量单位	工程量	金额(元)		
						综合单价	合价	其中 暂估价
	E 混凝土及钢筋混凝土工程							
1	010502002001	构造柱	现浇 C20(碎 40)混凝土; 混凝土现场搅拌	m^3	0.35	384.45	134.56	
	分部小计							

2. 综合单价计算

结合工程量清单,参照某省《计价定额》规定:

构造柱综合单价包括构造柱、构造柱混凝土加工。

构造柱(A4－20):定额工程量＝清单工程量＝0.35 m^3

混凝土现场搅拌加工(A4－197):混凝土体积＝0.35×1.015＝0.355(m^3)

构造柱混凝土工程量调整系数＝0.355/0.35＝1.015

综合单价分析与计算见表 4-53。

表 4-53 综合单价分析表

项目编码	010502002001			项目名称		构造柱		计量单位		m^3	工程量	0.35
清单综合单价组成明细												
定额编号	定额名称	定额单位	数量	单价				合价				
				人工费	材料费	机械费	管理费和利润	人工费	材料费	机械费	管理费和利润	
A4－20	构造柱	10 m^3	0.1	1 139.50	1 774.05	13.43	461.10	113.95	177.41	1.34	46.11	
A4－197	现场搅拌混凝土加工费	10 m^3	0.101 4	131.15	0	183.03	135.9	13.30	0	18.56	13.78	
人工单价		小计						127.25	177.41	19.90	59.89	
43 元/工日		未计价材料费										
清单项目综合单价								384.45				
材料费明细	主要材料名称、规格、型号				单位	数量		单价(元)	合价(元)	暂估单价(元)	暂估合价(元)	
	其他材料费							—		—		
	材料费小计							—		—		

3. 合价

结合表 4-53 内容填表 4-52 中的综合单价，计算合价。

【案例 2】 编制钢筋混凝土框架清单项目的计量与计价表。

如图 4-20 所示现浇混凝土整体框架，层高 3.6 m，板厚 100 mm、梯梁宽 250 mm。本工程采用 C30 混凝土（碎 20）商品混凝土，出厂价 350 元/m^3（含运输费），已知柱断面尺寸分别为：Z－1（500 mm×500 mm）、Z－2（400 mm×500 mm）、Z－3（400 mm×400 mm）。（不考虑模板、钢筋、楼梯）

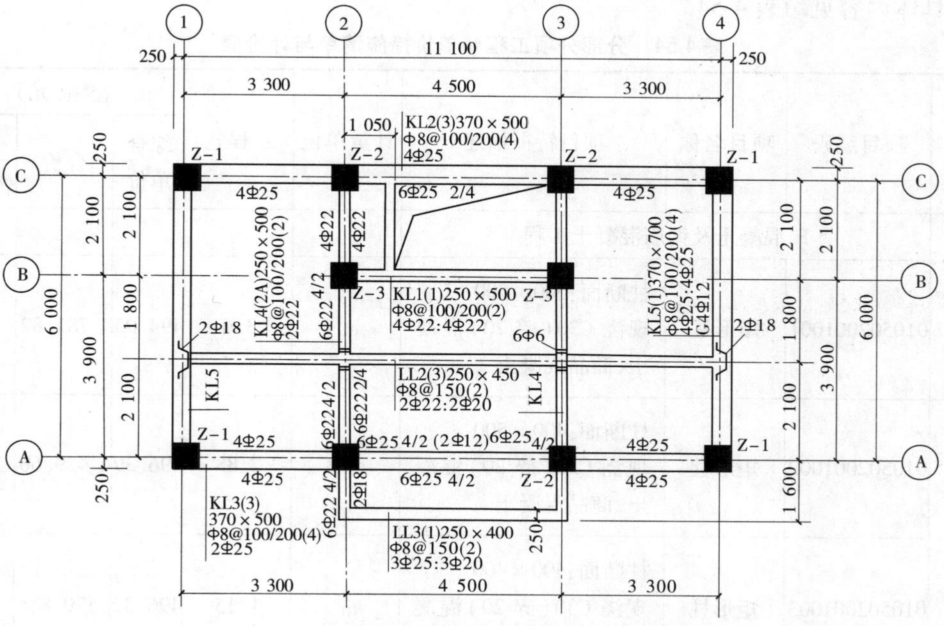

图 4-20　某钢筋混凝土框架梁平面图

解： 按"13 房屋建筑计量规范"的有关规定，案例中混凝土框架可列为"矩形柱（500×500）、矩形柱（400×500）、矩形柱（400×400）、有梁板（板厚 100 mm）"四个清单项目。

1. 清单工程量计算

（1）矩形柱 Z1（500×500）：（010502001001）

$$V = 3.6 \times 0.5 \times 0.5 \times 4 = 3.6(\text{m}^3)$$

（2）矩形柱 Z2（400×500）：（010502001002）

$$V = 3.6 \times 0.4 \times 0.5 \times 4 = 2.88(\text{m}^3)$$

（3）矩形柱 Z3（400×400）：（010502001003）

$$V = 3.6 \times 0.4 \times 0.4 \times 2 = 1.15(\text{m}^3)$$

（4）有梁板（板厚 100 mm）：（010505001001）

$$V_{板} = [(11.1 + 0.5) \times (6 + 0.5) + (4.5 + 0.25) \times (1.6 - 0.25) - (4.5 - 1.05 + 0.25 - 0.125) \times (2.1 - 0.245)] \times 0.1 = 7.518(\text{m}^3)$$

$$V_{梁} = (11.1 - 0.25 \times 2 - 0.4 \times 2) \times 0.37 \times (0.5 - 0.1) + (4.5 - 0.2 \times 2) \times 0.25 \times (0.5 - 0.1) +$$

$(11.1-0.12\times2-0.25\times2)\times0.25\times(0.45-0.1)+$
$(11.1-0.25\times2-0.4\times2)\times0.37\times(0.5-0.1)+$
$(4.5-0.125\times2)\times0.25\times(0.4-0.1)+$
$(6-0.25\times2)\times0.37\times(0.7-0.1)\times2+$
$(6+1.6-0.5-0.4-0.25)\times0.25\times(0.5-0.1)\times2$
$=8.268(m^3)$

有梁板工程量 $=7.518+8.267=15.79(m^3)$

具体内容见填表4-54。

表4-54　分部分项工程和单价措施清单与计价表

序号	项目编码	项目名称	项目特征描述	计量单位	工程量	金额（元）		
						综合单价	合价	其中暂估价
	E 混凝土及钢筋混凝土工程							
1	010502001001	矩形柱	柱断面:500×500 现浇 C30（碎 20）混凝土,商品混凝土	m^3	3.6	494.95	1 781.82	
2	010502001002	矩形柱	柱断面:400×500 现浇 C30（碎 20）混凝土,商品混凝土	m^3	2.88	496.39	1 429.60	
3	010502001003	矩形柱	柱断面:400×400 现浇 C30（碎 20）混凝土,商品混凝土	m^3	1.15	496.39	570.85	
4	010505001001	有梁板	板厚:100 mm 现浇 C30（碎 20）混凝土,商品混凝土	m^3	15.79	432.75	6 833.12	
	分部小计						10 615.39	

2. 综合单价计算

结合工程量清单，参照某省《计价定额》规定：

（1）矩形柱 Z－1（500×500）综合单价参考：矩形柱（A4－16），但材料费应换算；定额（A4－16）中混凝土为C20（碎40），工程中采用C30（碎20）商品混凝土。

换算后材料费 $=1\,778.42+10.15\times(350-170.97)=3\,595.57$（元/10 m^3）

定额工程量＝清单工程量

（2）矩形柱 Z－2（400×500）综合单价参考：矩形柱（A4－15），材料费应换算。

换算后材料费 $=1\,791.85+10.15\times(350-170.97)=3\,609.00$（元/10 m^3）

定额工程量 = 清单工程量

(3)矩形柱 Z－3(400×400)综合单价参考:矩形柱(A4－15),材料费应换算。

换算后材料费 = 3 609.00(元/10 m^3)

定额工程量 = 清单工程量

(4)有梁板(板厚100 mm)综合单价参考:有梁板(A4－33),材料费应换算。

换算后材料费 = 1 969.69 + 10.15 × (350 － 178.25) = 3 712.95(元/10 m^3)

定额工程量 = 清单工程量 － 柱所占体积

= 15.79 － (0.5×0.5×4 + 0.4×0.5×4 + 0.4×0.4×2)×0.1

= 15.79 － 0.212 = 15.58(m^3)

有梁板工程量调整系数 = 15.58/15.79 = 0.987

综合单价分析与计算见表4-55～表4-58。

表4-55 综合单价分析表(一)

项目编码	010502001001			项目名称	矩形柱			计量单位	m^3	工程量	3.6
清单综合单价组成明细											
定额编号	定额名称	定额单位	数量	单价				合价			
				人工费	材料费	机械费	管理费和利润	人工费	材料费	机械费	管理费和利润
A4－16	混凝土矩形柱	10 m^3	0.1	665.64	3 595.57	13.43	674.93	66.56	359.56	1.34	67.49
人工单价		小计						66.56	359.56	1.34	67.49
43元/工日		未计价材料费									
清单项目综合单价								494.95			

表4-56 综合单价分析表(二)

项目编码	010502001002			项目名称	矩形柱			计量单位	m^3	工程量	2.88
清单综合单价组成明细											
定额编号	定额名称	定额单位	数量	单价				合价			
				人工费	材料费	机械费	管理费和利润	人工费	材料费	机械费	管理费和利润
A4－15	混凝土矩形柱	10 m^3	0.1	666.07	3 609.00	13.43	675.36	66.61	360.90	1.34	67.54
人工单价		小计						66.61	360.90	1.34	67.54
43元/工日		未计价材料费									
清单项目综合单价								496.39			
材料费明细	主要材料名称、规格、型号					单位	数量	单价(元)	合价(元)	暂估单价(元)	暂估合价(元)
	其他材料费							—		—	
	材料费小计							—		—	

表 4-57　综合单价分析表(三)

项目编码	010502001003	项目名称	矩形柱	计量单位	m^3	工程量	1.15

清单综合单价组成明细

定额编号	定额名称	定额单位	数量	单价				合价			
				人工费	材料费	机械费	管理费和利润	人工费	材料费	机械费	管理费和利润
A4 - 15	混凝土矩形柱	10 m^3	0.1	666.07	3 609.00	13.43	675.36	66.61	360.90	1.34	67.54
人工单价		小　计						66.61	360.90	1.34	67.54
43 元/工日		未计价材料费									
清单项目综合单价								496.39			

材料费明细	主要材料名称、规格、型号	单位	数量	单价(元)	合价(元)	暂估单价(元)	暂估合价(元)
	其他材料费			—		—	
	材料费小计			—		—	

表 4-58　综合单价分析表(四)

项目编码	010505001001	项目名称	有梁板	计量单位	m^3	工程量	15.79

清单综合单价组成明细

定额编号	定额名称	定额单位	数量	单价				合价			
				人工费	材料费	机械费	管理费和利润	人工费	材料费	机械费	管理费和利润
A4 - 33	混凝土有梁板(100 以内)	10 m^3	0.098 7	326.37	3 712.95	13.43	331.68	32.21	366.47	1.33	32.74
人工单价		小　计						32.21	366.47	1.33	32.74
43 元/工日		未计价材料费									
清单项目综合单价								432.75			

材料费明细	主要材料名称、规格、型号	单位	数量	单价(元)	合价(元)	暂估单价(元)	暂估合价(元)
	其他材料费			—		—	
	材料费小计			—		—	

3. 合价

结合表 4-55 ~ 表 4-58 内容填表 4-54 中的综合单价,计算合价。

二、预制混凝土构件

(一)清单项目编制与工程量计算

1. 清单项目划分及工程量计算规则

预制混凝土构件工程量清单项目设置、项目特征描述的内容、计量单位及工程量计算规则,应按"13 房屋建筑计量规范"中表 E.9～表 E.14 的规定执行,见表 4-59～表 4-64。

表 4-59　预制混凝土柱(编码:010509)

项目编码	项目名称	项目特征	计量单位	工程量计算规则	工程内容
010509001	矩形柱	1. 图代号 2. 单件体积 3. 安装高度 4. 混凝土强度等级 5. 砂浆(细石混凝土)强度等级、配合比	1. m^3 2. 根	1. 以 m^3 计量,按设计图示尺寸以体积计算 2. 以根计量,按设计图示尺寸以数量计算	1. 模板制作、安装、拆除、堆放、运输及清理模内杂物、刷隔离剂等 2. 混凝土制作、运输、浇筑、振捣、养护 3. 构件运输、安装 4. 砂浆制作、运输 5. 接头灌缝、养护
010509002	异形柱				

表 4-60　预制混凝土梁(编码:010510)

项目编码	项目名称	项目特征	计量单位	工程量计算规则	工程内容
010510001	矩形梁	1. 图代号 2. 单件体积 3. 安装高度 4. 混凝土强度等级 5. 砂浆(细石混凝土)强度等级、配合比	1. m^3 2. 根	1. 以 m^3 计量,按设计图示尺寸以体积计算 2. 以根计量,按设计图示尺寸以数量计算	1. 模板制作、安装、拆除、堆放、运输及清理模内杂物、刷隔离剂等 2. 混凝土制作、运输、浇筑、振捣、养护 3. 构件运输、安装 4. 砂浆制作、运输 5. 接头灌缝、养护
010510002	异形梁				
010510003	过梁				
010510004	拱形梁				
010510005	鱼腹式吊车梁				
010510006	其他梁				

表 4-61　预制混凝土屋架(编码:010511)

项目编码	项目名称	项目特征	计量单位	工程量计算规则	工程内容
010511001	折线型	1. 图代号 2. 单件体积 3. 安装高度 4. 混凝土强度等级 5. 砂浆(细石混凝土)强度等级、配合比	1. m^3 2. 榀	1. 以 m^3 计量,按设计图示尺寸以体积计算 2. 以榀计量,按设计图示尺寸以数量计算	1. 模板制作、安装、拆除、堆放、运输及清理模内杂物、刷隔离剂等 2. 混凝土制作、运输、浇筑、振捣、养护 3. 构件运输、安装 4. 砂浆制作、运输 5. 接头灌缝、养护
010511002	组合				
010511003	薄腹				
010511004	门式刚架				
010511005	天窗架				

注:三角形屋架按本表中折线型屋架项目编码列项。

表 4-62　预制混凝土板(编码:010512)

项目编码	项目名称	项目特征	计量单位	工程量计算规则	工程内容
010512001	平板	1. 图代号 2. 单件体积 3. 安装高度 4. 混凝土强度等级 5. 砂浆(细石混凝土)强度等级、配合比	1. m^3 2. 块	1. 以 m^3 计量,按设计图示尺寸以体积计算。不扣除单个面积≤300 mm×300 mm 的孔洞所占体积,扣除空心板空洞体积 2. 以块计量,按设计图示尺寸以数量计算	1. 模板制作、安装、拆除、堆放、运输及清理模内杂物、刷隔离剂等 2. 混凝土制作、运输、浇筑、振捣、养护 3. 构件运输、安装 4. 砂浆制作、运输 5. 接头灌缝、养护
010512002	空心板				
010512003	槽形板				
010512004	网架板				
010512005	折线板				
010512006	带肋板				
010512007	大型板				
010512008	沟盖板、井盖板、井圈	1. 单件体积 2. 安装高度 3. 混凝土强度等级 4. 砂浆强度等级、配合比	1. m^3 2. 块(套)	1. 以 m^3 计量,按设计图示尺寸以体积计算 2. 以块计量,按设计图示尺寸以数量计算	

注:1. 不带肋的预制遮阳板、雨篷板、挑檐板、拦板等,应按本表平板项目编码列项。
2. 预制 F 形板、双 T 形板、单肋板和带反挑檐的雨篷板、挑檐板、遮阳板等,应按本表带肋板项目编码列项。
3. 预制大型墙板、大型楼板、大型屋面板等,按本表中大型板项目编码列项。

表 4-63　预制混凝土楼梯(编码:010513)

项目编码	项目名称	项目特征	计量单位	工程量计算规则	工程内容
010513001	楼梯	1. 楼梯类型 2. 单件体积 3. 混凝土强度等级 4. 砂浆(细石混凝土)强度等级	1. m^3 2. 段	1. 以 m^3 计量,按设计图示尺寸以体积计算。扣除空心踏步板空洞体积 2. 以段计量,按设计图示尺寸以数量计算	1. 模板制作、安装、拆除、堆放、运输及清理模内杂物、刷隔离剂等 2. 混凝土制作、运输、浇筑、振捣、养护 3. 构件运输、安装 4. 砂浆制作、运输 5. 接头灌缝、养护

表 4-64 其他预制构件(编码:010514)

项目编码	项目名称	项目特征	计量单位	工程量计算规则	工程内容
010514001	垃圾道、通风道、烟道	1. 单件体积 2. 混凝土强度等级 3. 砂浆强度等级	1. m^3 2. m^2 3. 根(块、套)	1. 以 m^3 计量,按设计图示尺寸以体积计算。不扣除单个面积≤300 mm×300 mm 的孔洞所占体积,扣除烟道、垃圾道、通风道的孔洞所占体积 2. 以 m^2 计量,按设计图示尺寸以面积计算。不扣除单个面积≤300 mm×300 mm 的孔洞所占面积 3. 以根计量,按设计图示尺寸以数量计算	1. 模板制作、安装、拆除、堆放、运输及清理模内杂物、刷隔离剂等 2. 混凝土制作、运输、浇筑、振捣、养护 3. 构件运输、安装 4. 砂浆制作、运输 5. 接头灌缝、养护
010514002	其他构件	1. 单件体积 2. 构件的类型 3. 混凝土强度等级 4. 砂浆强度等级			

注:预制钢筋混凝土小型池槽、压顶、扶手、垫块、隔热板、花格等,按本表中其他构件项目编码列项。

2. 清单工程量计算

$$V = 设计图示尺寸体积 \tag{4-54}$$

或

$$N = 根(块、榀、段、套)数 \tag{4-55}$$

(二)综合单价分析

(1)综合单价应包括预制混凝土构件的制作、运输、安装及灌缝等费用。

(2)若将现场预制混凝土构件模板并入构件清单项目中,则综合单价应包含模板费用单价。

(三)案例分析

【案例 3】 编制预制混凝土构件清单项目的计量与计价表。

某工程楼面采用 C30(碎 20)8×7YKB336－2 预应力空心板,C20(碎 40)16PB1860－2 预制平板。屋面采用 C30(碎 20)10×7YKB336－3 预应力空心板,C20(碎 40)16PB1860－3 预制平板。空心板单块体积均为 0.146 m^3,平板单块体积均为 0.072 27 m^3。图示钢丝总用量 1 t,预应力冷拔丝总用量 5 t。计算空心板、平板安装完毕后的分部分项工程费用。(空心板、平板均外购)

解:按"13 房屋建筑计量规范"的有关规定,本案例清单可列"预制平板、预制空心板、预制构件钢筋、预应力钢丝"四个清单项目。

1. 清单工程量计算

(1)平板:(010512001001)

$$V = (16+16)\times 0.072\ 27 = 2.31(m^3)$$

(2)空心板:(010512002001)

$$V=(56+70)\times 0.146=18.40(m^3)$$

(3)预制构件钢筋:(010515002001)

$$T=1\ t$$

(4)预应力钢丝:(010515007001)

$$T=5\ t$$

具体内容见表4-65。

表4-65　分部分项工程和单价措施清单与计价表

序号	项目编码	项目名称	项目特征描述	计量单位	工程量	金额(元)		
						综合单价	合价	其中 暂估价
	E 混凝土及钢筋混凝土工程							
1	010512001001	平板	单块体积均为0.072 27 m^3; 预制C20(碎40)混凝土	m^3	2.31	812.97	1 877.96	
2	010512002001	空心板	单块体积均为0.146 m^3; 预制C30(碎20)混凝土	m^3	18.40	747.44	13 752.90	
3	010515002001	预制构件钢筋	柱断面:400 mm×400 mm 现浇C30(碎20)混凝土,商品混凝土	t	1	5 075.18	5 075.18	
4	010515007001	预应力钢丝	板厚:100 mm 现浇C30(碎20)混凝土,商品混凝土	t	5	5 234.56	26 172.80	
	分部小计						46 878.84	

2. 综合单价计算

结合工程量清单,参照某省《计价定额》规定:

(1)平板项目综合单价参考:平板(A4-84)

定额工程量=清单工程量

(2)空心板项目综合单价参考:空心板(A4-86)

定额工程量=清单工程量

(3)预制构件钢筋项目综合单价参考:冷拔钢丝(A4-176)

定额工程量=清单工程量

(4)预应力钢丝项目综合单价参考:预应力钢丝(A4-185)

定额工程量=清单工程量

综合单价分析与计算见表4-66～表4-69。

表4-66　综合单价分析表(一)

项目编码	010512001001	项目名称		平板		计量单位		m³	工程量		2.31
清单综合单价组成明细											
定额编号	定额名称	定额单位	数量	单价				合价			
				人工费	材料费	机械费	管理费和利润	人工费	材料费	机械费	管理费和利润
A4－84	平板	10 m³	0.1	1 168.31	6 057.79	245.69	657.92	116.83	605.78	24.57	65.79
人工单价		小计						116.83	605.78	24.57	65.79
43元/工日		未计价材料费									
清单项目综合单价								812.97			
材料费明细	主要材料名称、规格、型号				单位	数量		单价(元)	合价(元)	暂估单价(元)	暂估合价(元)
	其他材料费							—		—	
	材料费小计							—		—	

表4-67　综合单价分析表(二)

项目编码	010512002001	项目名称		空心板		计量单位		m³	工程量		18.40
清单综合单价组成明细											
定额编号	定额名称	定额单位	数量	单价				合价			
				人工费	材料费	机械费	管理费和利润	人工费	材料费	机械费	管理费和利润
A4－86	空心板	10 m³	0.1	853.55	5 891.27	241.61	487.87	85.36	589.13	24.16	48.79
人工单价		小计						85.36	589.13	24.16	48.79
43元/工日		未计价材料费									
清单项目综合单价								747.44			
材料费明细	主要材料名称、规格、型号				单位	数量		单价(元)	合价(元)	暂估单价(元)	暂估合价(元)
	其他材料费							—		—	
	材料费小计							—		—	

表 4-68 综合单价分析表(三)

项目编码	010515002001	项目名称	预制构件钢筋	计量单位	t	工程量	1

清单综合单价组成明细

定额编号	定额名称	定额单位	数量	单价				合价			
				人工费	材料费	机械费	管理费和利润	人工费	材料费	机械费	管理费和利润
A4－176	冷拔钢丝	t	1	683.70	3 762.00	144.02	485.46	683.70	3 762.00	144.02	485.46
人工单价		小计						683.70	3 762.00	144.02	485.46
43 元/工日		未计价材料费									
清单项目综合单价								5 075.18			

材料费明细	主要材料名称、规格、型号	单位	数量	单价(元)	合价(元)	暂估单价(元)	暂估合价(元)
	其他材料费			—		—	
	材料费小计			—		—	

表 4-69 综合单价分析表(四)

项目编码	010515007001	项目名称	预应力钢丝	计量单位	t	工程量	5

清单综合单价组成明细

定额编号	定额名称	定额单位	数量	单价				合价			
				人工费	材料费	机械费	管理费和利润	人工费	材料费	机械费	管理费和利润
A4－185	预应力钢丝	t	1	658.05	3 924.00	178.69	473.82	658.05	3 924.00	178.69	473.82
人工单价		小计						658.05	3 924.00	178.69	473.82
43 元/工日		未计价材料费									
清单项目综合单价								5 234.56			

材料费明细	主要材料名称、规格、型号	单位	数量	单价(元)	合价(元)	暂估单价(元)	暂估合价(元)
	其他材料费			—		—	
	材料费小计			—		—	

3. 合价

结合表 4-66 ~ 表 4-69 内容填表 4-65 中的综合单价,计算合价。

三、钢筋工程

(一)钢筋混凝土构件中钢筋的构造要求

1. 混凝土保护层要求

钢筋混凝土构件的混凝土保护层应按照设计要求取值。设计无规定时,按照《混凝土结构设计规范》(GB 50010—2010)规定取值,见表 4-70。

表 4-70 混凝土保护层的最小厚度 (单位:mm)

环境类别	板、墙		梁、柱	
	≤C25	C25 以上	≤C25	C25 以上
一	20	15	25	20
$二_a$	25	20	30	25
$二_b$	30	25	40	35
$三_a$	35	30	45	40
$三_b$	45	40	55	50

注:基础底面钢筋的保护层厚度,有混凝土垫层时应从垫层顶面算起,且不应小于 40 mm。

【注意事项】

(1)表 4-70 中混凝土保护层厚度指最外层钢筋外边缘至混凝土表面的距离。

(2)构件中受力钢筋的保护层厚度不应小于钢筋的公称直径。

(3)表中混凝土保护层厚度适用于设计使用年限为 50 年的混凝土结构。设计使用年限为 100 年的混凝土结构,一类环境中,最外层钢筋的保护层厚度不应小于表中数值的 1.4 倍;二、三类环境中,应采取专门的有效措施。

(4)表中一类环境指室内干燥环境,无侵蚀性静水浸没环境;$二_a$ 类环境指室内潮湿环境,非严寒和非寒冷地区的露天环境,非严寒和非寒冷地区与无侵蚀性的水或土壤直接接触的环境,严寒和寒冷地区的冰冻线以下与无侵蚀性的水或土壤直接接触的环境;$二_b$ 类环境指干湿交替环境,水位频繁变动环境,严寒和寒冷地区的露天环境,严寒和寒冷地区冰冻线以上与无侵蚀性的水或土壤直接接触的环境;$三_a$ 类环境指严寒和寒冷地区冬季水位变动区环境,受除冰盐影响环境,海风环境;$三_b$ 类环境指盐渍土环境,受除冰盐作用环境,海岸环境。

2. 钢筋锚固长度

钢筋锚固长度一般按结构设计要求取值。设计无规定时,按照《混凝土结构设计规范》(GB 50010—2010)的规定取值,也可参见 11G101 图集取值(见表 4-71 ~ 表 4-73)。

表 4-71　受拉钢筋基本锚固长度 l_{ab}、l_{abE}

钢筋种类	抗震等级	混凝土强度等级								
		C20	C25	C30	C35	C40	C45	C50	C55	≥C60
HPB300	一、二级（l_{abE}）	45d	39d	35d	32d	29d	28d	26d	25d	24d
	三级（l_{abE}）	41d	36d	32d	29d	26d	25d	24d	23d	22d
	四级（l_{abE}） 非抗震（l_{ab}）	39d	34d	30d	28d	25d	24d	23d	22d	21d
HRB335、HRBF335	一、二级（l_{abE}）	44d	38d	33d	31d	29d	26d	25d	24d	24d
	三级（l_{abE}）	40d	35d	31d	28d	26d	24d	23d	22d	22d
	四级（l_{abE}） 非抗震（l_{ab}）	38d	33d	29d	27d	25d	23d	22d	21d	21d
HRB400、HRBF400、RRB400	一、二级（l_{abE}）	—	46d	40d	37d	33d	32d	31d	30d	29d
	三级（l_{abE}）	—	42d	37d	34d	30d	29d	28d	27d	26d
	四级（l_{abE}） 非抗震（l_{ab}）	—	40d	35d	32d	29d	28d	27d	26d	25d
HRB500、HRBF500	一、二级（l_{abE}）	—	55d	49d	45d	41d	39d	37d	36d	35d
	三级（l_{abE}）	—	50d	45d	41d	38d	36d	34d	33d	32d
	四级（l_{abE}） 非抗震（l_{ab}）	—	48d	43d	39d	36d	34d	32d	31d	30d

注：HPB300 级钢筋末端应做 180°弯钩，弯后平直段长度不应小于 3d，但作受压钢筋时可不做弯钩。

表 4-72　受拉钢筋锚固长度 l_a、l_{aE}

非抗震	抗震	说明
$l_a=\zeta_a l_{ab}$	$l_{aE}=\zeta_{aE} l_a$	1. l_a 不应小于 200 2. ζ_a 为锚固长度修正系数，当多于一项时，可连乘计算，但不应小于 0.6 3. ζ_{aE} 为抗震锚固长度修正系数，对一、二级抗震等级取 1.15，对三级抗震等级取 1.05，对四级抗震等级取 1.00

表 4-73　受拉钢筋锚固长度修正系数 ζ_a

锚固条件		ζ_a	说明
带肋钢筋的公称直径大于 25		1.10	
环氧树脂涂层带肋钢筋		1.25	
施工过程中易受扰动的钢筋		1.10	
锚固区保护层厚度	3d	0.80	中间时按内插值，d 为锚固钢筋直径
	5d	0.70	

1）框架梁锚固长度

无设计规定时参见 11G101－1，构造如图 4-21 所示。

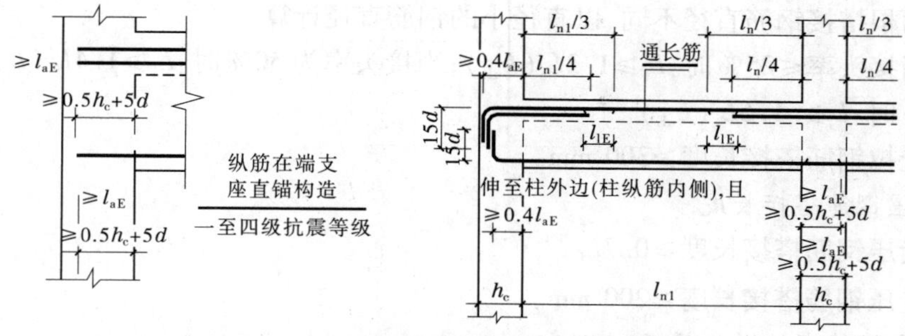

图 4-21　框架梁钢筋锚固长度构造示意图

（1）上部纵向受力钢筋的最小锚固长度。

①直锚：若（支座宽－保护层）≥L_a（L_{aE}），取值≥L_a（L_{aE}），且过支座中心线≥5d。

②弯锚：若（支座宽－保护层）＜L_a（L_{aE}），取值≥（支座宽－保护层）＋15d，且水平长度≥0.4L_a（0.4L_{aE}）。

（2）下部纵向受力钢筋的最小锚固长度。

①计算考虑支座下部钢筋强度时：同上部纵向受力钢筋。

②计算不考虑支座下部钢筋强度时：光圆钢筋 L_a≥15d；带肋钢筋 L_a≥12d。

（3）悬臂梁钢筋的最小锚固长度。

上部受力筋端部下弯：L_a≥12d；下部伸入支座：L_a≥15d。

（4）梁中弯起钢筋的（直锚）最小锚固长度。

受拉区：L_a≥20d；受压区：L_a≥10d。

2）简支梁锚固长度

（1）上部纵向受力钢筋的最小锚固长度：同框架梁。

（2）下部纵向受力钢筋的最小锚固长度：光圆钢筋 L_a≥15d，带肋钢筋 L_a≥12d。

3）柱锚固长度

（无设计规定时参见 11G101－1、11G101－3）。

（1）柱下部伸入基础钢筋的最小锚固长度。

①直锚：若（基础高－保护层）≥L_a（L_{aE}），取值≥（基础高－保护层）＋6d（≥150）。

②弯锚：若（基础高－保护层）＜L_a（L_{aE}），取值≥0.6L_a＋15d。

（2）柱顶钢筋的最小锚固长度。

①直锚：若（梁高－保护层）≥L_a（L_{aE}），取值≥L_a（L_{aE}）

②弯锚：若（梁高－保护层）＜L_a（L_{aE}），可参照以下规定取值：中柱锚固长度取值≥（梁高－保护层）＋12d；边柱内侧钢筋取值≥（梁高－保护层）＋12d；边柱外侧钢筋取值≥（梁高＋柱宽－保护层）＋8d，柱顶第二层钢筋伸至柱内侧即可；柱外侧纵向钢筋可伸入梁内时，锚固长度取值＞1.5L_a（l_{az}）＋20 d，在柱外侧纵向钢筋配筋率＞1.2%时分两批截断，二批截断钢筋锚固长度＞1.5l_a（l_{az}），且水平段长度≥15d。

3. 钢筋的最小搭接长度

钢筋的最小搭接长度应按设计要求取值。当设计无规定时，按照《混凝土结构工程施工规范》(GB 50666—2011)的规定取值。也可参见 11G101－1 图集取值计算。

1)受拉钢筋搭接长度(L_1)

(1)两根搭接钢筋直径不同,以直径小的钢筋直径计算。

(2)当接头率≤25%时:$L_1 \geqslant 1.2L_a(L_{aE})$;当接头率为 50%时:$L_1 \geqslant 1.4L_a(L_{aE})$;当接头率为 100%时:$L_1 \geqslant 1.6L_a(L_{aE})$。

(3)受拉钢筋搭接长度≥300 mm。

2)受压钢筋搭接长度

(1)受压钢筋搭接长度$\geqslant 0.7L_1$。

(2)受压钢筋搭接长度≥200 mm。

4. 纵向钢筋弯钩增加长度

纵向钢筋弯钩增加长度应按设计要求取值。当设计无规定时,可参考下列钢筋弯钩形状取值。一般纵向钢筋弯钩多采用 180°弯钩。

180°弯钩取 $6.25d$,135°弯钩取 $7.89d$,90°弯钩取水平段长度 $+3.5d$。

5. 箍筋弯钩增加长度

箍筋弯钩增加长度应按设计要求取值。当设计无规定时,可参考下列钢筋弯钩形状取值。一般箍筋弯钩多采用 135°弯钩。

180°弯钩取 $8.25d$,135°弯钩取 $12.89d$,90°弯钩取 $6.21d$。

6. 钢筋弯起增加长度

钢筋弯起增加长度应按设计图示尺寸弯起角度计算。

30°弯起增加长度为 $0.268h_0$,45°弯起增加长度为 $0.414h_0$,60°弯起增加长度为 $0.577h_0$(h_0 为混凝土构件的有效高度或有效厚度)。

(二)清单项目编制与工程量计算

1. 清单项目划分及工程量计算规则

钢筋、铁件工程量清单项目设置、项目特征描述的内容、计量单位及工程量计算规则,应按“13 房屋建筑计量规范”中表 E.15、表 E.16 的规定执行,见表 4-74、表 4-75。

表 4-74　钢筋工程(编码:010515)

项目编码	项目名称	项目特征	计量单位	工程量计算规则	工程内容
010415001	现浇构件钢筋	钢筋种类、规格	t	按设计图示钢筋(网)长度(面积)乘以单位理论质量计算	1. 钢筋制作、运输 2. 钢筋安装 3. 焊接(绑扎)
010415002	预制构件钢筋				
010415003	钢筋网片				1. 钢筋网制作、运输 2. 钢筋网安装 3. 焊接(绑扎)
010415004	钢筋笼				1. 钢筋笼制作、运输 2. 钢筋笼安装 3. 焊接(绑扎)

续表 4-74

<table>
<tr><th>项目编码</th><th>项目名称</th><th>项目特征</th><th>计量单位</th><th>工程量计算规则</th><th>工程内容</th></tr>
<tr><td>010415005</td><td>先张法
预应力钢筋</td><td>1. 钢筋种类、规格
2. 锚具种类</td><td rowspan="6">t</td><td>按设计图示钢筋长度乘以单位理论质量计算</td><td>1. 钢筋制作、运输
2. 钢筋张拉</td></tr>
<tr><td>010415006</td><td>后张法
预应力钢筋</td><td rowspan="3">1. 钢筋种类、规格
2. 钢丝种类、规格
3. 钢绞线种类、规格
4. 锚具种类
5. 砂浆强度等级</td><td rowspan="3">按设计图示钢筋(丝束、绞线)长度乘以单位理论质量计算
1. 低合金钢筋两端均采用螺杆锚具时,钢筋长度按孔道长度减 0.35 m 计算,螺杆另行计算
2. 低合金钢筋一端采用镦头插片,另一端采用螺杆锚具时,钢筋长度按孔道长度计算,螺杆另行计算
3. 低合金钢筋一端采用镦头插片,另一端采用帮条锚具时,钢筋增加 0.15 m计算;两端均采用帮条锚具时,钢筋长度按孔道长度增加 0.3 m 计算
4. 低合金钢筋采用后张混凝土自锚时,钢筋长度按孔道长度增加 0.35 m 计算
5. 低合金钢筋(钢铰线)采用 JM、XM、QM 型锚具,孔道长度≤20 m 时,钢筋长度增加1 m 计算;孔道长度>20 m 时,钢筋长度增加1.8 m计算
6. 碳素钢丝采用锥形锚具,孔道长度≤20 m时,钢丝束长度按孔道长度增加 1 m 计算;孔道长>20 m时,钢丝束长度按孔道长度增加 1.8 m 计算
7. 碳素钢丝束采用镦头锚具时,钢丝束长度按孔道长度增加 0.35 m 计算</td><td rowspan="3">1. 钢筋、钢丝束、钢绞线制作、运输
2. 钢筋、钢丝束、钢绞线安装
3. 预埋管孔道铺设
4. 锚具安装
5. 砂浆制作、运输
6. 孔道压浆、养护</td></tr>
<tr><td>010415007</td><td>预应力
钢丝</td></tr>
<tr><td>010415008</td><td>预应力
钢绞线</td></tr>
<tr><td>010515009</td><td>支撑钢筋
(铁马)</td><td>1. 钢筋种类
2. 规格</td><td>按钢筋长度乘单位理论质量计算</td><td>钢筋制作、焊接、安装</td></tr>
<tr><td>010515010</td><td>声测管</td><td>1. 材质
2. 规格型号</td><td>按设计图示尺寸以质量计算</td><td>1. 检测管截断、封头
2. 套管制作、焊接
3. 定位、固定</td></tr>
</table>

表 4-75　螺栓、铁件(编码:010516)

项目编码	项目名称	项目特征	计量单位	工程量计算规则	工程内容
010516001	螺栓	1. 螺栓种类 2. 规格	t	按设计图示尺寸以质量计算	1. 螺栓、铁件制作、运输 2. 螺栓、铁件安装
010516002	预埋铁件	1. 钢材种类 2. 规格 3. 铁件尺寸			
010516003	机械连接	1. 连接方式 2. 螺纹套筒种类 3. 规格	个	按数量计算	1. 钢筋套丝 2. 套筒连接

【注意事项】

(1)现浇构件中伸出构件的锚固钢筋应并入钢筋工程量内。

(2)除设计(包括规范规定)标明的搭接外,其他施工搭接增加的工程量应在相应项目综合单价中综合考虑。

(3)现浇构件中固定位置的支撑钢筋、双层钢筋用的“铁马”在编制工程量清单时,如果设计未明确,其工程数量可为暂估量,结算时按现场签证数量计算。

(4)声测管是灌注桩进行超声检测法时探头进入桩身内部的通道,是灌注桩超声检测系统的重要组成部分,常用的有钢管、钢质波纹管、塑料管等,其工程量清单应按设计要求编制。

(5)钢筋采用机械连接(直螺纹、锥螺纹)时,按“010516003”项目列项,工程量按“接头个数”计算。

2. 清单工程量计算

钢筋混凝土工程中的一般钢筋、预应力钢筋的工程量均按“质量”计算。具体计算方法如下:

$$T = \text{设计图示钢筋长度} \times \text{钢筋单位理论质量} \tag{4-56}$$

1)纵向单根钢筋长度计算

$$L = \text{构件支座间净长度} + \text{应增加长度} \tag{4-57}$$

注:钢筋增加长度指锚固长度以及弯钩、弯起与设计搭接等增加的长度。

2)箍筋长度计算

$$\text{箍筋长度} = \text{单个箍筋长度} \times \text{箍筋根数} \tag{4-58}$$

(1)单根箍筋长度:

①矩形箍

$$L = \text{构件断面周长} - 8 \times \text{箍筋保护层厚度} + 2 \times \text{箍筋弯钩增加长度} \tag{4-59}$$

②单肢箍

$$L = \text{构件厚度} - 2 \times \text{箍筋保护层厚度} + 2 \times \text{箍筋弯钩增加长度} \tag{4-60}$$

③圆柱螺旋箍

$$L = \frac{H}{h} \times \sqrt{h^2 + (D - 2b - d)^2 \times \pi^2} \tag{4-61}$$

式中　D——圆柱直径；

H——箍筋配置高度；

h——螺距高度；

b——箍筋保护层；

d——箍筋直径。

(2)箍筋根数计算：

①构件无加密区

$$箍筋根数 = \frac{构件长度 - 构件保护层厚度}{箍筋间距} + 1 \tag{4-62}$$

②构件两端有加密区

$$箍筋根数 = \left(\frac{加密区长度}{加密区箍筋间距} + 1\right) \times 2 + \frac{非加密区长度}{非加密区箍筋间距} - 1 \tag{4-63}$$

(3)箍筋加密区规定：按设计要求计算。当无设计规定时按 11G101 - 1 规定取值。

①柱箍筋加密区(见图 4-22)：

底层柱：加密区高度≥H_n/3；以上各层柱：梁上下加密区高度≥H_n/6、500、柱边长(H_n为柱的净高，底层柱净高从基础顶面算起)。

②梁箍筋加密区(见图 4-23)：

一级抗震：加密区长度≥2×梁截面高度、500 mm；二级抗震以下：加密区长度≥1.5×梁截面高度、500 mm。

注意：主次梁相交处，应在主梁上附加三根箍筋，间距一般为 50 mm。箍筋从距支座 50 mm 处开始布置。

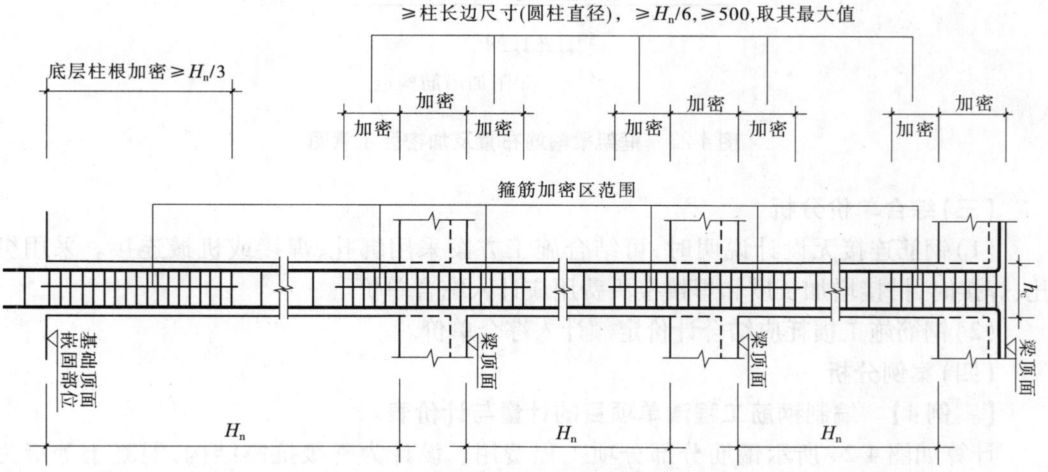

图 4-22　框架柱箍筋布置及加密区示意图

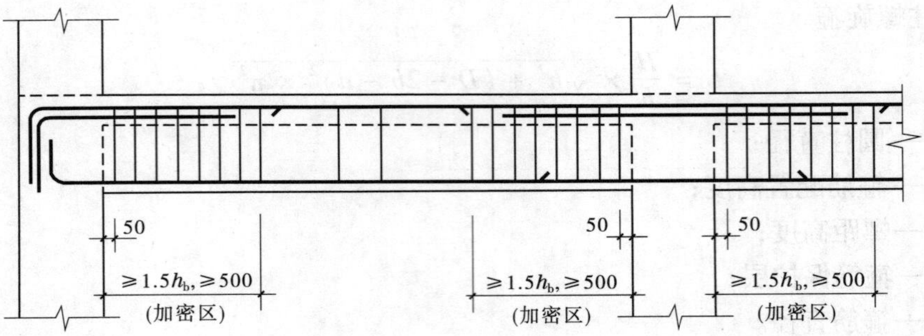

(a)二至四级抗震等级框架梁KL、WKL

注:弧形梁沿梁中心线展开，箍筋间距沿凸面线量度,h_b为梁截面高度。

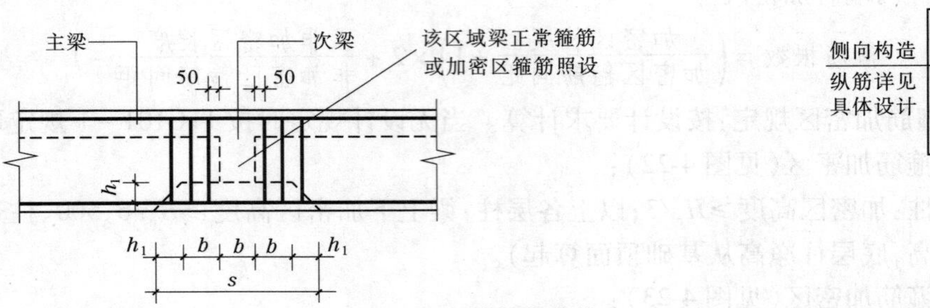

(b)附加箍筋构造

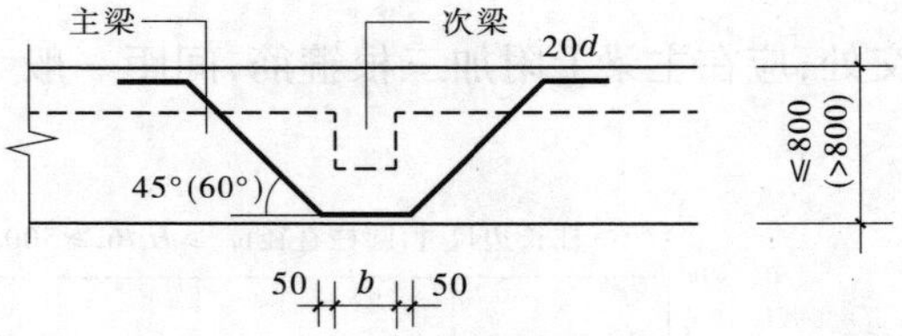

(c)附加吊筋构造

图 4-23　框架梁箍筋布置及加密区示意图

(三)综合单价分析

(1)钢筋连接无设计说明时,可结合施工方案采用绑扎、焊接或机械连接。采用绑扎、焊接时,搭接增加长度和焊接接头费用应计入综合单价。

(2)钢筋施工损耗应结合计价定额计入综合单价。

(四)案例分析

【案例 4】　编制钢筋工程清单项目的计量与计价表。

计算如图 4-24 所示钢筋分部分项工程费用。设计为三级抗震结构,混凝土等级为 C35,钢筋锚固长度 L_{aE} 为 $30d$。受力钢筋保护层厚度取 25 mm,柱截面尺寸为 500 mm × 500 mm。

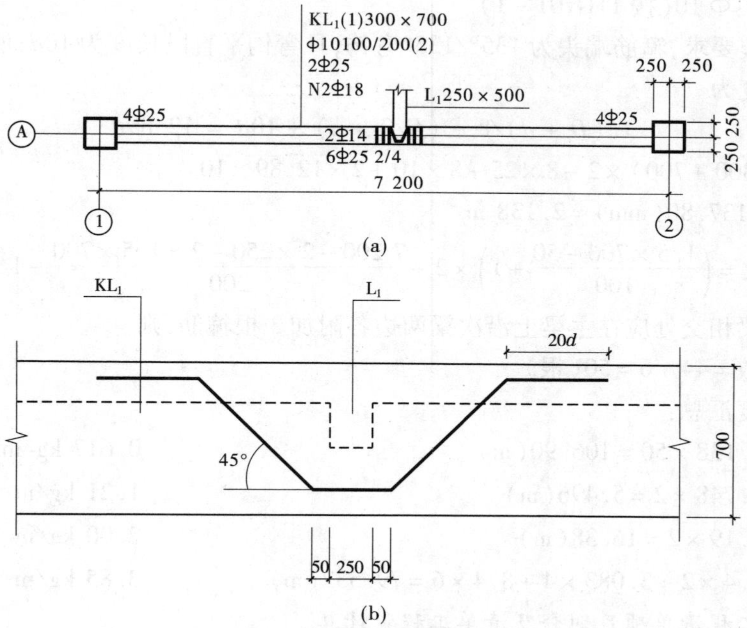

图 4-24　某框架梁配筋图

解:1. 钢筋图示用量计算

(1)梁上部通长钢筋:Φ25。

锚固长度 $L_{aE}=30d=750\ \text{mm}>500-25=475\ \text{mm}$,应弯锚;

平直段长度为 $500-25=475\ \text{mm}\geqslant 0.4L_{aE}$,弯段长度取 $15d$,可满足锚固长度要求。

$$L_{单根}=7\,200+2\times250-2\times25+2\times15\times25=8\,400(\text{mm})=8.4\ \text{m}$$

$N=2$ 根

(2)左、右负弯矩钢筋:Φ25,负弯矩筋要求锚入支座并伸出 $L_n/3$。

$$L_{单根}=(7\,200-2\times250)/3+500-25+15\times25=3\,083(\text{mm})=3.083\ \text{m}$$

$N=2\times2=4$ 根

(3)梁下部钢筋:Φ25。

$$L_{单根}=7\,200+2\times250-2\times25+2\times15\times25=8\,400(\text{mm})=8.4\ \text{m}$$

$N=6$ 根

(4)抗扭纵向钢筋:Φ18。

锚固长度 $L_{aE}=30d=540\ \text{mm}>500-25=475\ \text{mm}$,应弯锚;

平直段长度为 $500-25=475(\text{mm})\geqslant 0.4L_{aE}$,弯段长度取 $15d$ 可满足锚固长度要求。

$$L_{单根}=7\,200+2\times250-2\times25+2\times15\times18=8\,190(\text{mm})=8.19\text{m}$$

$N=2$ 根

(5)附加吊筋:Φ14(如图 4-24(b)所示)。

$$L_{单根}=250+2\times50+2\times(700-2\times25)\times1.414+2\times20\times14$$
$$=2\,748.2(\text{mm})=2.748\ \text{m}$$

$N=2$ 根

(6)箍筋:Φ10(按11G101-1)。

根据抗震要求,箍筋端头为135°/135°弯钩,且弯钩平直段长度为$10d$,所以每个箍筋弯钩增加长度为

$$3\pi(D+d)/8-(D/2+d)+10d=12.89d$$

$L_{单根}=(300+700)\times2-8\times25+8\times10+2\times12.89\times10$

$=2\,137.80(\text{mm})=2.138\text{ m}$

$$箍筋根数=\left(\frac{1.5\times700-50}{100}+1\right)\times2+\frac{7\,200-2\times250-2\times1.5\times700}{200}-1=44(根)$$

另主次梁相交处应在主梁上沿次梁两边各附加3根箍筋,则

箍筋根数=44+6=50(根)

钢筋长度汇总:

$L_{Φ10}=2.138\times50=106.90(\text{m})$　　0.617 kg/m

$L_{Φ14}=2.748\times2=5.496(\text{m})$　　1.21 kg/m

$L_{Φ18}=8.19\times2=16.38(\text{m})$　　2.00 kg/m

$L_{Φ25}=8.4\times2+3.083\times4+8.4\times6=79.532(\text{m})$　　3.85 kg/m

2. 钢筋工程清单项目划分及清单工程量计算

Ⅰ级钢Φ10以内(010515001001):

$$T=106.90\times0.617=65.96(\text{kg})=0.066\text{ t}$$

Ⅱ级钢综合(010515001002):

$$T=5.496\times1.21+16.38\times2.00+79.532\times3.85=345.61(\text{kg})=0.346\text{ t}$$

具体内容见表4-76。

表4-76　分部分项工程和单价措施清单与计价表

序号	项目编码	项目名称	项目特征描述	计量单位	工程量	金额(元)		
						综合单价	合价	其中 暂估价
	E 混凝土及钢筋混凝土工程							
1	010515001001	现浇构件钢筋	钢筋种类:Ⅰ级钢 钢筋规格:Φ10	t	0.066	4 172.87	275.41	
2	010515001002	现浇构件钢筋	钢筋种类:Ⅱ级钢 钢筋规格:Φ10以上	t	0.346	3 949.38	1 366.49	
	分部小计						1 641.90	
	合　计							

3. 综合单价计算

结合工程量清单,参照某省《计价定额》规定:

(1)Ⅰ级钢Φ10以内(A4-168):定额工程量=清单工程量=0.066 t

(2)Ⅱ级钢综合(A4 - 170):定额工程量 = 清单工程量 = 0.346 t

综合单价分析与计算见表4-77、表4-78。

表4-77 综合单价分析表(一)

项目编码	010515001001		项目名称	现浇构件钢筋		计量单位	t		工程量		0.066
清单综合单价组成明细											
定额编号	定额名称	定额单位	数量	单价				合价			
				人工费	材料费	机械费	管理费和利润	人工费	材料费	机械费	管理费和利润
A4 - 168	现浇构件钢筋Φ10以内	t	1	443.76	3 392.33	26.25	310.53	443.76	3 392.33	26.25	310.53
人工单价		小计						443.76	3 392.33	26.25	310.53
43元/工日		未计价材料费						0			
清单项目综合单价								4 172.87			

表4-78 综合单价分析表(二)

项目编码	010515001002		项目名称	现浇构件钢筋		计量单位	t		工程量		0.346
清单综合单价组成明细											
定额编号	定额名称	定额单位	数量	单价				合价			
				人工费	材料费	机械费	管理费和利润	人工费	材料费	机械费	管理费和利润
A4 - 170	现浇构件钢筋Ⅱ级钢综合	t	1	291.11	3 329.17	50.09	279.01	291.11	3 329.17	50.09	279.01
人工单价		小计						291.11	3 329.17	50.09	279.01
43元/工日		未计价材料费						0			
清单项目综合单价								3 949.38			

4. 合价

结合表4-77、表4-78内容填表4-76中的综合单价,计算合价。

【案例5】 计算钢筋工程图示用量。

如图4-25所示为某房屋标准层的结构平面图。已知板的混凝土强度等级为C30,板厚为100 mm,正常环境下使用,四级抗震结构。试计算板内钢筋用量(板中未注明分布钢筋按Φ6@200计算)。

解:本案例钢筋混凝土板中共有4种钢筋:①号受力钢筋、②号受力钢筋、③号负弯矩

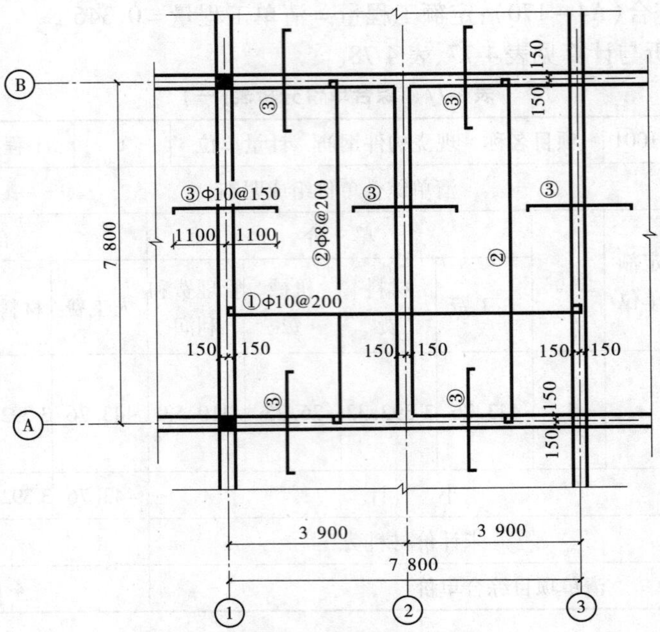

图 4-25　某钢筋混凝土板配筋图

筋、③号负弯矩筋下设置的分布钢筋。混凝土保护层厚度取 15 mm。

1. 计算钢筋长度

(1)①号钢筋(Φ10@200)

$$单根长度 = 轴线长 + 弯钩 = 3.9\times2+6.25\times0.01\times2=7.93(\text{m})$$

$$根数=\frac{7.8-0.15\times2-0.1\times2}{0.2}+1=38(根)$$

①号钢筋(Φ10)总长 $=7.93\times38=301.34(\text{m})$

(2)②号钢筋(Φ8@200)

$$单根长度=7.8+6.25\times0.008\times2=7.9(\text{m})$$

$$根数=(\frac{3.9-0.15\times2-0.1\times2}{0.2}+1)\times2=36(根)$$

②号钢筋(Φ8)总长 $=7.9\times36=284.4(\text{m})$

(3)③号钢筋(Φ10@150)

单根长度 = 直长度 + 弯折长度 $=1.1\times2+2\times(0.1-0.015)=2.37(\text{m})$

$$根数=(\frac{7.8-0.15\times2-0.075\times2}{0.15}+1)\times3+(\frac{3.9-0.15\times2-0.075\times2}{0.15}+1)\times2\times2$$

$$=(49+1)\times3+(23+1)\times2\times2=246(根)$$

③号钢筋(Φ10)总长 $=2.37\times246=83.02(\text{m})$

(4)分布钢筋(Φ6@200):

分布钢筋可不设弯钩,与③号钢筋搭接 150 mm,则

①$L=7.8-1.1\times2+0.15\times2=5.9(\text{m})$

$N=[(1.1-0.15-0.1)/0.2+1]\times8=48(根)$

②$L=3.9-1.1\times2+0.15\times2=2$(m)

$N=[(1.1-0.15-0.1)/0.2+1]\times4=24$(根)

分布钢筋(ф6)总长 $=5.9\times48+2\times24=331.2$(m)

2. 计算图示钢筋用量

图示钢筋用量 = 图示钢筋长度 × 钢筋每米质量

ф10 钢筋质量 $=(301.34+583.02)\times0.617=545.65$(kg) $=0.546$ t

ф8 钢筋质量 $=284.4\times0.395=112.34$(kg) $=0.112$ t

ф6 钢筋质量 $=331.2\times0.222=73.53$(kg) $=0.074$ t

【任务探索】 结合实际钢筋混凝土框架结构工程,分析并编制现浇钢筋混凝土工程量清单与计价表。

【任务练习】

一、单项选择题

1. 根据"13 房屋建筑计量规范"规定,矩形柱清单项目特征描述中必须包括(　　)。

A. 柱高度　B. 柱截面尺寸　C. 混凝土强度　D. 模板类型

2. 框架柱的柱高应自柱基上表面算至(　　)之间的高度计算。

A. 楼板下表面　B. 楼板上表面　C. 梁底面　D. 柱顶

3. 现浇混凝土梁按设计图示尺寸以体积计算,伸入墙内的梁头、梁垫(　　)计算。

A. 并入柱体积内　B. 并入墙体积内

C. 不并入梁体积内　D. 并入梁体积内

4. "13 房屋建筑计量规范"规定,混凝土梁与柱相连时,梁长算至(　　)。

A. 柱的侧面　B. 轴线　C. 柱中心线　D. 柱外缘线

5. 现浇钢筋混凝土墙、板上单孔面积(　　)时,其清单工程量不扣除孔洞所占的体积。

A. $\leqslant0.3\ m^2$　B. $\leqslant0.5\ m^2$　C. $\leqslant1.0\ m^2$　D. $\leqslant3.0\ m^2$

6. 现浇混凝土天沟、挑檐板按设计图示尺寸以(　　)计算。

A. 中心线长度　B. 面积　C. 体积　D. 伸出外墙的宽度

7. 现浇混凝土电缆沟、地沟按设计图示以(　　)计算。

A. 体积　B. 中心线长度

C. 面积　D. 电缆沟、地沟底面积乘以挖土深度

8. 计算钢筋工程量时,设计未规定搭接长度的,其搭接钢筋用量(　　)。

A. 按实调增　B. 不得计算,应在综合单价中综合考虑

C. 按施工规范计算　D. 与甲方协商解决

9. 清单工程量按面积以平方米计量的有(　　)。

A. 现浇混凝土天沟　B. 现浇混凝土雨篷

C. 现浇混凝土板后浇带　D. 砖砌散水

10. 计算整体现浇混凝土楼梯工程量时,正确的做法是(　　)。

A. 以斜面积计算　B. 扣除宽度小于 500 mm 的楼梯井

C. 伸入墙内的部分不计算　D. 整体楼梯不包括连续梁

二、多项选择题

1. 根据“13 房屋建筑计量规范”规定，现浇整体楼梯的工程量可按设计图示尺寸以水平投影面积计算，其水平投影面积应包括(　　)。

A. 休息平台　　B. 平台梁　　C. 楼梯斜梁

D. 楼梯柱　　E. 楼梯的连接梁

2. 在计算现浇混凝土梁的梁长时，(　　)。

A. 梁与柱连接时，梁长算至柱侧面

B. 梁与柱连接时，梁长算至柱中心

C. 主梁与次梁连接时，主梁算至次梁侧面

D. 主梁与次梁连接时，次梁算至主梁侧面

E. 梁与柱连接时，梁长应通长计算

3. 现浇混凝土板的清单工程量按设计图示尺寸以体积计算。不扣除构件内(　　)所占体积。

A. 钢筋　　B. 预埋铁件　　C. 板中 0.3 m^2 以内的孔洞

D. 板中 0.5 m^2 以内的孔洞　　E. 伸入墙内的板头

4. 关于混凝土及钢筋混凝土清单工程量计算，下列论述正确的是(　　)。

A. 现浇混凝土基础按设计图示尺寸以体积计算

B. 现浇混凝土柱按设计图示尺寸以体积计算

C. 现浇混凝土梁按设计图示尺寸以体积计算

D. 预制混凝土板按设计图示尺寸以体积计算

E. 预制混凝土楼梯按设计图示尺寸以体积计算

5. 根据“13 房屋建筑计量规范”规定，以下关于清单工程量计算正确的是(　　)。

A. 现浇混凝土整体楼梯按设计图示的水平投影面积计算，扣除梯井宽度大于 500 mm 的梯井面积

B. 散水、坡道按设计图示尺寸以面积计算，不扣除单个面积在 0.3 m^2 以内的孔洞面积

C. 电缆沟、地沟和后浇带均按设计图示尺寸以长度计算

D. 混凝土台阶按设计图示尺寸以体积计算

E. 混凝土压顶可按设计图示尺寸以体积计算

三、能力训练

编制项目五中建筑物的钢筋混凝土工程项目的工程量清单，结合计价定额进行项目综合单价分析并计价。

任务七　门窗工程

【任务导航】

问题 1：木门、金属门等项目清单编制、综合单价分析。

问题 2：木窗、金属窗等项目清单编制、综合单价分析。

问题 3:通过案例分析,编制门窗工程工程量清单,进行综合单价分析与费用计算。

【任务解析】

按照"13 房屋建筑计量规范"规定,结合房屋建筑工程实际情况,本节学习任务主要包括门(木门、金属门、金属卷帘门、其他门等)、窗(木窗、金属窗等)内容的计量与计价。

一、门

(一)木门

1. 清单项目划分及工程量计算规则

木门工程量清单项目设置、项目特征描述的内容、计量单位及工程量计算规则,应按"13 房屋建筑计量规范"中表 H.1 的规定执行,见表 4-79。

表 4-79 木门(编码:010801)

项目编码	项目名称	项目特征	计量单位	工程量计算规则	工程内容
010801001	木质门	1. 门代号及洞口尺寸 2. 镶嵌玻璃品种、厚度	1. 樘 2. m^2	1. 以樘计量,按设计图示数量计算 2. 以 m^2 计量,按设计图示洞口尺寸以面积计算	1. 门安装 2. 玻璃安装 3. 五金安装
010801002	木质门带套				
010801003	木质连窗门				
010801004	木质防火门				
010801005	木门框	1. 门代号及洞口尺寸 2. 框截面尺寸 3. 防护材料种类	1. 樘 2. m	1. 以樘计量,按设计图示数量计算 2. 以 m 计量,按设计图示框的中心线以延长米计算	1. 木门框制作、安装 2. 运输 3. 刷防护材料
010801006	门锁安装	1. 锁品种 2. 锁规格	个(套)	按设计图示数量计算	安装

【注意事项】

(1)木质门应区分镶板木门、企口木板门、实木装饰门、胶合板门、夹板装饰门、木纱门、全玻门(带木质扇框)、木质半玻门(带木质扇框)等项目,分别编码列项。

(2)木门五金应包括折页、插销、门碰珠、弓背拉手、搭机、木螺丝、弹簧折页(自动门)、管子拉手(自由门、地弹门)、地弹簧(地弹门)、角铁、门轧头(地弹门、自由门)等。

(3)木质门带套计量按洞口尺寸以面积计算,不包括门套的面积,但门套应计算在综合单价中。

(4)以樘计量,项目特征必须描述洞口尺寸;以 m^2 计量,项目特征可不描述洞口尺寸。

(5)单独制作安装木门框按木门框项目编码列项。

(6)若本表项目中涉及油漆,另按"13 房屋建筑计量规范"附录 P"油漆、涂料、裱糊工程"中相应项目编码列项。(下同)

2. 清单工程量计算

(1)木门

$$S = 设计图示尺寸洞口面积 \tag{4-64}$$

或

$$N = 设计图示门的数量 \tag{4-65}$$

(2)门锁安装

$$N = 设计图示门锁的数量 \tag{4-66}$$

3. 综合单价分析

(1)根据项目清单特征内容,结合计价定额规定确定综合单价。木门清单项目综合单价应综合考虑木门框、扇、亮子的制作与安装(或成品门的运输、安装)、五金配件及玻璃安装的费用。

(2)木门清单项目综合单价分析时应综合考虑木材的种类、框扇设计断面、玻璃品种及厚度等实际情况综合计算。

(二)金属门

1. 清单项目划分及工程量计算规则

金属门工程量清单项目设置、项目特征描述的内容、计量单位及工程量计算规则,应按"13 房屋建筑计量规范"中表 H.2 的规定执行,见表 4-80。

表 4-80　金属门(编码:010802)

<table>
<tr><th>项目编码</th><th>项目名称</th><th>项目特征</th><th>计量单位</th><th>工程量计算规则</th><th>工程内容</th></tr>
<tr><td>010802001</td><td>金属(塑钢)门</td><td>1. 门代号及洞口尺寸
2. 门框或扇外围尺寸
3. 门框、扇材质
4. 玻璃品种、厚度</td><td rowspan="4">1. 樘
2. m²</td><td rowspan="4">1. 以樘计量,按设计图示数量计算
2. 以 m² 计量,按设计图示洞口尺寸以面积计算</td><td rowspan="3">1. 门安装
2. 玻璃安装
3. 五金安装</td></tr>
<tr><td>010802002</td><td>彩板门</td><td>1. 门代号及洞口尺寸
2. 门框或扇外围尺寸</td></tr>
<tr><td>010802003</td><td>钢质防火门</td><td rowspan="2">1. 门代号及洞口尺寸
2. 门框或扇外围尺寸
3. 门框、扇材质</td></tr>
<tr><td>010802004</td><td>防盗门</td><td>1. 门安装
2. 五金安装</td></tr>
</table>

【注意事项】

(1)金属门应区分金属平开门、金属推拉门、金属地弹门、全玻门(带金属扇框)、金属半玻门(带扇框)等项目,分别编码列项。

(2)铝合金门五金包括地弹簧、门锁、拉手、门插、门铰、螺丝等。

(3)金属门五金包括 L 型执手插锁(双舌)、执手锁(单舌)、门轨头、地锁、防盗门机、门眼(猫眼)、门碰珠、电子锁(磁卡锁)、闭门器、装饰拉手等。

(4)以樘计量,项目特征必须描述洞口尺寸,没有洞口尺寸必须描述门框或扇外围尺寸;以平方米计量,项目特征可不描述洞口尺寸及框、扇的外围尺寸(下同)。

(5)以平方米计量,无设计图示洞口尺寸,按门框、扇外围以面积计算(下同)。

2. 清单工程量计算

$$S=\text{设计图示尺寸洞口面积} \tag{4-67}$$

或

$$N=\text{设计图示门的数量} \tag{4-68}$$

3. 综合单价分析

(1)根据项目清单特征内容,结合计价定额规定确定综合单价。金属门清单项目综合单价应综合考虑门框、扇、亮子的制作与安装(或成品门的运输、安装)、五金配件及玻璃安装的费用。

(2)金属门清单项目综合单价分析时应综合考虑金属材质、框扇设计断面、玻璃厚度等实际情况综合计算。

(三)金属卷帘(闸)门

1. 清单项目划分及工程量计算规则

金属卷帘门工程量清单项目设置、项目特征描述的内容、计量单位及工程量计算规则,应按“13 房屋建筑计量规范”中表 H. 3 的规定执行,见表 4-81。

表 4-81 金属卷帘(闸)门(编码:010803)

项目编码	项目名称	项目特征	计量单位	工程量计算规则	工程内容
010803001	金属卷帘(闸)门	1. 门代号及洞口尺寸 2. 门材质 3. 启动装置品种、规格	1. 樘 2. m^2	1. 以樘计量,按设计图示数量计算 2. 以 m^2 计量,按设计图示洞口尺寸以面积计算	1. 门运输、安装 2. 启动装置、活动小门、五金安装
010803002	防火卷帘(闸)门				

2. 清单工程量计算

$$S=\text{设计图示尺寸洞口面积} \tag{4-69}$$

或

$$N=\text{设计图示门的数量} \tag{4-70}$$

3. 综合单价分析

(1)根据项目清单特征内容,结合计价定额规定确定综合单价。金属卷帘门清单项目综合单价应综合考虑门的制作与安装(或成品门的运输、安装)、五金配件安装、活动小门、电动装置等的费用。

(2)金属卷帘门清单项目综合单价分析时应综合考虑金属材质、设计断面构造等实际情况综合计算。

(四)其他门

1. 清单项目划分及工程量计算规则

其他门工程量清单项目设置、项目特征描述的内容、计量单位及工程量计算规则,应按“13 房屋建筑计量规范”中表 H. 5 的规定执行,见表 4-82。

表 4-82　其他门(编码:010805)

<table>
<tr><th>项目编码</th><th>项目名称</th><th>项目特征</th><th>计量单位</th><th>工程量计算规则</th><th>工程内容</th></tr>
<tr><td>010805001</td><td>电子感应门</td><td rowspan="2">1. 门代号及洞口尺寸
2. 门框或扇外围尺寸
3. 门框、扇材质
4. 玻璃品种、厚度
5. 启动装置的品种、规格
6. 电子配件品种、规格</td><td rowspan="7">1. 樘
2. m^2</td><td rowspan="7">1. 以樘计量,按设计图示数量计算
2. 以 m^2 计量,按设计图示洞口尺寸以面积计算</td><td rowspan="4">1. 以樘计量,按设计图示数量计算
2. 以 m^2 计量,按设计图示洞口尺寸以面积计算</td></tr>
<tr><td>010805002</td><td>旋转门</td></tr>
<tr><td>010805003</td><td>电子对讲门</td><td rowspan="2">1. 门代号及洞口尺寸
2. 门框或扇外围尺寸
3. 门材质
4. 玻璃品种、厚度
5. 启动装置的品种、规格
6. 电子配件品种、规格</td></tr>
<tr><td>010805004</td><td>电动伸缩门</td></tr>
<tr><td>010805005</td><td>全玻自由门</td><td>1. 门代号及洞口尺寸
2. 门框或扇外围尺寸
3. 框材质
4. 玻璃品种、厚度</td><td rowspan="3">1. 门安装
2. 五金安装</td></tr>
<tr><td>010805006</td><td>镜面不锈钢饰面门</td><td rowspan="2">1. 门代号及洞口尺寸
2. 门框或扇外围尺寸
3. 框、扇材质
4. 玻璃品种、厚度</td></tr>
<tr><td>010805007</td><td>复合材料门</td></tr>
</table>

2. 清单工程量计算

$$S=\text{设计图示尺寸洞口面积} \tag{4-71}$$

或

$$N=\text{设计图示门的数量} \tag{4-72}$$

3. 综合单价分析

(1)根据项目清单特征内容,结合计价定额规定确定综合单价。综合单价应综合考虑成品门的安装、五金配件安装、电动装置等的费用。

(2)清单项目综合单价分析时应综合考虑门的材质、玻璃、饰面等实际情况综合计算。

二、窗

(一)木窗

1. 清单项目划分及工程量计算规则

木窗工程量清单项目设置、项目特征描述的内容、计量单位及工程量计算规则,应按“13 房屋建筑计量规范”中表 H.6 的规定执行,见表 4-83。

表4-83　木窗(编码:010806)

项目编码	项目名称	项目特征	计量单位	工程量计算规则	工程内容
010806001	木质窗	1. 窗代号及洞口尺寸 2. 玻璃品种、厚度	1. 樘 2. m^2	1. 以樘计量,按设计图示数量计算 2. 以 m^2 计量,按设计图示洞口尺寸以面积计算	1. 窗安装 2. 五金、玻璃安装
010806002	木飘(凸)窗				
010806003	木橱窗	1. 窗代号 2. 框截面及外围展开面积 3. 玻璃品种、厚度 4. 防护材料种类		1. 以樘计量,按设计图示数量计算 2. 以 m^2 计量,按设计图示尺寸以框外围面积计算	1. 窗制作、运输、安装 2. 五金、玻璃安装 3. 刷防护材料
010806004	木纱窗	1. 窗代号及框的外围尺寸 2. 窗纱材料品种、规格		1. 以樘计量,按设计图示数量计算 2. 以 m^2 计量,按框的外围尺寸以面积计算	1. 窗安装 2. 五金安装

【注意事项】

(1)木质窗应区分为木百叶窗、木组合窗、木天窗、木固定窗、木装饰空花窗等项目,分别编码列项。

(2)木窗五金包括折页、插销、风钩、木螺丝、滑轮滑轨(推拉窗)等。

2. 清单工程量计算

$$S=\text{设计图示尺寸洞口(框外围)面积} \tag{4-73}$$

或

$$N=\text{设计图示窗的数量} \tag{4-74}$$

3. 综合单价分析

(1)根据项目清单特征内容,结合计价定额规定确定综合单价。木窗清单项目综合单价应综合考虑木窗框、扇、亮子的制作与安装(或成品窗的运输、安装)、五金配件及玻璃安装的费用。

(2)木窗清单项目综合单价分析时应综合考虑木材的种类、框扇设计断面、玻璃品种及厚度等实际情况综合计算。

(二)金属窗

1. 清单项目划分及工程量计算规则

金属窗工程量清单项目设置、项目特征描述的内容、计量单位及工程量计算规则,应按"13 房屋建筑计量规范"中表 H.7 的规定执行,见表4-84。

表 4-84　金属窗（编码:010807）

<table>
<tr><th>项目编码</th><th>项目名称</th><th>项目特征</th><th>计量单位</th><th>工程量计算规则</th><th>工程内容</th></tr>
<tr><td>010807001</td><td>金属（塑钢、断桥）窗</td><td rowspan="3">1. 窗代号及洞口尺寸
2. 框、扇材质
3. 玻璃品种、厚度</td><td rowspan="9">1. 樘
2. m^2</td><td rowspan="3">1. 以樘计量，按设计图示数量计算
2. 以 m^2 计量，按设计图示洞口尺寸以面积计算</td><td rowspan="2">1. 窗安装
2. 五金、玻璃安装</td></tr>
<tr><td>010807002</td><td>金属防火窗</td></tr>
<tr><td>010807003</td><td>金属百叶窗</td><td rowspan="3">1. 窗安装
2. 五金安装</td></tr>
<tr><td>010807004</td><td>金属纱窗</td><td>1. 窗代号及框的外围尺寸
2. 框材质
3. 窗纱材料品种、规格</td><td>1. 以樘计量，按设计图示数量计算
2. 以 m^2 计量，按框的外围尺寸以面积计算</td></tr>
<tr><td>010807005</td><td>金属格栅窗</td><td>1. 窗代号及洞口尺寸
2. 框外围尺寸
3. 框、扇材质</td><td>1. 以樘计量，按设计图示数量计算
2. 以 m^2 计量，按设计图示洞口尺寸以面积计算</td></tr>
<tr><td>010807006</td><td>金属（塑钢、断桥）橱窗</td><td>1. 窗代号
2. 框外围展开面积
3. 框、扇材质
4. 玻璃品种、厚度
5. 防护材料种类</td><td rowspan="2">1. 以樘计量，按设计图示数量计算
2. 以 m^2 计量，按设计图示尺寸以框外围展开面积计算</td><td>1. 窗制作、运输、安装
2. 五金、玻璃安装
3. 刷防护材料</td></tr>
<tr><td>010807007</td><td>金属（塑钢、断桥）飘（凸）窗</td><td>1. 窗代号
2. 框外围展开面积
3. 框、扇材质
4. 玻璃品种、厚度</td><td rowspan="3">1. 窗安装
2. 五金、玻璃安装</td></tr>
<tr><td>010807008</td><td>彩板窗</td><td rowspan="2">1. 窗代号及洞口尺寸
2. 框外围尺寸
3. 框、扇材质
4. 玻璃品种、厚度</td><td rowspan="2">1. 以樘计量，按设计图示数量计算
2. 以 m^2 计量，按设计图示洞口尺寸或框外围以面积计算</td></tr>
<tr><td>010807009</td><td>复合材料窗</td></tr>
</table>

【注意事项】

（1）金属窗应区分为金属组合窗、防盗窗等项目，分别编码列项。

（2）金属窗五金包括折页、螺丝、执手、卡锁、铰拉、风撑、滑轮、滑轨、拉把、拉手、角码、牛角制等。

2. 清单工程量计算

$$S=\text{设计图示尺寸洞口(框外围)面积} \tag{4-75}$$

或

$$N=\text{设计图示窗的数量} \tag{4-76}$$

3. 综合单价分析

(1)根据项目清单特征内容,结合计价定额规定确定综合单价。金属窗清单项目综合单价应综合考虑窗框、扇、亮子的制作与安装(或成品窗的运输、安装)、五金配件及玻璃安装、电动装置等的费用。

(2)金属窗清单项目综合单价分析时应综合考虑金属材质、框扇设计断面、玻璃厚度等实际情况综合计算。

三、案例分析

【案例1】 编制木门清单项目的计量与计价表。

某工程有单扇无亮镶板门共50樘,洞口尺寸1.0 m×2.1 m;有单扇有亮(平板玻璃3 mm厚)无玻胶合板门200樘(亮子高0.5 m),洞口尺寸0.9 m×2.5 m;有单扇无亮无玻胶合板门50樘,洞口尺寸0.8 m×2.1 m。门上安装球形执手锁(50元/把),门油漆为一底两油调和漆。试计算综合计价费用(人工单价按49元/工日计入综合单价,其他可参考计价定额或市场价;木门油漆按"13房屋建筑计量规范"附录P单列清单项目)。

解:按"13房屋建筑计量规范"的有关规定,案例中木门工程可列为"镶板木门、胶合板门(单扇有亮)、胶合板门(单扇无亮)、门锁安装、单层木门油漆"五个清单项目。

1. 清单工程量计算

(1)镶板木门(010801001001)

$$S=1.0\times2.1\times50=105(\mathrm{m}^2)$$

(2)胶合板门(单扇有亮)(010801001002)

$$S=0.9\times2.5\times200=450(\mathrm{m}^2)$$

(3)胶合板门(单扇无亮)(010801001003)

$$S=0.8\times2.1\times50=84(\mathrm{m}^2)$$

(4)门锁安装(010801001003)

$$N=50+200+50=300(\text{个})$$

(5)单层木门油漆(011401001001)

$$S=105+450+84=639(\mathrm{m}^2)$$

具体内容见填表4-85。

2. 综合单价计算

结合工程量清单,参照某省《计价定额》规定:

(1)镶板木门综合单价参考:单扇无亮普通木门(B4-1),但人工费应换算;人工单价换为49元/工日。

表 4-85　分部分项工程和单价措施清单与计价表

序号	项目编码	项目名称	项目特征描述	计量单位	工程量	金额(元)		
						综合单价	合价	其中 暂估价
			H 门窗工程					
1	010801001001	镶板木门	单扇(无亮)镶板门	m^2	105	177.02	18 587.10	
2	010801001002	胶合板门	单扇(有亮)胶合板门; 平板玻璃 3 mm 厚	m^2	450	169.94	76 473.00	
3	010801001003	胶合板门	单扇(无亮)胶合板门	m^2	84	177.02	14 869.68	
4	010801006001	门锁安装	球形执手锁安装	个	300	61.65	18 495.00	
			小　计				128 424.78	
			P 油漆、涂料、裱糊工程					
5	011401001001	单层木门油漆	单扇(无亮)镶板门; 单扇(有亮)胶合板门; 单扇(无亮)胶合板门; 一底两度调和漆	m^2	639	24.68	15 770.52	
			小　计				15 770.52	
			合　计				144 195.30	

换算后人工费 =(1 409.97/43)×49 =1 606.71(元/100 m^2)

定额工程量 = 清单工程量

(2)胶合板门(单扇有亮)综合单价参考:单扇有亮普通木门(B4-3),但人工费应换算;人工单价换为 49 元/工日。

换算后人工费 =(1 806.43/43)×49 =2 058.49(元/100 m^2)

定额工程量 = 清单工程量

(3)胶合板门(单扇无亮)综合单价参考:单扇无亮普通木门(B4-1),但人工费应换算;人工单价换为 49 元/工日。

换算后人工费 =(1 409.97/43)×49 =1 606.71(元/100 m^2)

定额工程量 = 清单工程量

(4)门锁安装综合单价参考:执手锁安装(B4-75),但人工费、材料费应换算;人工单价换为 49 元/工日,执手锁单价换为 50 元/把。

换算后人工费 =1.57×49 =76.93(元/10 个)

换算后材料费 = 10 × 50 = 500(元/10 个)

定额工程量 = 清单工程量

(5)单层木门油漆综合单价参考：单层木门一底二油调和漆(B5 - 1)，但人工费应换算；人工单价换为 49 元/工日。

换算后人工费 = 20.35 × 49 = 997.15(元/100 m^2)

定额工程量 = 清单工程量

综合单价分析与计算见表 4-86 ~ 表 4-90。

表 4-86　综合单价分析表(一)

项目编码	010801001001	项目名称	镶板木门	计量单位	m^2	工程量	105				
清单综合单价组成明细											
定额编号	定额名称	定额单位	数量	单价				合价			
				人工费	材料费	机械费	管理费和利润	人工费	材料费	机械费	管理费和利润
B4 - 1 换	单扇镶板木门	100 m^2	0.01	1 606.71	15 171.76	96.77	826.31	16.07	151.72	0.97	8.26
人工单价		小　计						16.07	151.72	0.97	8.26
49 元/工日		未计价材料费						0			
清单项目综合单价								177.02			
材料费明细	主要材料名称、规格、型号				单位	数量		单价(元)	合价(元)	暂估单价(元)	暂估合价(元)
	其他材料费							—		—	
	材料费小计							—		—	

表 4-87　综合单价分析表(二)

项目编码	010801001002	项目名称	胶合板门	计量单位	m^2	工程量	450				
清单综合单价组成明细											
定额编号	定额名称	定额单位	数量	单价				合价			
				人工费	材料费	机械费	管理费和利润	人工费	材料费	机械费	管理费和利润
B4 - 3 换	单扇有亮胶合板门	100 m^2	0.01	2 058.49	13 728.77	147.66	1 058.65	20.58	137.29	1.48	10.59
人工单价		小　计						20.58	137.29	1.48	10.59
49 元/工日		未计价材料费									
清单项目综合单价								169.94			

表 4-88　综合单价分析表(三)

项目编码	010801001003	项目名称	胶合板门	计量单位	m^2	工程量	84

清单综合单价组成明细

定额编号	定额名称	定额单位	数量	单价				合价			
				人工费	材料费	机械费	管理费和利润	人工费	材料费	机械费	管理费和利润
B4－1 换	单扇无亮胶合板门	100 m^2	0.01	1 606.71	15 171.76	96.77	826.31	16.07	151.72	0.97	8.26
人工单价		小　计						16.07	151.72	0.97	8.26
49 元/工日		未计价材料费						0			
清单项目综合单价								177.02			

表 4-89　综合单价分析表(四)

项目编码	010801006001	项目名称	门锁安装	计量单位	个	工程量	300

清单综合单价组成明细

定额编号	定额名称	定额单位	数量	单价				合价			
				人工费	材料费	机械费	管理费和利润	人工费	材料费	机械费	管理费和利润
B4－75 换	球形执手锁安装	10 个	0.1	76.93	500	0	39.57	7.69	50.00	0	3.96
人工单价		小　计						7.69	50.00	0	3.96
49 元/工日		未计价材料费						0			
清单项目综合单价								61.65			

表 4-90　综合单价分析表(五)

项目编码	011401001001	项目名称	单层木门油漆	计量单位	m^2	工程量	639

清单综合单价组成明细

定额编号	定额名称	定额单位	数量	单价				合价			
				人工费	材料费	机械费	管理费和利润	人工费	材料费	机械费	管理费和利润
B5－1 换	木门一底油二调和漆	100 m^2	0.01	997.15	819.61	0	651.20	9.97	8.20	0	6.51
人工单价		小　计						9.97	8.20	0	6.51
49 元/工日		未计价材料费						0			
清单项目综合单价								24.68			

3. 合价

结合表4-86～表4-90内容填表4-85中的综合单价，计算合价。

【案例2】　编制门窗工程清单项目的计量与计价表。

如图4-26所示某房屋平面图，门窗表见表4-91。C－1纱扇面积为750 mm×750 mm，C－2纱扇面积为900 mm×750 mm，市场价为60元/m^2；木门油漆为一底两油调和漆。

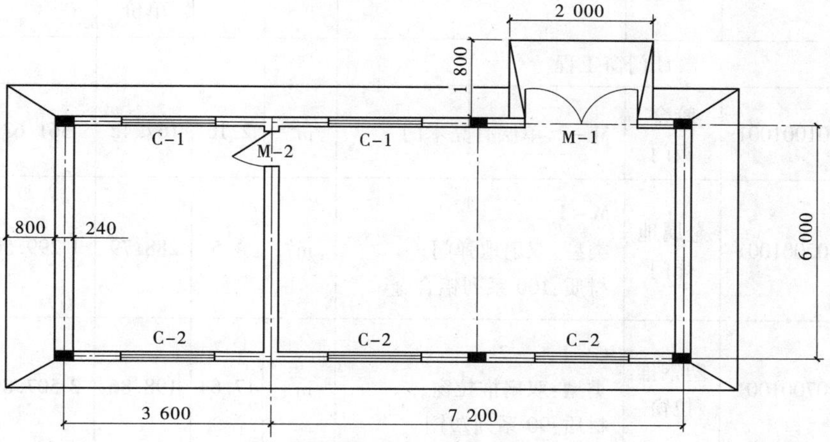

图4-26　某房屋平面图

表4-91　门窗洞口尺寸

类型	设计编号	洞口尺寸(mm)	数量	说明
窗	C－1	1 500×2 100	2	90系列塑钢推拉窗
	C－2	1 800×2 100	3	90系列塑钢推拉窗
门	M－1	1 500×3 000	1	100系列双扇铝合金地弹门
	M－2	900×2 400	1	无玻有亮胶合板门

解：按"13房屋建筑计量规范"的有关规定，案例中木门工程可列为"胶合板门、金属地弹门、塑钢推拉窗、塑钢纱扇、单层木门油漆"五个清单项目。

1. 清单工程量计算

(1)胶合板门(单扇有亮)(010801001001)：

$$S=0.9\times2.4=2.16(m^2)$$

(2)金属地弹门(010802001001)：

$$S=1.5\times3=4.5(m^2)$$

(3)塑钢推拉窗(010807001001)：

$$S=1.5\times2.1\times2+1.8\times2.1\times3=17.64(m^2)$$

(4)塑钢纱窗(010807004001)：

$$S=0.75\times0.75\times2+0.9\times0.75\times3=3.15(m^2)$$

(5)单层木门油漆(011401001001):

$$S = 2.16\ m^2$$

具体内容见表4-92。

表4-92　分部分项工程和单价措施清单与计价表

序号	项目编码	项目名称	项目特征描述	计量单位	工程量	金额(元)		
						综合单价	合价	其中 暂估价
	H门窗工程							
1	010801001001	胶合板门	M-2,单层有亮木门	m^2	2.16	167.42	361.63	
2	010802001001	金属地弹门	M-1 类型:双扇地弹门; 材质:100系列铝合金	m^2	4.5	288.79	1 299.56	
3	010807001001	塑钢推拉窗	C-1,C-2 类型:双扇推拉窗; 材质:90系列塑钢	m^2	17.64	198.86	3 507.89	
4	010807004001	塑钢纱窗	90系列塑钢推拉纱窗	m^2	3.15	60	189.00	
	分部小计						5 358.08	
	P油漆、涂料、裱糊工程							
5	011401001001	单层木门油漆	单层无玻有亮胶合板门; 一底两油调和漆	m^2	2.16	23.46	50.67	
	分部小计						50.67	
	合　计						5 408.75	

2. 综合单价计算

结合工程量清单,参照某省《计价定额》规定:

(1)胶合板门(单扇有亮)综合单价参考(B4-3):定额工程量=清单工程量。

(2)金属地弹门综合单价参考(B4-15):定额工程量=清单工程量。

(3)塑钢推拉窗综合单价参考(B4-67):定额工程量=清单工程量。

(4)塑钢纱窗综合单价:60元/m^2。定额工程量=清单工程量。

(5)单层木门油漆综合单价参考(B5-1):定额工程量=清单工程量。

综合单价分析与计算见表4-93～表4-97。

表 4-93　综合单价分析表(一)

项目编码	010801001001	项目名称	胶合板门	计量单位	m^2	工程量	2.16				
清单综合单价组成明细											
定额编号	定额名称	定额单位	数量	单价				合价			
				人工费	材料费	机械费	管理费和利润	人工费	材料费	机械费	管理费和利润
B4－3	单扇有亮胶板门	100 m^2	0.01	1 806.43	13 728.77	147.66	1 058.65	18.06	137.29	1.48	10.59
人工单价		小　计						18.06	137.29	1.48	10.59
43 元/工日		未计价材料费						0			
清单项目综合单价								167.42			
材料费明细	主要材料名称、规格、型号				单位	数量		单价(元)	合价(元)	暂估单价(元)	暂估合价(元)
	其他材料费							—		—	
	材料费小计							—		—	

表 4-94　综合单价分析表(二)

项目编码	010802001001	项目名称	金属地弹门	计量单位	m^2	工程量	4.5				
清单综合单价组成明细											
定额编号	定额名称	定额单位	数量	单价				合价			
				人工费	材料费	机械费	管理费和利润	人工费	材料费	机械费	管理费和利润
B4－15	铝合金双扇地弹门(全玻)	100 m^2	0.01	1 411.26	26 577.81	62.95	827.07	14.11	265.78	0.63	8.27
人工单价		小　计						14.11	265.78	0.63	8.27
43 元/工日		未计价材料费						0			
清单项目综合单价								288.79			
材料费明细	主要材料名称、规格、型号				单位	数量		单价(元)	合价(元)	暂估单价(元)	暂估合价(元)
	其他材料费							—		—	
	材料费小计							—		—	

表 4-95　综合单价分析表(三)

项目编码	010807001001	项目名称		塑钢推拉窗		计量单位	m²		工程量	17.64	
清单综合单价组成明细											
定额编号	定额名称	定额单位	数量	单价				合价			
				人工费	材料费	机械费	管理费和利润	人工费	材料费	机械费	管理费和利润
B4－67	塑钢推拉窗	100 m²	0.01	1 182.50	18 004.91	5.00	693.00	11.83	180.05	0.05	6.93
人工单价		小计						11.83	180.05	0.05	6.93
43 元/工日		未计价材料费						0			
清单项目综合单价								198.86			
材料费明细	主要材料名称、规格、型号				单位	数量		单价(元)	合价(元)	暂估单价(元)	暂估合价(元)
	其他材料费							—		—	
	材料费小计							—		—	

表 4-96　综合单价分析表(四)

项目编码	010807004001	项目名称		塑钢纱窗		计量单位	m²		工程量	3.15	
清单综合单价组成明细											
定额编号	定额名称	定额单位	数量	单价				合价			
				人工费	材料费	机械费	管理费和利润	人工费	材料费	机械费	管理费和利润
	塑钢纱窗	m²	1		60				60		
人工单价		小计							60		
43 元/工日		未计价材料费						0			
清单项目综合单价								60			
材料费明细	主要材料名称、规格、型号				单位	数量		单价(元)	合价(元)	暂估单价(元)	暂估合价(元)
	其他材料费							—		—	
	材料费小计							—		—	

表 4-97　综合单价分析表(五)

项目编码	011401001001	项目名称	单层木门油漆	计量单位	m^2	工程量	2.16

清单综合单价组成明细											
定额编号	定额名称	定额单位	数量	单价				合价			
				人工费	材料费	机械费	管理费和利润	人工费	材料费	机械费	管理费和利润
B5－1	木门一底油、二遍调和漆	100 m^2	0.01	875.05	819.61	0	651.20	8.75	8.20	0	6.51
人工单价	小　计							8.75	8.20	0	6.51
43 元/工日	未计价材料费							0			
清单项目综合单价								23.46			
材料费明细	主要材料名称、规格、型号			单位	数量			单价(元)	合价(元)	暂估单价(元)	暂估合价(元)
	其他材料费							—		—	
	材料费小计							—		—	

3. 合价

结合表 4-93 ~ 表 4-97 内容填表 4-92 中的综合单价,计算合价。

【任务探索】 结合实际门窗工程,分析并编制门窗工程工程量清单与计价表。

【任务练习】

一、单项选择题

1. 各类门窗制作、安装工程量除特别规定外,通常按(　　)计算。

A. 门窗洞口面积　　B. 门窗框外围面积

C. 门窗框中线面积　　D. 门窗扇面积

2. 一般计价定额中木门窗的木材断面以毛料编制,如设计或图集中注明的断面是净料时,木材单面刨光应增加(　　),双面刨光应增加(　　)。

A. 3 mm,4 mm　　B. 3 mm,5 mm　　C. 3 mm,6 mm　　D. 4 mm,6 mm

二、多项选择题

1. 按"13 房屋建筑计量规范"规定,下列门窗工程中按洞口面积计算的有(　　)。

A. 普通木门窗　　B. 塑钢门窗　　C. 纱门

D. 纱窗　　E. 金属卷帘门

2. 一般门窗工程中清单工程量按洞口面积计算时,其项目特征应该描述的内容有(　　)。

A. 玻璃品种、厚度　　B. 门窗代号　　C. 框、扇断面尺寸

D. 洞口(框外围)尺寸　　E. 油漆材料

三、能力训练

编制项目五中建筑物的门窗工程项目的工程量清单,结合计价定额进行项目综合单价分析并计价。

任务八　屋面工程

【任务导航】

问题1:瓦、型材屋面项目清单编制、综合单价分析。

问题2:屋面防水、保温项目清单编制、综合单价分析。

问题3:结合案例分析,编制一般屋面工程工程量清单,进行综合单价分析与费用计算。

【任务解析】

按照"13 房屋建筑计量规范"规定,结合房屋建筑工程实际情况,本节学习任务主要包括瓦及型材等屋面、屋面防水、屋面保温及隔热等内容的计量与计价。

一、瓦、型材及其他屋面

(一)清单项目编制与工程量计算

1. 清单项目划分及工程量计算规则

瓦、型材及其他屋面工程量清单项目设置、项目特征描述的内容、计量单位及工程量计算规则,应按"13 房屋建筑计量规范"中表 J.1 的规定执行,见表 4-98。

表 4-98　瓦、型材及其他屋面(编码:010901)

项目编码	项目名称	项目特征	计量单位	工程量计算规则	工程内容
010901001	瓦屋面	1. 瓦品种、规格 2. 粘结层砂浆的配合比	m^2	按设计图示尺寸以斜面积计算 不扣除房上烟囱、风帽底座、风道、小气窗、斜沟等所占面积。小气窗的出檐部分不增加面积	1. 砂浆制作、运输、摊铺、养护 2. 安瓦、作瓦脊
010901002	型材屋面	1. 型材品种、规格 2. 金属檩条材料品种、规格 3. 接缝、嵌缝材料种类			1. 檩条制作、运输、安装 2. 屋面型材安装 3. 接缝、嵌缝

续表 4-98

项目编码	项目名称	项目特征	计量单位	工程量计算规则	工程内容
010901003	阳光板屋面	1. 阳光板品种、规格 2. 骨架材料品种、规格 3. 接缝、嵌缝材料种类 4. 油漆品种、刷漆遍数	m^2	按设计图示尺寸以斜面积计算 不扣除屋面面积≤0.3 m^2 孔洞所占面积	1. 骨架制作、运输、安装，刷防护材料、油漆 2. 阳光板安装 3. 接缝、嵌缝
010901004	玻璃钢屋面	1. 玻璃钢品种、规格 2. 骨架材料品种、规格 3. 玻璃钢固定方式 4. 接缝、嵌缝材料种类 5. 油漆品种、刷漆遍数			1. 骨架制作、运输、安装，刷防护材料、油漆 2. 玻璃钢制作、安装 3. 接缝、嵌缝
010901005	膜结构屋面	1. 膜布品种、规格 2. 支柱（网架）钢材品种、规格 3. 钢丝绳品种、规格 4. 锚固基座做法 5. 油漆品种、刷漆遍数		按设计图示尺寸以需要覆盖的水平投影面积计算	1. 膜布热压胶接 2. 支柱（网架）制作、安装 3. 膜布安装 4. 穿钢丝绳、锚头锚固 5. 锚固基座，挖土、回填 6. 刷防护材料、油漆

【注意事项】

（1）瓦屋面若是在木基层上铺瓦，项目特征不必描述粘结层砂浆的配合比。

（2）瓦屋面铺防水层，按屋面防水中相关项目编码列项。

2. 清单工程量计算

$$S = \text{设计图示尺寸斜面积} = \text{屋面水平投影面积} \times \text{坡度延尺系数} \quad (4\text{-}77)$$

注意：（1）屋面坡度延尺系数可根据屋面坡度计算或查相关计价定额坡度延尺系数表确定。

（2）瓦、型材屋面：不扣除房上烟囱、风帽底座、风道、小气窗、斜沟等所占面积；小气窗的出檐部分不增加面积。

（3）阳光板、玻璃钢屋面：不扣除屋面面积≤0.3 m^2 孔洞所占面积。

（4）膜结构屋面：按“设计覆盖水平投影面积”计算。

(二)综合单价分析

(1)根据项目清单特征内容,结合计价定额规定确定综合单价。瓦、型材及其他屋面清单项目综合单价应综合考虑屋面面层安装、檩条或骨架、嵌缝及瓦檐、瓦脊的费用。

(2)瓦、型材及其他屋面清单项目综合单价分析时应综合考虑材料的品种、规格等实际情况综合计算。

二、屋面防水及其他

(一)清单项目编制与工程量计算

1. 清单项目划分及工程量计算规则

屋面防水及其他工程量清单项目设置、项目特征描述的内容、计量单位及工程量计算规则,应按"13 房屋建筑计量规范"中表 J.2 的规定执行,见表 4-99。

表 4-99　屋面防水及其他(编码:010902)

项目编码	项目名称	项目特征	计量单位	工程量计算规则	工程内容
010902001	屋面卷材防水	1. 卷材品种、规格、厚度 2. 防水层数 3. 防水层做法	m^2	按设计图示尺寸以面积计算 1. 斜屋顶(不包括平屋顶找坡)按斜面积计算,平屋顶按水平投影面积计算 2. 不扣除房上烟囱、风帽底座、风道、屋面小气窗和斜沟所占面积 3. 屋面的女儿墙、伸缩缝和天窗等处的弯起部分,并入屋面工程量内	1. 基层处理 2. 刷底油 3. 铺油毡卷材、接缝
010902002	屋面涂膜防水	1. 防水膜品种 2. 涂膜厚度、遍数 3. 增强材料种类			1. 基层处理 2. 刷基层处理剂 3. 铺布、喷涂防水层
010902003	屋面刚性层	1. 刚性层厚度 2. 混凝土种类 3. 混凝土强度等级 4. 嵌缝材料种类 5. 钢筋规格、型号		按设计图示尺寸以面积计算。不扣除房上烟囱、风帽底座、风道等所占面积	1. 基层处理 2. 混凝土制作、运输、铺筑、养护 3. 钢筋制安

续表 4-99

项目编码	项目名称	项目特征	计量单位	工程量计算规则	工程内容
010902004	屋面排水管	1. 排水管品种、规格 2. 雨水斗、山墙出水口品种、规格 3. 接缝、嵌缝材料种类 4. 油漆品种、刷漆遍数	m	按设计图示尺寸以长度计算。如设计未标注尺寸，以檐口至设计室外散水上表面垂直距离计算	1. 排水管及配件安装、固定 2. 雨水斗、山墙出水口、雨水篦子安装 3. 接缝、嵌缝 4. 刷漆
010902005	屋面排(透)气管	1. 排(透)气管品种、规格 2. 接缝、嵌缝材料种类 3. 油漆品种、刷漆遍数	m	按设计图示尺寸以长度计算	1. 排(透)气管及配件安装、固定 2. 铁件制作、安装 3. 接缝、嵌缝 4. 刷漆
010902006	屋面(廊、阳台)泄(吐)水管	1. 吐水管品种、规格 2. 接缝、嵌缝材料种类 3. 吐水管长度 4. 油漆品种、刷漆遍数	根(个)	按设计图示数量计算	1. 水管及配件安装、固定 2. 接缝、嵌缝 3. 刷漆
010902007	屋面天沟、沿沟	1. 材料品种、规格 2. 接缝、嵌缝材料种类	m^2	按设计图示尺寸以展开面积计算	1. 天沟材料铺设 2. 天沟配件安装 3. 接缝、嵌缝 4. 刷防护材料
010902008	屋面变形缝	1. 嵌缝材料种类 2. 止水带材料种类 3. 盖缝材料 4. 防护材料种类	m	按设计图示以长度计算	1. 清缝 2. 填塞防水材料 3. 止水带安装 4. 盖缝制作、安装 5. 刷防护材料

【注意事项】

(1)屋面找平层按"13 房屋建筑计量规范"附录 L 楼地面装饰工程"平面砂浆找平层(011101006)"项目编码列项。

(2)屋面保温找坡层按"13 房屋建筑计量规范"附录 K 保温、隔热、防腐工程"保温隔热屋面(011001001)"项目编码列项。

(3)屋面保护层可结合实际情况按"13 房屋建筑计量规范"附录 L 楼地面装饰工程中相应项目编码列项。

(4)屋面防水搭接及附加层用量不另行计算,应在综合单价中考虑。

2. 清单工程量计算

1)屋面卷材、涂膜、刚性防水层

$$S=\text{设计图示尺寸面积}=\text{屋面水平投影面积}\times\text{坡度延尺系数}+\text{弯起面积} \tag{4-78}$$

注意:(1)不扣除房上烟囱、风帽底座、风道、屋面小气窗、斜沟所占面积。

(2)卷材、涂膜防水层与女儿墙、伸缩缝、天窗等相交时,其弯起部分面积按图示尺寸并入防水层工程量中。无设计上弯尺寸时,可按计价定额规定计算弯起面积;一般女儿墙、伸缩缝处上弯 250 mm,天窗处上弯 500 mm。

2)屋面找平层

$$S=\text{设计图示尺寸面积} \tag{4-79}$$

3)屋面排水管、排气管

$$L=\text{设计图示尺寸长度} \tag{4-80}$$

注意:屋面排水管长度如设计未标注尺寸,以檐口至设计室外散水上表面垂直距离计算。

4)屋面、阳台、走廊泄水管

$$N=\text{设计图示数量} \tag{4-81}$$

5)屋面天沟、檐沟

$$S=\text{设计图示尺寸展开面积} \tag{4-82}$$

6)屋面变形缝

$$L=\text{设计图示尺寸长度} \tag{4-83}$$

(二)综合单价分析

(1)屋面防水层清单项目综合单价应综合考虑屋面防水层、结合层、接缝材料的费用。综合单价分析时应综合考虑防水材料的品种、厚度、层数(遍数)等实际情况,根据项目清单特征内容,结合计价定额规定确定综合单价。

(2)屋面找平层清单项目综合单价分析时应综合考虑找平层材料的品种、厚度、基层材料等实际情况,根据项目清单特征内容,结合计价定额规定确定综合单价。

(3)屋面排水管清单项目综合单价应综合考虑屋面排水管、雨水斗、出水口的费用。综合单价分析时应综合考虑排水管、雨水斗、出水口材料的品种、构造等实际情况,根据项目清单特征内容,结合计价定额规定确定综合单价。

(4)屋面变形缝清单项目综合单价应综合考虑屋面变形缝的填缝、盖缝费用。综合单价分析时应综合考虑填缝、盖缝材料的品种、构造等实际情况,根据项目清单特征内容,结合计价定额规定确定综合单价。

三、屋面保温、隔热

(一)清单项目编制与工程量计算

1. 清单项目划分及工程量计算规则

屋面保温、隔热工程量清单项目设置、项目特征描述的内容、计量单位及工程量计算规则,应按“13 房屋建筑计量规范”中表 K.1 的规定执行,见表 4-100。

表 4-100 保温、隔热(编码:011001)

项目编码	项目名称	项目特征	计量单位	工程量计算规则	工程内容
011001001	保温隔热屋面	1. 保温隔热材料品种、规格、厚度 2. 隔气层材料品种、厚度 3. 粘结材料种类、做法 4. 防护材料种类、做法	m^2	按设计图示尺寸以面积计算 扣除面积 >0.3 m^2 的孔洞及占位面积	1. 基层清理 2. 刷粘结材料 3. 铺粘保温层 4. 铺、刷(喷)防护材料

2. 清单工程量计算

$$S = \text{设计图示尺寸面积} \tag{4-84}$$

注意:扣除面积 >0.3 m^2 孔洞等所占面积。

(二)综合单价分析

(1)屋面保温层清单项目综合单价应综合考虑屋面保温层、隔气层等费用。

(2)屋面保温层清单项目综合单价分析时应综合考虑保温层、隔气层材料的品种、厚度、基层材料等实际情况,根据项目清单特征内容,结合计价定额规定确定综合单价。

四、案例分析

【案例 1】 编制瓦屋面清单项目的计量与计价表。

如图 4-27 所示四坡琉璃瓦屋面,已知坡度 $\alpha = 45°$,基层为混凝土板,粘结层砂浆为 1:2水泥砂浆。

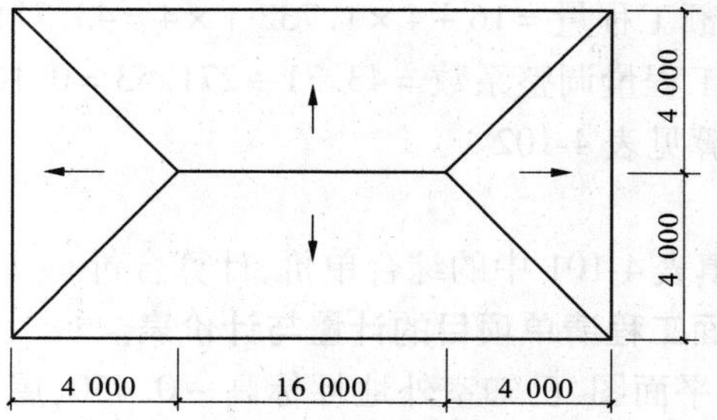

图 4-27 某房屋屋顶平面图

解:按“13 房屋建筑计量规范”的有关规定,案例中屋面工程清单项目为“琉璃瓦屋面(010901001001)”。

1. 清单工程量计算

查某省计价定额中坡度延尺系数表得:屋面坡度 $\alpha=45°$,屋面坡度延尺系数为 1.414 2,则

$$S=24\times8\times1.414\ 2=271.53(m^2)$$

具体内容见表 4-101。

表 4-101　分部分项工程和单价措施清单与计价表

序号	项目编码	项目名称	项目特征描述	计量单位	工程量	金额(元)		
						综合单价	合价	其中 暂估价
		J 屋面及防水工程						
1	010901001001	琉璃瓦屋面	屋面琉璃瓦; 粘结层 1:2水泥砂浆	m^2	271.53	305.72	83 012.15	
	小　计							

2. 综合单价计算

结合工程量清单,参照某省计价定额规定,琉璃瓦屋面清单项目综合单价包括琉璃瓦屋面、瓦檐、脊瓦。

(1)琉璃瓦屋面 A(7-20):

定额工程量 = 清单工程量 = 271.53 m^2

(2)琉璃瓦檐 A(7-21):

定额工程量 = (24 + 8) × 2 = 64(m)

工程量调整系数 = 64 ÷ 271.53 = 0.236

(3)琉璃脊瓦 A(7-22):查某省计价定额中坡度延尺系数表得屋面坡度 $\alpha=45°$,屋面斜脊坡度延尺系数为 1.732 1,则

$$定额工程量=16+4\times1.732\ 1\times4=43.71(m)$$

$$工程量调整系数=43.71\div271.53=0.161$$

综合单价分析与计算见表 4-102。

3. 合价

结合表 4-102 内容填表 4-101 中的综合单价,计算合价。

【案例 2】　编制屋面工程清单项目的计量与计价表。

如图 4-28 所示屋顶平面图,已知室外地坪标高 -0.450,屋面檐口标高 7.200 m。屋面构造做法如下(女儿墙高 900 mm、厚 240 mm):

(1)C20 预制混凝土隔热板(500 mm × 500 mm × 30 mm)。

(2)M5 混合砂浆砌巷砖三皮,中距 500 mm。

表 4-102　综合单价分析表

项目编码	010901001001	项目名称		琉璃瓦屋面	计量单位		m²	工程量		271.53	
清单综合单价组成明细											
定额编号	定额名称	定额单位	数量	单价				合价			
				人工费	材料费	机械费	管理费和利润	人工费	材料费	机械费	管理费和利润
A7－20	琉璃瓦屋面	100 m²	0.01	3 822.70	21 805.88	43.27	2 472.96	38.23	218.06	0.43	24.73
A7－21	琉璃瓦檐	100 m	0.002 4	1 883.40	2 994.67	12.36	1 214.40	4.52	7.19	0.03	2.91
A7－22	琉璃脊瓦	100 m	0.001 6	2 347.80	2 134.61	12.36	1 512.48	3.76	3.42	0.02	2.42
人工单价		小计						46.51	228.67	0.48	30.06
43 元/工日		未计价材料费						0			
清单项目综合单价								305.72			
材料费明细	主要材料名称、规格、型号				单位		数量	单价（元）	合价（元）	暂估单价（元）	暂估合价（元）
	其他材料费							—		—	
	材料费小计							—		—	

（3）SBS 改性沥青防水卷材（满铺 3 mm）。

（4）刷基层处理剂一遍。

（5）20 mm 厚 1∶2水泥砂浆找平。

（6）20 mm 厚（最薄处）1∶10 水泥珍珠岩找坡 2%。

（7）冷底子油一道，一毡二油隔气层。

（8）20 mm 厚 1∶3水泥砂浆找平。

（9）C25 现浇钢筋混凝土板。

解：按“13 房屋建筑计量规范”的有关规定，案例中屋面工程按构造层次可列为“屋面平面砂浆找平层（20 mm 厚 1∶2水泥砂浆）、保温隔热屋面（1∶10 水泥珍珠岩）、屋面平面砂浆找平层（20 mm 厚 1∶3水泥砂浆）、屋面卷材防水层（3 mm 厚 SBS）、保温隔热屋面（C20 预制混凝土隔热板）、屋面排水管（PVC）”六个清单项目。

1. 清单工程量计算

（1）屋面平面砂浆找平层（20 mm 厚 1∶3水泥砂浆）（011101006001）：

$$S=(28.8-0.24)\times(13.5-0.24)=378.71(\text{m}^2)$$

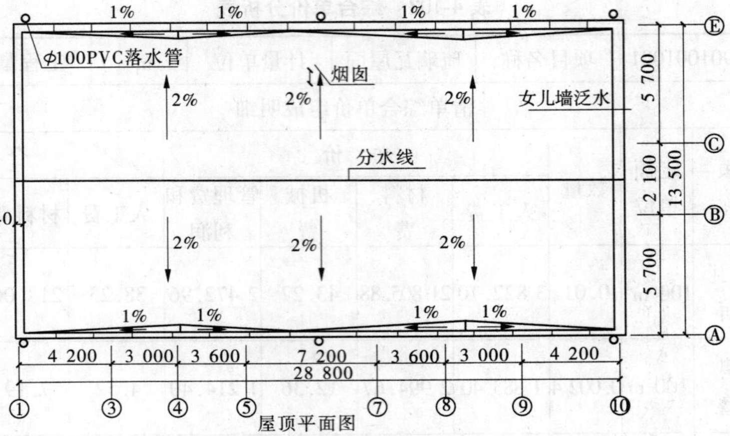

图 4-28　某房屋屋顶平面图

(2)屋面平面砂浆找平层(20mm 厚 1∶2水泥砂浆)(011101006002):

$$S=378.71\ \text{m}^2$$

(3)保温隔热屋面(1∶10 水泥珍珠岩)(011001001001):

$$S=378.71\ \text{m}^2$$

(4)保温隔热屋面(C20 预制混凝土隔热板)(011001001002):

$$S=378.71\ \text{m}^2$$

(5)屋面卷材防水层(3 mm 厚 SBS)(010902001001):

$$S=378.71+(28.8-0.24+13.5-0.24)\times 2\times 0.25=399.62(\text{m}^2)$$

(6)屋面排水管(PVC)(010902004001):

$$L=(7.2+0.45)\times 6=45.9(\text{m})$$

具体内容见表 4-103“分部分项工程和单价措施清单与计价表”。

表 4-103　分部分项工程和单价措施清单与计价表

序号	项目编码	项目名称	项目特征描述	计量单位	工程量	金额(元) 综合单价	合价	其中 暂估价
		J 屋面及防水工程						
1	010902001001	屋面卷材防水	卷材品种:SBS 改性沥青卷材(3 mm 厚); 做法:满铺、冷贴	m^2	399.62	44.48	17 775.10	
2	010902004001	屋面排水管	PVC 水落管(φ100); PVC 带弯头出水口(φ100); PVC 水斗(矩形)	m	45.9	51.25	2 352.38	
		分部小计					20 127.48	

续表 4-103

序号	项目编码	项目名称	项目特征描述	计量单位	工程量	金额(元)		
						综合单价	合价	其中暂估价
	K 保温、隔热工程							
3	011001001001	保温隔热屋面	找平层上冷底子油一道,一毡二油隔气层;1:10 水泥珍珠岩保温,找坡 2%,最薄处 20 mm 厚	m^2	378.71	42.79	16 205.00	
4	011001001002	保温隔热屋面	屋面防水层上铺设 C20 预制混凝土隔热板(500 mm×500 mm×30 mm);架空隔热板下 M5 混合砂浆砌巷砖三皮	m^2	378.71	22.66	8 581.57	
	分部小计						24 786.57	
	L 楼地面装饰工程							
5	011101006001	平面砂浆找平层	C25 现浇混凝土板基层 20 mm 1:3水泥砂浆找平层	m^2	378.71	8.75	3 313.71	
6	011101006002	平面砂浆找平层	1:10 水泥珍珠岩基层 20 mm 厚 1:2水泥砂浆找平层	m^2	378.71	11.34	4 294.57	
	分部小计						7 608.28	
	合　计						52 522.33	

2. 综合单价计算

结合工程量清单,参照某省计价定额规定:

(1)屋面卷材防水(010902001001)综合单价参考:SBS 改性沥青卷材防水层(A7－36)

定额工程量＝清单工程量＝399.62 m^2

(2)屋面排水管(010902004001)综合单价包括 PVC 水落管(ϕ100)、PVC 水斗(矩形)、PVC 落水口(ϕ100)

①PVC 水落管(ϕ100)(A7－106):

定额工程量＝清单工程量＝45.9 m

②PVC 水斗(矩形)(A7－107):

定额工程量＝6 个

工程量调整系数＝6/45.9＝0.131

③PVC 落水口(ϕ100)(A7－111):

定额工程量 = 6 个

工程量调整系数 = 6/45.9 = 0.131

(3)保温隔热屋面(011001001001)综合单价包括冷底子油一道、一毡二油隔气层、1∶10 水泥珍珠岩保温层。

①冷底子油一道、一毡二油隔气层(A7 - 32):

定额工程量 = 防水层工程量 = 399.62 m^2

工程量调整系数 = 399.62/378.71 = 1.055

②1∶10 水泥珍珠岩保温层(找坡 2%,最薄处 20 mm):(A8 - 175H),但材料费应换算;计价定额采用 1∶8水泥珍珠岩,则

(A8 - 175H)中材料费 = 1360.07 + 10.2 × (131.45 - 133.34) = 1 340.79(元/10 m^3)

定额工程量 = 378.71 × [0.02 + 2% × (13.5 - 0.24)/4] = 32.68(m^3)

工程量调整系数 = 32.68/378.71 = 0.086

(4)保温隔热屋面(011001001002)综合单价参考(A8 - 85):

定额工程量 = 378.71 × 0.03 = 11.36(m^3)

工程量调整系数 = 11.36/378.71 = 0.03

(5)平面砂浆找平层(011101006001)综合单价参考(A7 - 206):

定额工程量 = 清单工程量 = 378.71 m^2

(6)平面砂浆找平层(011101006002)综合单价参考(A7 - 205H),但材料费应换算;计价定额采用 1∶3水泥砂浆,则

(A8 - 175H)中材料费 = 495.73 + 2.53 × (229.62 - 195.94) = 580.94(元/100 m^2)

定额工程量 = 清单工程量 = 378.71 m^2

综合单价分析与计算见表 4-104 ~ 表 4-109。

表 4-104　综合单价分析表(一)

项目编码	010902001001	项目名称	屋面卷材防水		计量单位		m^2	工程量		399.62
清单综合单价组成明细										
定额编号	定额名称	定额单位	数量	单价				合价		
				人工费	材料费	机械费	管理费和利润	人工费	材料费	机械费	管理费和利润
A7 - 36	SBS 屋面高聚物改性沥青卷材 3 mm(满铺、冷贴)	100 m^2	0.01	234.78	4 061.58	0	150.70	2.35	40.62	0	1.51
人工单价		小计						2.35	40.62	0	1.51
43 元/工日		未计价材料费						0			
清单项目综合单价								44.48			

表 4-105 综合单价分析表(二)

项目编码	010902004001	项目名称	屋面排水管	计量单位	m	工程量	45.9

清单综合单价组成明细

定额编号	定额名称	定额单位	数量	单价				合价			
				人工费	材料费	机械费	管理费和利润	人工费	材料费	机械费	管理费和利润
A7－106	PVC水落管(ϕ100)	10 m	0.1	109.65	235.32	0	70.38	10.97	23.53	0	7.04
A7－107	PVC水斗(矩形)	10 个	0.013 1	100.62	193.98	0	64.58	1.32	2.54	0	0.85
A7－111	PVC落水口(ϕ100)	10 个	0.013 1	95.89	224.00	0	61.55	1.26	2.93	0	0.81
人工单价		小计						13.55	29.00	0	8.70
43 元/工日		未计价材料费						0			
清单项目综合单价								51.25			

表 4-106 综合单价分析表(三)

项目编码	011001001001	项目名称	保温隔热屋面	计量单位	m^2	工程量	378.71

清单综合单价组成明细

定额编号	定额名称	定额单位	数量	单价				合价			
				人工费	材料费	机械费	管理费和利润	人工费	材料费	机械费	管理费和利润
A7－32	一毡二油	100 m^2	0.010 6	161.25	2 130.00	0	103.50	1.71	22.58	0	1.10
A8－175H	1:10水泥珍珠岩	10 m^3	0.008 6	432.15	1 340.79	0	250.25	3.72	11.53	0	2.15
人工单价		小计						5.43	34.11	0	3.25
43 元/工日		未计价材料费						0			
清单项目综合单价								42.79			

表 4-107　综合单价分析表(四)

项目编码	011001001002	项目名称		保温隔热屋面		计量单位		m²	工程量		378.71
清单综合单价组成明细											
定额编号	定额名称	定额单位	数量	单价				合价			
				人工费	材料费	机械费	管理费和利润	人工费	材料费	机械费	管理费和利润
A8－85	屋面混凝土隔热板 500×500×30	10 m³	0.003	2 031.27	4 408.88	12.90	1 100.77	6.09	13.23	0.04	3.30
人工单价		小　计						6.09	13.23	0.04	3.30
43 元/工日		未计价材料费						0			
清单项目综合单价								22.66			

表 4-108　综合单价分析表(五)

项目编码	011101006001	项目名称		平面砂浆找平层		计量单位		m²	工程量		378.71
清单综合单价组成明细											
定额编号	定额名称	定额单位	数量	单价				合价			
				人工费	材料费	机械费	管理费和利润	人工费	材料费	机械费	管理费和利润
A7－206	20 mm 1:3 水泥砂浆找平层(硬基层)	100 m²	0.01	277.35	398.23	15.46	184.92	2.77	3.98	0.15	1.85
人工单价		小　计						2.77	3.98	0.15	1.85
43 元/工日		未计价材料费						0			
清单项目综合单价								8.75			

表 4-109　综合单价分析表(六)

项目编码	011101006002	项目名称		平面砂浆找平层		计量单位		m²	工程量		378.71
清单综合单价组成明细											
定额编号	定额名称	定额单位	数量	单价				合价			
				人工费	材料费	机械费	管理费和利润	人工费	材料费	机械费	管理费和利润
A7－205H	20 mm 1:2 水泥砂浆找平(填充料)	100 m²	0.01	319.49	580.94	19.78	213.90	3.19	5.81	0.20	2.14
人工单价		小　计						3.19	5.81	0.20	2.14
43 元/工日		未计价材料费						0			
清单项目综合单价								11.34			

3. 合价

结合表4-104～表4-109内容填表4-103中的综合单价，计算合价。

【任务探索】 结合实际屋面工程，分析屋面构造组成并编制屋面工程工程量清单与计价表。

【任务练习】

一、单项选择题

1. 平屋面是指屋面坡度小于(　　)的屋面。

A. 3%　　B. 5%　　C. 10%　　D. 15%

2. 瓦屋面和型材屋面按设计图示尺寸以斜面积计算，即利用整个屋面的水平投影面积乘以其(　　)。

A. 高跨比　　B. 坡度　　C. 坡度系数　　D. 延尺系数

3. 屋面防水的工程量一般按设计图示尺寸(　　)计算。

A. 体积　　B. 面积　　C. 斜面积　　D. 水平投影面积

4. 屋面排水管的工程量一般按设计图示尺寸(　　)计算。

A. 体积　　B. 面积　　C. 长度　　D. 根数

5. 屋面保温隔热的工程量一般按设计图示尺寸(　　)计算。

A. 体积　　B. 面积　　C. 长度　　D. 水平投影面积

6. 屋面变形缝的工程量一般按设计图示尺寸(　　)计算。

A. 体积　　B. 面积　　C. 长度　　D. 水平投影面积

二、多项选择题

1. 屋面防水工程量计算不扣除(　　)所占面积。

A. 房上烟囱　　B. ≤0.3 m^2 孔洞　　C. 风帽底座

D. 变形缝　　E. 屋顶斜沟

2. 屋面工程中按设计图示尺寸面积计算工程量的有(　　)。

A. 瓦屋面　　B. 屋面卷材防水　　C. 屋面变形缝

D. 屋面保温层　　E. 屋面找平层

3. 屋面防水清单项目的综合单价一般应包括(　　)的费用。

A. 屋面防水层　　B. 屋面找平层　　C. 屋面结合层

D. 屋面隔气层　　E. 屋面防水接缝、搭接

4. 屋面保温隔热清单项目的综合单价一般应包括(　　)的费用。

A. 屋面隔气层　　B. 屋面找平层　　C. 屋面结合层

D. 屋面保温层　　E. 屋面变形缝

三、能力训练

编制项目中建筑物的屋面工程项目的工程量清单，结合计价定额进行项目综合单价分析并计价。

任务九　楼地面装饰工程

【任务导航】

问题1:整体楼地面项目清单编制、综合单价分析。

问题2:块料楼地面项目清单编制、综合单价分析。

问题3:踢脚线、楼梯面层及台阶装饰项目清单编制、综合单价分析。

问题4:扶手、栏杆、栏板装饰项目清单编制、综合单价分析。

问题5:楼地面防水(防潮)与保温、隔热项目清单编制、综合单价分析。

问题6:结合案例分析,编制一般楼地面工程工程量清单,进行综合单价分析与费用计算。

【任务解析】

按照"13房屋建筑计量规范"规定,结合房屋建筑装饰工程实际情况,本节学习任务主要包括楼地面整体面层、块料面层、橡塑及其他材料面层、踢脚线、楼梯面层、台阶及零星装饰项目、楼地面防水与保温等内容的计量与计价。

一、整体面层

(一)清单项目编制与工程量计算

1.清单项目划分及工程量计算规则

楼地面整体面层工程量清单项目设置、项目特征描述的内容、计量单位及工程量计算规则,应按"13房屋建筑计量规范"中表L.1的规定执行,见表4-110。

表4-110　整体面层及找平层(编码:011101)

<table>
<tr><th>项目编码</th><th>项目名称</th><th>项目特征</th><th>计量单位</th><th>工程量计算规则</th><th>工程内容</th></tr>
<tr><td>011101001</td><td>水泥砂浆楼地面</td><td>1.找平层厚度、砂浆配合比
2.素水泥浆遍数
3.面层厚度、砂浆配合比
4.面层做法要求</td><td rowspan="3">m^2</td><td rowspan="3">按设计图示尺寸以面积计算。扣除凸出地面构筑物、设备基础、室内铁道、地沟等所占面积,不扣除间壁墙及≤0.3 m^2 的柱、垛、附墙烟囱及孔洞所占面积。门洞、空圈、暖气包槽、壁龛的开口部分不增加面积</td><td>1.基层清理
2.抹找平层
3.抹面层
4.材料运输</td></tr>
<tr><td>011101002</td><td>现浇水磨石楼地面</td><td>1.找平层厚度、砂浆配合比
2.面层厚度、水泥石子浆配合比
3.嵌条材料种类、规格
4.石子种类、规格、颜色
5.颜料种类、颜色
6.图案要求
7.磨光、酸洗、打蜡要求</td><td>1.基层清理
2.抹找平层
3.面层铺设
4.嵌缝条安装
5.磨光、酸洗打蜡
6.材料运输</td></tr>
<tr><td>011101003</td><td>细石混凝土楼地面</td><td>1.找平层厚度、砂浆配合比
2.面层厚度、混凝土强度等级</td><td>1.基层清理
2.抹找平层
3.面层铺设
4.材料运输</td></tr>
</table>

续表 4-110

项目编码	项目名称	项目特征	计量单位	工程量计算规则	工程内容
011101004	菱苦土楼地面	1. 找平层厚度、砂浆配合比 2. 面层厚度 3. 打蜡要求	m^2	设计图示尺寸以面积计算。扣除凸出地面构筑物、设备基础、室内铁道、地沟等所占面积，不扣除间壁墙及≤0.3 m^2 的柱、垛、附墙烟囱及孔洞所占面积。门洞、空圈、暖气包槽、壁龛的开口部分不增加面积	1. 清理基层 2. 抹找平层 3. 面层铺设 4. 打蜡 5. 材料运输
011101005	自流坪楼地面	1. 找平层厚度、砂浆配合比 2. 界面剂材料种类 3. 中层漆材料种类、厚度 4. 面漆材料种类、厚度 5. 面层材料种类			1. 基层处理 2. 抹找平层 3. 涂界面剂 4. 涂刷中层漆 5. 打磨、吸尘 6. 镘自流平面漆（浆） 7. 拌和自流平浆料 8. 铺面层
011101006	平面砂浆找平层	找平层厚度、砂浆配合比		按设计图示尺寸以面积计算	1. 清理基层 2. 抹找平层 3. 材料运输

【注意事项】

（1）水泥砂浆面层处理是拉毛还是提浆压光应在面层做法要求中描述。

（2）间壁墙指墙厚≤120 mm 的墙。

（3）平面砂浆找平层只适用于仅做找平层的平面抹灰。

（4）楼地面混凝土垫层另按“13 房屋建筑计量规范”附录 E.1（010501001）垫层项目编码列项，其他材料垫层按附录表 D.4（010404001）垫层项目编码列项（下同）。

（5）楼地面防水（防潮）另按“13 房屋建筑计量规范”附录 J.4（010904）中相关项目编码列项（下同）。

（6）楼地面保温隔热另按“13 房屋建筑计量规范”附录 K.1（011001005）项目编码列项（下同）。

2. 清单工程量计算

$$S = \text{设计图示尺寸主墙间净面积} \quad (4\text{-}85)$$

注意：（1）应扣除凸出地面的构筑物、设备基础、室内铁道、地沟等所占面积。

（2）不扣除间壁墙和 0.3 m^2 以内的柱、垛、附墙烟囱及孔洞所占面积。

（3）门洞、空圈、暖气包槽、壁龛的开口部分面积不增加。

（二）综合单价分析

（1）楼地面整体面层清单项目综合单价应结合项目清单特征内容，综合考虑找平层、结合层、面层、分格嵌条、面层打蜡等费用。

（2）楼地面整体面层清单项目综合单价分析时应综合考虑找平层、结合层、面层材料的配合比、厚度、做法等实际情况,根据项目清单特征内容,结合计价定额规定确定综合单价。

二、块料面层

(一)清单项目编制与工程量计算

1.清单项目划分及工程量计算规则

楼地面块料面层工程量清单项目设置、项目特征描述的内容、计量单位及工程量计算规则,应按“13房屋建筑计量规范”中表L.2的规定执行,见表4-111。

表4-111　块料面层(编码:011102)

项目编码	项目名称	项目特征	计量单位	工程量计算规则	工程内容
011102001	石材楼地面	1.找平层厚度、砂浆配合比 2.结合层厚度、砂浆配合比 3.面层材料品种、规格、颜色 4.嵌缝材料种类 5.防护层材料种类 6.酸洗、打蜡要求	m^2	按设计图示尺寸以面积计算。门洞、空圈、暖气包槽、壁龛的开口部分并入相应的工程量内	1.基层清理 2.抹找平层 3.面层铺设、磨边 4.嵌缝 5.刷防护材料 6.酸洗、打蜡 7.材料运输
011102002	碎石材楼地面				
011102003	块料楼地面				

【注意事项】

(1)在描述碎石材项目的面层材料特征时可不用描述规格、颜色。

(2)石材、块料与粘结材料的结合面刷防渗材料的种类在防护层材料种类中描述。

(3)表4-111工作内容中的磨边指施工现场磨边(下同)。

2.清单工程量计算

$$S=\text{设计图示尺寸面积} \tag{4-86}$$

注意:(1)扣除构筑物、设备基础、室内铁道、地沟等所占面积。

(2)扣除间壁墙和柱、垛、附墙烟囱及孔洞所占面积。

(3)门洞、空圈、暖气包槽、壁龛的开口部分面积并入相应工程量中。

(二)综合单价分析

(1)楼地面块料面层清单项目综合单价应结合项目清单特征内容,综合考虑找平层、结合层、面层、块料磨边、面层打蜡等费用。

(2)楼地面块料面层清单项目综合单价分析时,应综合考虑找平层、结合层等材料的配合比与厚度、面层材料(品种、规格、颜色)及做法等实际情况,根据项目清单特征内容,结合计价定额规定确定综合单价。

三、橡塑及其他材料面层

(一)清单项目编制与工程量计算

1. 清单项目划分及工程量计算规则

橡塑及其他材料面层工程量清单项目设置、项目特征描述的内容、计量单位及工程量计算规则,应按"13 房屋建筑计量规范"中表 L. 3、表 L. 4 的规定执行,见表 4-112、表 4-113。

表 4-112　橡塑面层(编码:011103)

项目编码	项目名称	项目特征	计量单位	工程量计算规则	工程内容
011103001	橡胶板楼地面	1. 粘结层厚度、材料种类 2. 面层材料品种、规格、颜色 3. 压线条种类	m^2	按设计图示尺寸以面积计算。门洞、空圈、暖气包槽、壁龛的开口部分并入相应的工程量内	1. 基层清理 2. 面层铺贴 3. 压缝条装钉 4. 材料运输
011103002	橡胶板卷材楼地面				
011103003	塑料板楼地面				
011103004	塑料卷材楼地面				

表 4-113　其他材料面层(编码:011104)

项目编码	项目名称	项目特征	计量单位	工程量计算规则	工程内容
011104001	地毯楼地面	1. 面层材料品种、规格、颜色 2. 防护材料种类 3. 粘结材料种类 4. 压线条种类	m^2	按设计图示尺寸以面积计算。门洞、空圈、暖气包槽、壁龛的开口部分并入相应的工程量内	1. 基层清理 2. 铺贴面层 3. 刷防护材料 4. 装钉压条 5. 材料运输
011104002	竹、木(复合)地板	1. 龙骨材料种类、规格、铺设间距 2. 基层材料种类、规格 3. 面层材料品种、规格、颜色 4. 防护材料种类			1. 基层清理 2. 龙骨铺设 3. 基层铺设 4. 面层铺贴 5. 刷防护材料 6. 材料运输
011104003	金属复合地板				
011104004	防静电活动地板	1. 支架高度、材料种类 2. 面层材料品种、规格、颜色 3. 防护材料种类			1. 清理基层 2. 固定支架安装 3. 活动面层安装 4. 刷防护材料 5. 材料运输

【注意事项】

(1)若表 4-112、表 4-113 项目中涉及找平层,另按"平面砂浆找平层(011101006)"项目编码列项。

(2)若表4-112、表4-113项目中涉及油漆，另按“13房屋建筑计量规范”附录P“油漆、涂料、裱糊工程”中相应项目编码列项。

2. 清单工程量计算

$$S=\text{设计图示尺寸面积} \tag{4-87}$$

注意：同“块料面层”。

(二)综合单价分析

(1)橡塑及其他材料面层清单项目综合单价应结合项目清单特征内容综合考虑结合层、龙骨骨架、面层、压条(地毯固定件)、面层打蜡等费用。

(2)橡塑及其他材料面层清单项目综合单价分析时应综合考虑结合层等材料的配合比与厚度、龙骨材料(种类、规格、间距)、面层材料的品种、规格、颜色及做法等实际情况，根据项目清单特征内容，结合计价定额规定确定综合单价。

四、踢脚线

(一)清单项目编制与工程量计算

1. 清单项目划分及工程量计算规则

踢脚线工程量清单项目设置、项目特征描述的内容、计量单位及工程量计算规则，应按“13房屋建筑计量规范”中表L.5的规定执行，见表4-114。

表4-114　踢脚线(编码:011105)

<table>
<tr><th>项目编码</th><th>项目名称</th><th>项目特征</th><th>计量单位</th><th>工程量计算规则</th><th>工程内容</th></tr>
<tr><td>011105001</td><td>水泥砂浆踢脚线</td><td>1. 踢脚线高度
2. 底层厚度、砂浆配合比
3. 面层厚度、砂浆配合比</td><td rowspan="7">1. m²
2. m</td><td rowspan="7">1. 以m²计量，按设计图示长度乘高度以面积计算
2. 以m计量，按延长米计算</td><td>1. 基层清理
2. 底层和面层抹灰
3. 材料运输</td></tr>
<tr><td>011105002</td><td>石材踢脚线</td><td rowspan="2">1. 踢脚线高度
2. 粘贴层厚度、材料种类
3. 面层材料品种、规格、颜色
4. 防护材料种类</td><td rowspan="3">1. 基层清理
2. 底层抹灰
3. 面层铺贴、磨边
4. 擦缝
5. 磨光、酸洗、打蜡
6. 刷防护材料
7. 材料运输</td></tr>
<tr><td>011105003</td><td>块料踢脚线</td></tr>
<tr><td>011105004</td><td>塑料板踢脚线</td><td>1. 踢脚线高度
2. 粘结层厚度、材料种类
3. 面层材料种类、规格、颜色</td></tr>
<tr><td>011105005</td><td>木质踢脚线</td><td rowspan="3">1. 踢脚线高度
2. 基层材料种类、规格
3. 面层材料品种、规格、颜色</td><td rowspan="3">1. 基层清理
2. 基层铺贴
3. 面层铺贴
4. 材料运输</td></tr>
<tr><td>011105006</td><td>金属踢脚线</td></tr>
<tr><td>011105007</td><td>防静电踢脚线</td></tr>
</table>

2. 清单工程量计算

$$S=\text{设计图示尺寸长度}\times\text{高度} \tag{4-88}$$

或
$$L=\text{设计图示尺寸长度} \tag{4-89}$$

注意:(1)扣除门洞、空圈等开口部分长度或所占面积。

(2)增加门洞、空圈等开口部分侧壁长度或面积,以及突出楼地面构件的踢脚线长度或面积。

(二)综合单价分析

(1)踢脚线清单项目综合单价应结合项目清单特征内容综合考虑底层与粘结层抹灰,龙骨骨架、面层、压条、面层打蜡等费用。

(2)踢脚线清单项目综合单价分析时应综合考虑底层与粘结层等材料的配合比与厚度、龙骨材料(种类、规格、间距)、面层材料的品种、厚度、规格(配合比)、颜色及做法等实际情况,根据项目清单特征内容,结合计价定额规定确定综合单价。

五、楼梯面层

(一)清单项目编制与工程量计算

1. 清单项目划分及工程量计算规则

楼梯面层工程量清单项目设置、项目特征描述的内容、计量单位及工程量计算规则,应按"13 房屋建筑计量规范"中表 L. 6 的规定执行,见表 4-115。

表 4-115　楼梯面层(编码:011106)

项目编码	项目名称	项目特征	计量单位	工程量计算规则	工程内容
011106001	石材楼梯面层	1. 找平层厚度、砂浆配合比 2. 粘结层厚度、材料种类 3. 面层材料品种、规格、颜色 4. 防滑条材料种类、规格 5. 勾缝材料种类 6. 防护层材料种类 7. 酸洗、打蜡要求	m^2	按设计图示尺寸以楼梯(包括踏步、休息平台及≤500 mm的楼梯井)水平投影面积计算。楼梯与楼地面相连时,算至梯口梁内侧边沿;无梯口梁者,算至最上一层踏步边沿加 300 mm	1. 基层清理 2. 抹找平层 3. 面层铺贴、磨边 4. 贴嵌防滑条 5. 勾缝 6. 刷防护材料 7. 酸洗、打蜡 8. 材料运输
011106002	块料楼梯面层				
011106003	拼碎块料面层				
011106004	水泥砂浆楼梯面层	1. 找平层厚度、砂浆配合比 2. 面层厚度、砂浆配合比 3. 防滑条材料种类、规格			1. 基层清理 2. 抹找平层 3. 抹面层 4. 抹防滑条 5. 材料运输

续表 4-115

项目编码	项目名称	项目特征	计量单位	工程量计算规则	工程内容
011106005	现浇水磨石楼梯面层	1. 找平层厚度、砂浆配合比 2. 面层厚度、水泥石子浆配合比 3. 防滑条材料种类、规格 4. 石子种类、规格、颜色 5. 颜料种类、颜色 6. 磨光、酸洗、打蜡要求	m²	按设计图示尺寸以楼梯（包括踏步、休息平台及≤500 mm的楼梯井）水平投影面积计算。楼梯与楼地面相连时，算至梯口梁内侧边沿；无梯口梁者，算至最上一层踏步边沿加300 mm	1. 基层清理 2. 抹找平层 3. 抹面层 4. 贴嵌防滑条 5. 磨光、酸洗、打蜡 6. 材料运输
011106006	地毯楼梯面层	1. 基层种类 2. 面层材料品种、规格、颜色 3. 防护材料种类 4. 粘结材料种类 5. 固定配件材料种类、规格			1. 基层清理 2. 铺贴面层 3. 固定配件安装 4. 刷防护材料 5. 材料运输
011106007	木板楼梯面层	1. 基层材料种类、规格 2. 面层材料品种、规格、颜色 3. 粘结材料种类 4. 防护材料种类			1. 基层清理 2. 基层铺贴 3. 面层铺贴 4. 刷防护材料 5. 材料运输
011106008	橡胶板楼梯面层	1. 粘结层厚度、材料种类 2. 面层材料品种、规格、颜色 3. 压线条种类			1. 基层清理 2. 面层铺贴 3. 压缝条装钉 4. 材料运输
011106009	塑料板楼梯面层				

【注意事项】

楼梯栏杆（栏板）、扶手另按“13 房屋建筑计量规范”附录 Q.3 中相关项目编码列项计算。

2. 清单工程量计算

$$S=\text{设计图示楼梯水平投影面积} \tag{4-90}$$

注意：(1)楼梯水平投影面积包括踏步、休息平台等。当楼梯面与楼地面相连时，楼梯面算至梯口梁内侧；当无梯口梁时，算至最上一层踏步边沿 +300 mm。

(2)工程量计算应扣除梯井宽度 >500 mm 的梯井面积。

（二）综合单价分析

(1)楼梯面层清单项目综合单价应结合项目清单特征内容综合考虑找平层、粘结层、面层、防滑条、压条等费用。

(2)楼梯面层清单项目综合单价分析时应综合考虑找平层、粘结层、面层、防滑条材料的品种、厚度、规格（配合比）、颜色及做法等实际情况，根据项目清单特征内容，结合计价定额规定确定综合单价。

六、台阶装饰

（一）清单项目编制与工程量计算

1. 清单项目划分及工程量计算规则

台阶装饰工程量清单项目设置、项目特征描述的内容、计量单位及工程量计算规则，应按“13 房屋建筑计量规范”中表 L. 7 的规定执行，见表 4-116。

表 4-116　台阶装饰（编码：011107）

项目编码	项目名称	项目特征	计量单位	工程量计算规则	工程内容
011107001	石材台阶面	1. 找平层厚度、砂浆配合比 2. 粘结层材料种类 3. 面层材料品种、规格、颜色 4. 勾缝材料种类 5. 防滑条材料种类、规格 6. 防护材料种类	m^2	按设计图示尺寸以台阶（包括最上层踏步边沿加 300 mm）水平投影面积计算	1. 基层清理 2. 抹找平层 3. 面层铺贴 4. 贴嵌防滑条 5. 勾缝 6. 刷防护材料 7. 材料运输
011107002	块料台阶面				
011107003	拼碎块料台阶面				
011107004	水泥砂浆台阶面	1. 找平层厚度、砂浆配合比 2. 面层厚度、砂浆配合比 3. 防滑条材料种类			1. 清理基层 2. 抹找平层 3. 抹面层 4. 抹防滑条 5. 材料运输
011107005	现浇水磨石台阶面	1. 找平层厚度、砂浆配合比 2. 面层厚度、水泥石子浆配合比 3. 防滑条材料种类、规格 4. 石子种类、规格、颜色 5. 颜料种类、颜色 6. 磨光、酸洗、打蜡要求			1. 清理基层 2. 抹找平层 3. 抹面层 4. 贴嵌防滑条 5. 打磨、酸洗、打蜡 6. 材料运输
011107006	剁假石台阶面	1. 找平层厚度、砂浆配合比 2. 面层厚度、砂浆配合比 3. 剁假石要求			1. 清理基层 2. 抹找平层 3. 抹面层 4. 剁假石 5. 材料运输

2. 清单工程量计算

$$S=\text{设计图示台阶水平投影面积} \tag{4-91}$$

注意：台阶水平投影面积应包括最上一层踏步边沿向平台方向加300 mm。

(二)综合单价分析

(1)台阶装饰清单项目综合单价应结合项目清单特征内容综合考虑找平层、粘结层、面层、防滑条、磨光及打蜡等费用。

(2)台阶装饰清单项目综合单价分析时应综合考虑找平层、粘结层、面层、防滑条材料的品种、厚度、规格(配合比)、颜色及做法等实际情况，根据项目清单特征内容，结合计价定额规定确定综合单价。

七、零星装饰项目

(一)清单项目编制与工程量计算

1. 清单项目划分及工程量计算规则

零星装饰项目工程量清单项目设置、项目特征描述的内容、计量单位及工程量计算规则，应按“13 房屋建筑计量规范”中表L.8的规定执行，见表4-117。

表4-117　零星装饰项目(编码:011108)

项目编码	项目名称	项目特征	计量单位	工程量计算规则	工程内容
011108001	石材零星项目	1. 工程部位 2. 找平层厚度、砂浆配合比 3. 贴结合层厚度、材料种类 4. 面层材料品种、规格、颜色 5. 勾缝材料种类 6. 防护材料种类 7. 酸洗、打蜡要求	m^2	按设计图示尺寸以面积计算	1. 清理基层 2. 抹找平层 3. 面层铺贴、磨边 4. 勾缝 5. 刷防护材料 6. 酸洗、打蜡 7. 材料运输
011108002	碎拼石材零星项目				
011108003	块料零星项目				
011108004	水泥砂浆零星项目	1. 工程部位 2. 找平层厚度、砂浆配合比 3. 面层厚度、砂浆厚度			1. 清理基层 2. 抹找平层 3. 抹面层 4. 材料运输

【注意事项】

(1)零星装饰项目适用于小便池、蹲位、池槽、台阶的牵边和侧面装饰，0.5 m^2 以内少量分散的楼地面装修。

(2)楼梯侧面镶贴块料应按“零星装饰项目”编码列项。

2. 清单工程量计算

$$S=\text{设计图示尺寸面积} \tag{4-92}$$

(二)综合单价分析

(1)零星装饰清单项目综合单价应结合项目清单特征内容综合考虑找平层、粘结层、面层、打蜡等费用。

(2)零星装饰清单项目综合单价分析时应综合考虑找平层、粘结层、面层材料的品种、厚度、规格(配合比)、颜色及做法等实际情况,根据项目清单特征内容,结合计价定额规定确定综合单价。

八、扶手、栏杆、栏板装饰

(一)清单项目编制与工程量计算

1. 清单项目划分及工程量计算规则

扶手、栏杆、栏板装饰工程量清单项目设置、项目特征描述的内容、计量单位及工程量计算规则,应按"13房屋建筑计量规范"中表Q.3的规定执行,见表4-118。

表4-118 扶手、栏杆、栏板(编码:011503)

项目编码	项目名称	项目特征	计量单位	工程量计算规则	工程内容
011503001	金属扶手带栏杆、栏板	1. 扶手材料种类、规格 2. 栏杆材料种类、规格 3. 栏板材料种类、规格、颜色 4. 固定配件种类 5. 防护材料种类	m	按设计图纸尺寸以扶手中心线长度(包括弯头长度)计算	1. 制作 2. 运输 3. 安装 4. 刷防护材料
011503002	硬木扶手、栏杆、栏板				
011503003	塑料扶手、栏杆、栏板				
011503004	GRC栏杆、扶手	1. 栏杆的规格 2. 安装间距 3. 扶手类型规格 4. 填充材料种类			
011503005	金属靠墙扶手	1. 扶手材料种类、规格 2. 固定配件种类 3. 防护材料种类			
011503006	硬木靠墙扶手				
011503007	塑料靠墙扶手				
011503008	玻璃栏板	1. 栏杆玻璃的种类、规格、颜色 2. 固定方式 3. 固定配件种类			

【注意事项】 扶手、栏杆若需刷油漆,另按"13房屋建筑计量规范"附录P"油漆、涂料、裱糊工程"中相应项目编码列项计算。

2. 清单工程量计算

$$S = \text{设计图示扶手中心线尺寸长度(含弯头长度)} \quad (4\text{-}93)$$

(二)综合单价分析

(1)扶手、栏杆、栏板清单项目综合单价应结合项目清单特征内容综合考虑扶手、栏杆(栏板)等费用。

(2)扶手、栏杆、栏板清单项目综合单价分析时应综合考虑扶手、栏杆(栏板)材料的品种、规格、颜色及做法等实际情况,根据项目清单特征内容,结合计价定额规定确定综合单价。

九、楼地面防水、防潮

(一)清单项目编制与工程量计算

1. 清单项目划分及工程量计算规则

楼地面防水、防潮工程量清单项目设置、项目特征描述的内容、计量单位及工程量计算规则,应按"13 房屋建筑计量规范"中表 J.4 的规定执行,见表 4-119。

表 4-119 楼地面防水、防潮(编码:010904)

项目编码	项目名称	项目特征	计量单位	工程量计算规则	工程内容
010904001	楼地面卷材防水	1. 卷材品种、规格、厚度 2. 防水层数 3. 防水层做法 4. 反边高度	m^2	按设计图示尺寸以面积计算 1. 楼地面防水:按主墙间净空面积计算,扣除凸出地面的构筑物、设备基础等所占面积,不扣除间壁墙及单个面积≤0.3 m^2 的柱、垛、烟囱和孔洞所占面积 2. 楼(地)面防水反边高度≤300 mm 算作地面防水,反边高度>300 mm 按墙面防水计算	1. 基层处理 2. 刷粘结剂 3. 铺防水卷材 4. 接缝、嵌缝
010904002	楼地面涂膜防水	1. 防水膜品种 2. 涂膜厚度、遍数 3. 增强材料种类 4. 反边高度			1. 基层处理 2. 刷基层处理剂 3. 铺布、喷涂防水层
010904003	楼地面砂浆防水(防潮)	1. 防水层做法 2. 砂浆厚度、配合比 3. 反边高度			1. 基层处理 2. 砂浆制作、运输、摊铺、养护
010904004	楼地面变形缝	1. 嵌缝材料种类 2. 止水带材料种类 3. 盖缝材料 4. 防护材料种类	m	按设计图示以长度计算	1. 清缝 2. 填塞防水材料 3. 止水带安装 4. 盖缝制作、安装 5. 刷防护材料

【注意事项】

(1)楼地面防水找平层按"13 房屋建筑计量规范""平面砂浆找平层(011101006)"项目编码列项。

(2)楼地面防水搭接及附加层用量不另行计算,应在综合单价中考虑。

(3)楼地面防水与墙面连接时,反边高度>300 mm 按"墙面防水(010903)"相应项目编码列项。

2. 清单工程量计算

1）楼地面防水

$$S = \text{设计图示尺寸主墙间净面积} + \text{弯起面积} \tag{4-94}$$

注意：(1)应扣除凸出楼地面的构筑物、设备基础等所占面积。

(2)不扣除间壁墙和0.3 m^2 以内的柱、垛、烟囱及孔洞所占面积。

(3)与墙面连接时，反边高度≤300 mm的防水层面积应并入楼地面防水工程量中。

2）楼地面变形缝

$$L = \text{设计图示尺寸长度} \tag{4-95}$$

(二)综合单价分析

(1)楼地面防水、防潮清单项目综合单价应综合考虑防水层、结合层、接缝材料的费用。综合单价分析时应综合考虑防水材料的品种、厚度、层数(遍数)、做法等实际情况，根据项目清单特征内容，结合计价定额规定确定综合单价。

(2)楼地面变形缝清单项目综合单价应综合考虑变形缝的填缝、盖缝费用。综合单价分析时应综合考虑填缝、盖缝材料的品种、构造等实际情况，根据项目清单特征内容，结合计价定额规定确定综合单价。

十、楼地面保温、隔热

(一)清单项目编制与工程量计算

1. 清单项目划分及工程量计算规则

楼地面保温、隔热工程量清单项目设置、项目特征描述的内容、计量单位及工程量计算规则，应按"13 房屋建筑计量规范"中表K.1的规定执行，见表4-120。

表4-120 保温、隔热(编码:011001)

项目编码	项目名称	项目特征	计量单位	工程量计算规则	工程内容
011001005	保温、隔热楼地面	1. 保温、隔热部位 2. 保温、隔热材料品种、规格、厚度 3. 隔气层材料品种、厚度 4. 粘结材料种类、做法 5. 防护材料种类、做法	m^2	按设计图示尺寸以面积计算 扣除面积>0.3 m^2 柱、垛、孔洞所占面积。门洞、空圈、暖气包槽、壁龛的开口部分不增加面积	1. 基层清理 2. 刷粘结材料 3. 铺粘保温层 4. 铺、刷(喷)防护材料

2. 清单工程量计算

$$S = \text{设计图示尺寸面积} \tag{4-96}$$

注意：(1)扣除面积>0.3 m^2 的柱、垛、孔洞等所占面积。

(2)门洞、空圈等开口面积不增加。

(二)综合单价分析

(1)楼地面保温、隔热清单项目综合单价应综合考虑保温层、隔气层、粘结层等费用。

(2)楼地面保温、隔热清单项目综合单价分析时应综合考虑保温层、隔气层、粘结层材料的品种、厚度、基层材料等实际情况，根据项目清单特征内容，结合计价定额规定确定综合单价。

十一、案例分析

【案例1】 编制整体楼地面清单项目的计量与计价表。

如图4-29所示某房屋平面示意图，地面做法如下：

(1)20 mm厚1:2水泥砂浆抹面压实抹光。

(2)刷素水泥浆结合层一道。

(3)60 mm厚C20细石混凝土找坡，最薄处30 mm厚。

(4)聚氨酯涂膜防水层1.5 mm，周边卷起150 mm。

(5)40 mm厚C20细石混凝土抹平。

(6)150 mm厚3:7灰土垫层。

(7)素土夯实(不计算此项费用)。

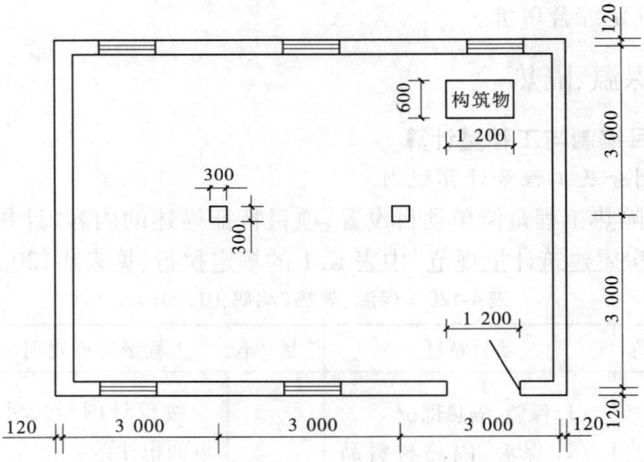

图4-29 某房屋平面示意图

解：按"13房屋建筑计量规范"的有关规定，案例中地面工程按构造层次可列为"水泥砂浆楼地面、楼地面涂膜防水、楼地面混凝土找平层、楼地面垫层"四个清单项目。

1.清单工程量计算

(1)水泥砂浆楼地面(011101001001)：

$$S=(9-0.24)\times(6-0.24)-1.2\times0.6=49.74(\text{m}^2)$$

(2)楼地面涂膜防水(010904002001)：

$$S=49.74+(9-0.24+6-0.24)\times2\times0.15+(1.2+0.6)\times2\times0.15$$
$$=54.64(\text{m}^2)$$

(3)楼地面混凝土找平层(011101006001)：

$$S=S_{面层}=49.74\ \text{m}^2$$

(4)楼地面垫层(3:7灰土垫层)(010404001001)：

$$V = 49.74 \times 0.15 = 7.46(m^3)$$

具体内容见表4-121。

表4-121　分部分项工程和单价措施清单与计价表

序号	项目编码	项目名称	项目特征描述	计量单位	工程量	金额(元)		
						综合单价	合价	其中暂估价
1	011101001001	水泥砂浆楼地面	找平层:60 mm 厚 C20 混凝土;素水泥浆一遍;面层:20 mm 厚 1∶2水泥砂浆	m^2	49.74	34.10	1 696.13	
2	010904002001	楼地面涂膜防水	1.5 mm 厚聚氨酯涂膜防水;反边高度 150 mm	m^2	54.64	36.84	2 012.94	
3	011101006001	平面混凝土找平层	灰土垫层上 40 mm 厚 C20 混凝土找平层	m^2	49.74	17.06	848.56	
4	010404001001	楼地面垫层	150 mm 厚 3∶7灰土垫层	m^3	7.46	109.83	819.33	
合　计							5 376.96	

2. 综合单价计算

结合工程量清单,参照某省计价定额规定:

(1)水泥砂浆楼地面(011101001001)综合单价包括:

①20 mm 厚 1∶2水泥砂浆面层(B1－1):定额工程量＝清单工程量

②30 mm 厚 C20 混凝土找平层(A7－203):定额工程量＝清单工程量

③增加 30 mm 厚 C20 混凝土(A7－204)×3:定额工程量＝清单工程量

(2)楼地面涂膜防水(010904002001)综合单价参考:

1.5 mm 厚聚氨酯防水层(A7－157):定额工程量＝清单工程量

(3)楼地面混凝土找平层(011101006001)综合单价参考:

①30 mm 厚 C20 混凝土找平层(A7－203):定额工程量＝清单工程量

②增加 10 mm 厚 C20 混凝土找平(A7－204):定额工程量＝清单工程量

(4)楼地面垫层(3∶7灰土垫层)(010404001001)综合单价参考:

3∶7灰土垫层(B1－136):定额工程量＝清单工程量

综合单价分析与计算见表4-122～表4-125。

表 4-122　综合单价分析表(一)

项目编码	011101001001	项目名称	水泥砂浆地面层	计量单位	m^2	工程量	49.74

清单综合单价组成明细

定额编号	定额名称	定额单位	数量	单价				合价			
				人工费	材料费	机械费	管理费和利润	人工费	材料费	机械费	管理费和利润
B1－1	20 mm 水泥砂浆地面层	100 m^2	0.01	448.92	559.91	17.93	225.33	4.49	5.60	0.18	2.25
A7－203	C20 混凝土找平层 30 mm 厚	100 m^2	0.01	309.82	572.36	4.00	198.86	3.10	5.72	0.04	1.99
A7－204 换	C20 混凝土找平层(加 30 mm 厚)	100 m^2	0.01	303.81	569.94	3.87	195.00	3.04	5.70	0.04	1.95
人工单价		小计						10.63	17.02	0.26	6.19
43 元/工日		未计价材料费						0			
清单项目综合单价								34.10			

表 4-123　综合单价分析表(二)

项目编码	010904002001	项目名称	楼地面涂膜防水	计量单位	m^2	工程量	54.64

清单综合单价组成明细

定额编号	定额名称	定额单位	数量	单价				合价			
				人工费	材料费	机械费	管理费和利润	人工费	材料费	机械费	管理费和利润
A7－157	1.5 mm 厚聚氨酯防水层	100 m^2	0.01	219.30	3 323.86	0	140.76	2.19	33.24	0	1.41
人工单价		小计						2.19	33.24	0	1.41
43 元/工日		未计价材料费						0			
清单项目综合单价								36.84			

表 4-124 综合单价分析表(三)

项目编码	011101006001	项目名称	平面混凝土找平层	计量单位	m^2	工程量	49.74

清单综合单价组成明细

定额编号	定额名称	定额单位	数量	单价				合价			
				人工费	材料费	机械费	管理费和利润	人工费	材料费	机械费	管理费和利润
A7-203	C20 混凝土找平层(30 mm 厚)	100 m^2	0.01	309.82	572.36	4.00	198.86	3.10	5.72	0.04	1.99
A7-204	C20 混凝土找平层(增 10 mm 厚)	100 m^2	0.01	101.27	189.98	1.29	65.00	1.01	1.90	0.01	0.65
人工单价		小计						4.11	7.62	0.05	2.64
43 元/工日		未计价材料费						0			
清单项目综合单价								17.06			

表 4-125 综合单价分析表(四)

项目编码	010404001001	项目名称	楼地面垫层	计量单位	m^3	工程量	7.46

清单综合单价组成明细

定额编号	定额名称	定额单位	数量	单价				合价			
				人工费	材料费	机械费	管理费和利润	人工费	材料费	机械费	管理费和利润
B1-136	3:7灰土垫层	10 m^3	0.1	319.06	550.55	25.25	203.31	31.91	55.06	2.53	20.33
人工单价		小计						31.91	55.06	2.53	20.33
43 元/工日		未计价材料费						0			
清单项目综合单价								109.83			

3. 合价

结合表 4-122 ~ 表 4-125 内容填表 4-121 中的综合单价，计算合价。

【案例 2】 编制块料楼地面清单项目的计量与计价表。

如图 4-29 所示房屋平面示意图，楼地面做法如下：

(1) 20 mm 厚大理石(500 × 500)楼面，白水泥浆擦缝。

(2) 刷素水泥浆结合层一道。

(3) 30 mm 厚 1:4 干硬性水泥砂浆结合层。

(4) 20 mm 厚 1:3 水泥砂浆找平层。

(5) 现浇钢筋混凝土楼板。

解：按"13 房屋建筑计量规范"的有关规定，案例中块料楼地面工程清单项目为"大理石楼地面(011102001001)"。

1. 清单工程量计算

$$S = (9 - 0.24) \times (6 - 0.24) - 1.2 \times 0.6 - 0.3 \times 0.3 \times 2 + 1.2 \times 0.12$$
$$= 49.70(\mathrm{m}^2)$$

具体内容见表 4-126。

表 4-126 分部分项工程和单价措施清单与计价表

序号	项目编码	项目名称	项目特征描述	计量单位	工程量	金额(元)		
						综合单价	合价	其中暂估价
	011102001001	大理石楼地面	基层：现浇钢筋混凝土楼板； 找平层：20 mm 厚 1:3 水泥砂浆； 结合层：30 mm 厚 1:4 干硬性水泥砂浆，刷素水泥浆； 面层：20 mm 厚大理石(500 × 500)楼面，白水泥浆擦缝	m^2	49.70	187.36	9 311.79	

2. 综合单价计算

结合工程量清单，参照某省计价定额规定，大理石楼地面(011102001001)综合单价包括：

(1) 大理石楼地面面层(B1 - 24)：

$$定额工程量 = 49.70 + 0.3 \times 0.3 \times 2 = 49.88(\mathrm{m}^2)$$

$$工程量调整系数 = 49.88/49.70 = 1.004$$

(2) 20 mm 厚 1:3 水泥砂浆找平层(A7 - 206)：定额工程量 = 清单工程量。

综合单价分析与计算见表 4-127。

表 4-127　综合单价分析表

项目编码	011102001001	项目名称	大理石楼面	计量单位	m^2	工程量	49.70

清单综合单价组成明细											
定额编号	定额名称	定额单位	数量	单价				合价			
				人工费	材料费	机械费	管理费和利润	人工费	材料费	机械费	管理费和利润
B1－24	大理石楼地面	100 m^2	0.010 0	1 361.38	13 895.19	60.35	881.46	13.61	138.95	0.60	8.81
A7－206	水泥砂浆找平层（20厚）	100 m^2	0.01	277.35	398.23	15.46	184.92	2.77	3.98	0.15	18.49
人工单价		小　计						16.38	142.93	0.75	27.30
43元/工日		未计价材料费						0			
清单项目综合单价								187.36			

3. 合价

结合表4-127内容填表4-126中的综合单价，计算合价。

【案例3】 编制楼地面踢脚线清单项目的计量与计价表。

如图4-29所示房屋平面示意图，楼地面踢脚线做法如下：

(1)10 mm 1∶2水泥砂浆踢脚线（150 mm高，含柱、构筑物）。

(2)15 mm 1∶3水泥砂浆打底。

解：按“13房屋建筑计量规范”的有关规定，案例中楼地面踢脚线工程清单项目为“水泥砂浆踢脚线(011105001001)。

1. 清单工程量计算

$$L_{踢脚线}=[(9-0.24)+(6-0.24)]\times2-1.2+0.12\times2+(0.6+1.2)\times2+(0.3+0.3)\times2\times2=34.08(m)$$

清单工程量：$S=34.08\times0.15=5.11(m^2)$

具体内容见表4-128。

表 4-128　分部分项工程和单价措施清单与计价表

序号	项目编码	项目名称	项目特征描述	计量单位	工程量	金额（元）		
						综合单价	合价	其中暂估价
1	011105001001	水泥砂浆踢脚线	踢脚线高度：150 mm；底层：15 mm 厚 1∶3水泥砂浆；面层：10 mm 厚 1∶2水泥砂浆	m^2	5.11	30.54	156.06	

2. 综合单价计算

结合工程量清单，参照某省计价定额规定，大理石楼地面（011102001001）综合单价参考：

水泥砂浆踢脚线（B1－70）：定额工程量＝清单工程量＝5.11 m^2

综合单价分析与计算见表4-129。

表4-129　综合单价分析表

项目编码	011105001001	项目名称	水泥砂浆踢脚线		计量单位		m^2	工程量		5.11	
清单综合单价组成明细											
定额编号	定额名称	定额单位	数量	单价				合价			
				人工费	材料费	机械费	管理费和利润	人工费	材料费	机械费	管理费和利润
B1－70	水泥砂浆踢脚线	100 m^2	0.01	1 505.00	554.06	24.73	969.96	15.05	5.54	0.25	9.70
人工单价		小　计						15.05	5.54	0.25	9.70
43元/工日		未计价材料费						0			
清单项目综合单价								30.54			

3. 合价

结合表4-129内容填表4-128中的综合单价，计算合价。

【任务探索】 结合实际楼地面工程，分析楼地面构造组成并编制楼地面工程工程量清单与计价表。

【任务练习】

一、单项选择题

1. 楼地面整体面层的清单项目工程量按设计图示尺寸以面积计算，应扣除（　　）的面积。

A. 柱、垛　　B. 凸出地面的设备基础、地沟等

C. 间壁墙　　D. 附墙烟囱

2. 楼地面工程块料面层按设计图示尺寸（　　）计算工程量。

A. 实铺面积　　B. 建筑面积

C. 主墙间的净面积　　D. 墙内边线围成的面积

3. 楼梯与楼地面相连时，无梯口梁者算至最上一层踏步边沿加（　　）mm。

A. 100　　B. 200　　C. 300　　D. 500

4. 水泥砂浆台阶面按设计图示尺寸以台阶（包括最上层踏步边沿加（　　）mm）水平投影面积计算。

A. 200　　B. 300　　C. 400　　D. 500

5. 大理石踢脚线按(　　)计算。

A. 设计图示尺寸长度　　B. 设计图示尺寸长度乘以高度以面积

C. 设计图示尺寸体积　　D. A 或 B

6. 楼地面零星装饰项目指楼梯、台阶侧面的装饰,以及(　　)m^2 以内少量分散的楼地面装饰。

A. 0.2　　B. 0.3　　C. 0.4　　D. 0.5

7. "13 房屋建筑计量规范"规定,金属扶手带栏杆的清单工程量应按(　　)计算。

A. 设计图纸尺寸以面积

B. 设计图纸尺寸以扶手中心线长度(包括弯头长度)

C. 栏杆以设计图纸尺寸扶手中心线长度、栏板以设计图纸尺寸面积

D. 设计图纸尺寸以体积

二、多项选择题

1. 水泥砂浆楼地面按设计图示尺寸以面积计算。扣除(　　)所占面积。

A. 凸出地面的构筑物　　B. 凸出地面的设备基础　　C. 间壁墙

D. 0.3 m^2 以上的柱　　E. 门洞开口部分

2. 块料楼地面按设计图示尺寸以面积计算。扣除(　　)所占面积。

A. 凸出地面的构筑物　　B. 凸出地面的设备基础　　C. 间壁墙

D. 0.3 m^2 以内的柱　　E. 门洞开口部分

3. "13 房屋建筑计量规范"规定,楼地面砂浆防水(潮)项目特征描述应包括以下(　　)内容。

A. 砂浆数量　　B. 外加剂材料种类　　C. 防水砂浆配合比

D. 防水(潮)厚度、层数　　E. 防水层做法

4. "13 房屋建筑计量规范"规定,以下(　　)项目的清单工程量可按水平投影面积计算。

A. 砖砌台阶　　B. 混凝土散水　　C. 现浇混凝土楼梯

D. 楼地面变形缝　　E. 楼地面保温隔热

三、能力训练

编制项目五中建筑物的楼地面工程项目的工程量清单,结合计价定额进行项目综合单价分析并计价。

任务十　墙、柱面装饰工程

【任务导航】

问题 1:墙、柱面抹灰项目清单编制、综合单价分析。

问题 2:墙、柱面块料面层项目清单编制、综合单价分析。

问题 3:墙面防水(防潮)与保温、隔热项目清单编制、综合单价分析。

问题 4:结合案例分析,编制一般墙、柱面工程工程量清单、进行综合单价分析与费用计算。

【任务解析】

按照“13房屋建筑计量规范”规定，结合房屋建筑装饰工程实际情况，本学习任务主要包括墙(柱)面及零星项目抹灰、墙(柱)面及零星项目块料面层、墙面防水与保温等内容的计量与计价。

一、墙、柱面抹灰

(一)清单项目编制与工程量计算

1. 清单项目划分及工程量计算规则

墙柱面抹灰工程量清单项目设置、项目特征描述的内容、计量单位及工程量计算规则，应按“13房屋建筑计量规范”中表M.1、表M.2、表M.3的规定执行，见表4-130～表4-132。

表4-130　墙面抹灰(编码:011201)

项目编码	项目名称	项目特征	计量单位	工程量计算规则	工程内容
011201001	墙面一般抹灰	1. 墙体类型 2. 底层厚度、砂浆配合比 3. 面层厚度、砂浆配合比 4. 装饰面材料种类 5. 分格缝宽度、材料种类	m^2	按设计图示尺寸以面积计算。扣除墙裙、门窗洞口及单个 >0.3 m^2 的孔洞面积，不扣除踢脚线、挂镜线和墙与构件交接处的面积，门窗洞口和孔洞的侧壁及顶面不增加面积。附墙柱、梁、垛、烟囱侧壁并入相应的墙面面积内 1. 外墙抹灰面积按外墙垂直投影面积计算 2. 外墙裙抹灰面积按其长度乘以高度计算 3. 内墙抹灰面积按主墙间的净长乘以高度计算 (1)无墙裙的，高度按室内楼地面至天棚底面计算 (2)有墙裙的，高度按墙裙顶至天棚底面计算 (3)有吊顶天棚抹灰的，高度至天棚底 4. 内墙裙抹灰面按内墙净长乘以高度计算	1. 基层清理 2. 砂浆制作、运输 3. 底层抹灰 4. 抹面层 5. 抹装饰面 6. 勾分格缝
011201002	墙面装饰抹灰				
011201003	墙面勾缝	1. 勾缝类型 2. 勾缝材料种类			1. 基层清理 2. 砂浆制作、运输 3. 勾缝
011201004	立面砂浆找平层	1. 基层类型 2. 找平层砂浆厚度、配合比			1. 基层清理 2. 砂浆制作、运输 3. 抹灰找平

表 4-131 柱(梁)面抹灰(编码:011202)

项目编码	项目名称	项目特征	计量单位	工程量计算规则	工程内容
011202001	柱、梁面一般抹灰	1. 柱(梁)体类型 2. 底层厚度、砂浆配合比 3. 面层厚度、砂浆配合比 4. 装饰面材料种类 5. 分格缝宽度、材料种类	m^2	1. 柱面抹灰:按设计图示柱断面周长乘高度以面积计算 2. 梁面抹灰:按设计图示梁断面周长乘长度以面积计算	1. 基层清理 2. 砂浆制作、运输 3. 底层抹灰 4. 抹面层 5. 勾分格缝
011202002	柱、梁面装饰抹灰				
011202003	柱、梁面砂浆找平	1. 柱(梁)体类型 2. 找平的砂浆厚度、配合比			1. 基层清理 2. 砂浆制作、运输 3. 抹灰找平
011202004	柱面勾缝	1. 勾缝类型 2. 勾缝材料种类		按设计图示柱断面周长乘高度以面积计算	1. 基层清理 2. 砂浆制作、运输 3. 勾缝

表 4-132 零星抹灰(编码:011203)

项目编码	项目名称	项目特征	计量单位	工程量计算规则	工程内容
011203001	零星项目一般抹灰	1. 基层类型、部位 2. 底层厚度、砂浆配合比 3. 面层厚度、砂浆配合比 4. 装饰面材料种类 5. 分格缝宽度、材料种类	m^2	按设计图示尺寸以面积计算	1. 基层清理 2. 砂浆制作、运输 3. 底层抹灰 4. 抹面层 5. 抹装饰面 6. 勾分格缝
011203002	零星项目装饰抹灰				
011203003	零星项目砂浆找平	1. 基层类型、部位 2. 找平的砂浆厚度、配合比			1. 基层清理 2. 砂浆制作、运输 3. 抹灰找平

【注意事项】

(1)抹石灰砂浆、水泥砂浆、混合砂浆、聚合物水泥砂浆、麻刀石灰浆、石膏灰浆等按一般抹灰列项;水刷石、斩假石、干粘石、假面砖等按装饰抹灰列项。

(2)飘窗凸出外墙面增加的抹灰并入外墙工程量内。

(3)墙、柱面及零星项目砂浆找平项目只适用于仅做找平层的抹灰。

(4)零星项目抹灰适用于0.5 m^2 以内少量分散的抹灰,如池槽、挑檐、天沟、腰线、窗台线、门窗套、压顶、栏板、扶手、遮阳板、雨篷周边等。

(5)有吊顶天棚的内墙面抹灰,抹至吊顶以上部分在综合单价中考虑。

(6)墙、柱面防水(防潮)另按"13 房屋建筑计量规范"附录 J.3(010903)中相关项目编码列项(下同)。

(7)墙、柱面保温隔热另按"13 房屋建筑计量规范"附录 K.1(011001003、011001004)相应项目编码列项(下同)。

(8)墙、柱面油漆、涂料,另按"13 房屋建筑计量规范"附录 P"油漆、涂料、裱糊工程"中相应项目编码列项。

2. 清单工程量计算

1)墙面抹灰

$$S = 设计图示尺寸面积 \tag{4-97}$$

(1)$S_{外墙}$ = 外墙(墙裙)垂直投影面积 = 外墙外边线长度 × 抹灰高度。

(2)$S_{内墙、裙}$ = 内墙净长 × 墙高(净高、墙裙高)。

注意:(1)扣除墙裙、门窗洞口及单个 0.3 m^2 以上的孔洞面积。

(2)不扣除踢脚线、挂镜线和墙与构件交接处的面积。

(3)不增加面积:门窗洞口和孔洞的侧壁及顶面面积。

(4)增加面积:附墙柱、梁、垛、烟囱侧壁并入相应的墙面面积内。

2)柱、梁面抹灰

(1)$S_{柱}$ = 设计柱断面周长 × 柱高(抹灰高度)。

(2)$S_{梁}$ = 设计梁断面周长 × 梁长(抹灰长度)。

3)零星项目抹灰

$$S = 设计图示尺寸展开面积 \tag{4-98}$$

(二)综合单价分析

(1)墙、柱面抹灰清单项目综合单价应结合项目清单特征内容综合考虑底层灰、面层灰、分格缝等费用。

(2)墙、柱面抹灰清单项目综合单价分析时应综合考虑底层灰、面层灰材料的配合比、厚度、做法以及分格缝材料种类、宽度等实际情况,根据项目清单特征内容,结合计价定额规定确定综合单价。

二、墙、柱面块料面层

(一)清单项目编制与工程量计算

1. 清单项目划分及工程量计算规则

墙、柱面块料面层工程量清单项目设置、项目特征描述的内容、计量单位及工程量计算规则,应按"13 房屋建筑计量规范"中表 M.4、表 M.5、表 M.6 的规定执行,见表 4-133 ~ 表 4-135。

表 4-133　墙面块料面层(编码:011204)

项目编码	项目名称	项目特征	计量单位	工程量计算规则	工程内容
011204001	石材墙面	1. 墙体类型 2. 安装方式 3. 面层材料品种、规格、颜色 4. 缝宽、嵌缝材料种类 5. 防护材料种类 6. 磨光、酸洗、打蜡要求	m^2	按镶贴表面积计算	1. 基层清理 2. 砂浆制作、运输 3. 粘结层铺贴 4. 面层安装 5. 嵌缝 6. 刷防护材料 4. 磨光、酸洗、打蜡
011204002	拼碎石材墙面				
011204003	块料墙面				
011204004	干挂石材钢骨架	1. 骨架种类、规格 2. 防锈漆品种、遍数	t	按设计图示尺寸以质量计算	1. 骨架制作、运输、安装 2. 刷漆

表 4-134　柱(梁)面镶贴块料(编码:011205)

项目编码	项目名称	项目特征	计量单位	工程量计算规则	工程内容
011205001	石材柱面	1. 柱截面类型、尺寸 2. 安装方式 3. 面层材料品种、规格、颜色 4. 缝宽、嵌缝材料种类 5. 防护材料种类 6. 磨光、酸洗、打蜡要求	m^2	按镶贴表面积计算	1. 基层清理 2. 砂浆制作、运输 3. 粘结层铺贴 4. 面层安装 5. 嵌缝 6. 刷防护材料 7. 磨光、酸洗、打蜡
011205002	块料柱面				
011205003	拼碎块柱面				
011205004	石材梁面	1. 安装方式 2. 面层材料品种、规格、颜色 3. 缝宽、嵌缝材料种类 4. 防护材料种类 5. 磨光、酸洗、打蜡要求			
011205005	块料梁面				

表 4-135　镶贴零星块料(编码:011206)

项目编码	项目名称	项目特征	计量单位	工程量计算规则	工程内容
011206001	石材零星项目	1. 基层类型、部位 2. 安装方式 3. 面层材料品种、规格、颜色 4. 缝宽、嵌缝材料种类 5. 防护材料种类 6. 磨光、酸洗、打蜡要求	m^2	按镶贴表面积计算	1. 基层清理 2. 砂浆制作、运输 3. 面层安装 4. 嵌缝 5. 刷防护材料 6. 磨光、酸洗、打蜡
011206002	块料零星项目				
011206003	拼碎块零星项目				

【注意事项】

(1)石材块料一般有干挂、挂贴、粘贴等施工安装工艺。安装方式可描述为砂浆或粘结剂粘贴、挂贴、干挂等。

(2)采用干挂施工安装工艺时,干挂石材钢骨架应单独列项计算。

(3)零星项目块料镶贴适用于 0.5 m^2 以内、少量分散的镶贴块料面层。

2. 清单工程量计算

(1)墙、柱面及零星项目:

$$S = \text{设计块料镶贴表面积} \tag{4-99}$$

(2)干挂石材钢骨架:

$$T = \text{设计图示质量} \tag{4-100}$$

(二)综合单价分析

(1)墙、柱面块料面层清单项目综合单价应结合项目清单特征内容综合考虑结合层、面层、块料磨边、面层打蜡等费用。

(2)墙、柱面块料面层清单项目综合单价分析时应综合考虑基层类型、结合层材料的配合比与厚度、面层材料(品种、规格、颜色)及安装方式、方法等实际情况,根据项目清单特征内容,结合计价定额规定确定综合单价。

(3)干挂石材钢骨架清单项目综合单价应结合项目清单特征内容综合考虑钢骨架制作、安装及油漆等费用。综合单价分析时应综合考虑钢筋骨架的种类与规格、油漆品种与所刷遍数等实际情况,根据项目清单特征内容,结合计价定额规定确定综合单价。

三、墙面防水、防潮

(一)清单项目编制与工程量计算

1. 清单项目划分及工程量计算规则

墙面防水、防潮工程量清单项目设置、项目特征描述的内容、计量单位及工程量计算规则,应按“13 房屋建筑计量规范”中表 J.3 的规定执行,见表 4-136。

表 4-136　墙面防水、防潮(编码:010903)

项目编码	项目名称	项目特征	计量单位	工程量计算规则	工程内容
010903001	墙面卷材防水	1. 卷材品种、规格、厚度 2. 防水层数 3. 防水层做法	m^2	按设计图示尺寸以面积计算	1. 基层处理 2. 刷粘结剂 3. 铺防水卷材 4. 接缝、嵌缝
010903002	墙面涂膜防水	1. 防水膜品种 2. 涂膜厚度、遍数 3. 增强材料种类			1. 基层处理 2. 刷基层处理剂 3. 铺布、喷涂防水层
010903003	墙面砂浆防水(防潮)	1. 防水层做法 2. 砂浆厚度、配合比 3. 钢丝网规格			1. 基层处理 2. 挂钢丝网片 3. 设置分格缝 4. 砂浆制作、运输、摊铺、养护
010903004	墙面变形缝	1. 嵌缝材料种类 2. 止水带材料种类 3. 盖缝材料 4. 防护材料种类	m	按设计图示尺寸以长度计算	1. 清缝 2. 填塞防水材料 3. 止水带安装 4. 盖缝制作、安装 5. 刷防护材料

【注意事项】

(1)墙面找平层按“13 房屋建筑计量规范”中“立面砂浆找平层(011201004)”项目编码列项(下同)。

(2)楼地面防水与墙面连接时,反边高度＞300 mm 的防水层面积应按墙面防水列项计算。

(3)墙面防水搭接及附加层用量不另行计算,应在综合单价中考虑。

2. 清单工程量计算

(1)墙面防水:

$$S=\text{设计图示尺寸面积} \tag{4-101}$$

(2)墙面变形缝:

$$L=\text{设计图示尺寸长度} \tag{4-102}$$

注意:墙面变形缝,若做双面,工程量乘系数 2。

(二)综合单价分析

(1)墙面防水、防潮清单项目综合单价应综合考虑防水层、结合层、接缝材料的费用。综合单价分析时应综合考虑防水材料的品种、厚度、层数(遍数)、做法等实际情况,根据项目清单特征内容,结合计价定额规定确定综合单价。

(2)墙面变形缝清单项目综合单价应综合考虑变形缝的填缝、盖缝费用。综合单价分析时应综合考虑填缝、盖缝材料的品种、构造等实际情况，根据项目清单特征内容，结合计价定额规定确定综合单价。

四、墙、柱面保温、隔热

（一）清单项目编制与工程量计算

1. 清单项目划分及工程量计算规则

墙、柱面保温、隔热工程量清单项目设置、项目特征描述的内容、计量单位及工程量计算规则，应按“13 房屋建筑计量规范”中表 K.1 的规定执行，见表 4-137。

表 4-137　保温、隔热（编码：011001）

<table>
<tr><th>项目编码</th><th>项目名称</th><th>项目特征</th><th>计量单位</th><th>工程量计算规则</th><th>工程内容</th></tr>
<tr><td>011001003</td><td>保温、隔热墙面</td><td rowspan="2">1. 保温隔热部位
2. 保温隔热方式
3. 踢脚线、勒脚线保温做法
4. 龙骨材料品种、规格
5. 保温隔热面层材料品种、规格、性能
6. 保温隔热材料品种、规格、厚度
7. 增强网及抗裂防水砂浆种类
8. 粘结材料种类、做法
9. 防护材料种类、做法</td><td rowspan="2">m^2</td><td>按设计图示尺寸以面积计算
扣除门窗洞口以及面积 >0.3 m^2 梁、孔洞所占面积；门窗洞口侧壁以及与墙相连的柱，并入保温墙体工程量内</td><td rowspan="2">1. 基层清理
2. 刷界面剂
3. 安装龙骨
4. 填贴保温材料
5. 保温板安装
6. 粘贴面层
7. 铺设增强格网，抹抗裂、防水砂浆面层
8. 嵌缝
9. 铺、刷（喷）防护材料</td></tr>
<tr><td>011001004</td><td>保温柱、梁</td><td>按设计图示尺寸以面积计算
1. 柱按设计图示柱断面保温层中心线展开长度乘保温层高度以面积计算，扣除面积 >0.3 m^2 梁所占面积
2. 梁按设计图示梁断面保温层中心线展开长度乘保温层长度以面积计算</td></tr>
</table>

【注意事项】

（1）保温隔热方式：内保温、外保温、夹心保温。

（2）保温柱、梁适用于不与墙、天棚相连的独立柱、梁。

（3）柱帽保温隔热应并入天棚保温隔热工程量内。

2. 清单工程量计算

1）墙面保温、隔热

$$S = \text{设计图示尺寸面积} \tag{4-103}$$

注意：(1)扣除门窗洞口及面积 >0.3 m^2 梁、孔洞等所占面积。

(2)增加门窗洞口侧壁及附墙柱侧壁面积。

2)柱、梁面保温

(1)柱面保温：S = 柱保温层断面中心线周长 × 保温层高度。

(2)梁面保温：S = 梁保温层断面中心线周长 × 保温层长度。

(二)综合单价分析

(1)墙、柱面保温、隔热清单项目综合单价应综合考虑保温层、粘结层、龙骨骨架、增强材料等费用。

(2)墙、柱面保温、隔热清单项目综合单价分析时应综合考虑保温层、粘结层材料的品种、厚度、龙骨材料及做法等实际情况，根据项目清单特征内容，结合计价定额规定确定综合单价。

五、案例分析

【案例 1】　编制墙面装饰工程清单项目的计量与计价表。

如图 4-30 所示某房屋平面示意图。已知门洞口：1 200 mm × 2 400 mm，窗洞口：1 500 mm × 1 800 mm。

内墙净高 3.2 m，采用 15 mm 厚 1∶1∶6混合砂浆打底，5 mm 厚 1∶0.5∶3混合砂浆抹光，满刮腻子刷乳胶漆两遍。

外墙高 3.9 m，采用 15 厚 1∶3水泥砂浆打底，用 1∶1水泥砂浆镶贴 240 mm × 60 mm × 10 mm 的白色面砖(密贴)。

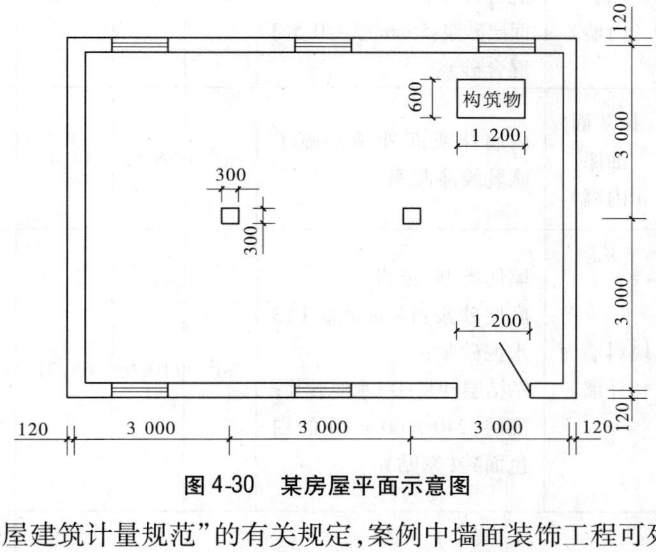

图 4-30　某房屋平面示意图

解：按“13 房屋建筑计量规范”的有关规定，案例中墙面装饰工程可列为“墙面一般抹灰(内墙)、块料墙面(外墙)、抹灰面油漆(内墙)”三个清单项目。

1. 清单工程量计算

(1)墙面一般抹灰(内墙)(011201001001)：

$$L_{内墙} = (9 - 0.24 + 6 - 0.24) \times 2 = 29.04(\text{m})$$

$S_{门窗洞口}=1.2\times2.4+1.5\times1.8\times5=16.38(m^2)$

清单工程量 $=29.04\times3.2-S_{门窗洞口}=92.93-16.38=76.55(m^2)$

(2)抹灰面油漆(内墙)(011406001001):

清单工程量 $=S_{抹灰}=76.55\ m^2$

(3)块料墙面(外墙)(011204003001):

$L_{外墙饰面}=(9+0.24+0.025\times2+6+0.24+0.025\times2)\times2=31.16(m)$

$S_{门窗洞口}=(1.2-0.025\times2)\times(2.4-0.025)+(1.5-0.025\times2)\times(1.8-0.025\times2)\times5$
$=15.42(m^2)$

$S_{门窗洞口侧壁}=[(1.2-0.05)+(2.4-0.025)\times2]\times0.12+(1.5-0.05+1.8-0.05)\times2\times5\times0.12=4.55(m^2)$

清单工程量 $=31.16\times3.9-S_{门窗洞口}+S_{门窗洞口侧壁}=121.52-15.42+4.55$
$=110.65(m^2)$

具体内容见表4-138。

表4-138　分部分项工程和单价措施清单与计价表

序号	项目编码	项目名称	项目特征描述	计量单位	工程量	金额(元)		
						综合单价	合价	其中暂估价
1	011201001001	墙面一般抹灰(内墙)	墙体类型:砖墙; 底层砂浆:15 mm厚1:1:6混合砂浆; 面层砂浆:5 mm厚1:0.5:3混合砂浆	m^2	76.55	13.96	1 068.64	
2	011406001001	抹灰面油漆(内墙)	内墙抹灰面外满刮腻子刷乳胶漆两遍	m^2	76.55	14.41	1 103.09	
3	011204003001	块料墙面(外墙)	墙体类型:砖墙; 底层砂浆:15 mm厚1:3水泥砂浆; 粘结层砂浆:1:1水泥砂浆; 面层:240×60×10的白色面砖(密贴)	m^2	110.65	65.21	7 215.49	
		合　计					9 387.22	

2. 综合单价计算

结合工程量清单,参照某省计价定额规定:

(1)墙面一般抹灰(内墙)(011201001001)综合单价参考:

混合砂浆墙面(B2－6):定额工程量＝清单工程量

(2)抹灰面油漆(内墙)(011406001001)综合单价参考:

抹灰面刷乳胶漆两遍(B5－163):定额工程量＝清单工程量

(3)块料墙面(外墙)(011204003001)综合单价参考:

砖墙面贴面砖(密贴)(B2－82):定额工程量＝清单工程量

综合单价分析与计算见表4-139～表4-141。

表4-139　综合单价分析表(一)

项目编码	011201001001	项目名称		墙面一般抹灰		计量单位		m^2		工程量	76.55
清单综合单价组成明细											
定额编号	定额名称	定额单位	数量	单价				合价			
				人工费	材料费	机械费	管理费和利润	人工费	材料费	机械费	管理费和利润
B2－6	混合砂浆粉砖墙	100 m^2	0.01	669.94	375.52	17.31	333.06	6.70	3.76	0.17	3.33
人工单价		小计						6.70	3.76	0.17	3.33
43元/工日		未计价材料费						0			
清单项目综合单价								13.96			

表4-140　综合单价分析表(二)

项目编码	011406001001	项目名称		抹灰面油漆		计量单位		m^2		工程量	76.55
清单综合单价组成明细											
定额编号	定额名称	定额单位	数量	单价				合价			
				人工费	材料费	机械费	管理费和利润	人工费	材料费	机械费	管理费和利润
B5－163	乳胶漆二遍(抹灰面)	100 m^2	0.01	374.96	786.93	0	279.04	3.75	7.87	0	2.79
人工单价		小计						3.75	7.87	0	2.79
43元/工日		未计价材料费						0			
清单项目综合单价								14.41			

表 4-141　综合单价分析表(三)

项目编码	011204003001	项目名称	块料墙面	计量单位	m^2	工程量	110.65

清单综合单价组成明细

定额编号	定额名称	定额单位	数量	单价				合价			
				人工费	材料费	机械费	管理费和利润	人工费	材料费	机械费	管理费和利润
B2-82	砖墙面密贴面砖(外墙)	100 m^2	0.01	2 641.06	2 163.51	22.87	1 693.05	26.41	21.64	0.23	16.93
人工单价		小计						26.41	21.64	0.23	16.93
43 元/工日		未计价材料费						0			
清单项目综合单价								65.21			

3. 合价

结合表 4-139 ~ 表 4-141 内容填表 4-138 中的综合单价,计算合价。

【任务探索】 结合实际墙柱面工程,分析并编制墙柱面工程工程量清单与计价表。

【任务练习】

一、单项选择题

1. 外墙抹灰按外墙的垂直投影面积以 m^2 计算,应扣除门窗洞口、外墙裙和大于 0.3 m^2 的孔洞所含面积,但不增加(　　)的面积。

A. 附墙垛侧面　　B. 洞口侧壁　　C. 附墙梁的侧面　　D. 附墙柱侧面

2. 阳台、楼梯等侧面装饰抹灰,按相应的(　　)清单项目列项计算。

A. 腰线项目　　B. 抹灰项目　　C. 零星项目　　D. 装饰抹灰

3. 墙面块料镶贴工程量以(　　)计算。

A. 设计图示尺寸面积　　B. 墙面结构外表面积

C. 墙面镶贴外表面积　　D. 墙面抹灰外表面积

4. 柱(梁)饰面按设计图示饰面外围尺寸以面积计算。柱帽、柱墩并入相应(　　)饰面工程量内。

A. 柱　　B. 零星项目　　C. 顶棚　　D. 板

5. 墙体保温隔热层工程量应以(　　)计算。

A. 设计图示尺寸面积　　B. 面积×厚度(含胶结材料厚)

C. 面积×厚度(不含胶结材料厚)　　D. 重量

二、多项选择题

1. 墙面一般抹灰按设计图示尺寸以面积计算,不扣除(　　)的面积。

A. 门洞口　　B. 墙裙　　C. 踢脚线

D. 窗洞口　　　　　　E. 墙与构件交接处

2. 墙面装饰抹灰工程量按设计图示尺寸以面积计算，(　　)。

A. 扣除墙裙和门窗洞口的面积

B. 不增加门窗洞口和孔洞侧壁及顶面的面积

C. 扣除踢脚线、挂镜线、墙与构件交接处的面积

D. 扣除单个 0.3 m^2 以内孔洞面积

E. 附墙柱、梁、垛的侧壁并入相应的墙面面积内

3. 下列（　　）的抹灰面积应并入墙面抹灰项目清单工程量。

A. 附墙垛　　　　B. 洞口侧壁　　　　C. 屋面梁侧面

D. 附墙柱侧面　　E. 压顶

4. 以下说法正确的是(　　)。

A. 装饰板墙面按设计图示墙净长乘以净高以面积计算，扣除门窗洞口及 0.3 m^2 以上的孔洞所占面积

B. 装饰板柱(梁)面按设计图示外围饰面尺寸以面积计算

C. 浴厕隔断门的材质相同者，其门的面积不扣除，并入隔断内计算

D. 隔断按设计图示尺寸以框外围面积计算。扣除 0.3 m^2 以上的孔洞所占面积

E. 柱帽、柱墩工程量并入相应板面积内计算

三、能力训练

编制项目中建筑物的墙、柱面工程项目的工程量清单，结合计价定额进行项目综合单价分析并计价。

任务十一　天棚工程

【任务导航】

问题 1：天棚抹灰项目清单编制、综合单价分析。

问题 2：天棚吊顶项目清单编制、综合单价分析。

问题 3：天棚其他装饰及保温项目清单编制、综合单价分析。

问题 4：结合案例分析，编制一般天棚工程工程量清单，进行综合单价分析与费用计算。

【任务解析】

按照"13 房屋建筑计量规范"规定，结合房屋建筑装饰工程实际情况，本节学习任务主要包括天棚抹灰、天棚吊顶、采光天棚、天棚其他装饰与保温等内容的计量与计价。

一、天棚抹灰

(一)清单项目编制与工程量计算

1. 清单项目划分及工程量计算规则

天棚抹灰工程量清单项目设置、项目特征描述的内容、计量单位及工程量计算规则，应按"13 房屋建筑计量规范"中表 N.1 的规定执行，见表 4-142。

表 4-142　天棚抹灰(编码:011301)

项目编码	项目名称	项目特征	计量单位	工程量计算规则	工程内容
011301001	天棚抹灰	1. 基层类型 2. 抹灰厚度、材料种类 3. 砂浆配合比	m^2	按设计图示尺寸以水平投影面积计算。不扣除间壁墙、垛、柱、附墙烟囱、检查口和管道所占的面积,带梁天棚的梁两侧抹灰面积并入天棚面积内,板式楼梯底面抹灰按斜面积计算,锯齿形楼梯底板抹灰按展开面积计算	1. 基层清理 2. 底层抹灰 3. 抹面层

【注意事项】

(1)天棚抹灰一般指石灰砂浆、水泥砂浆、混合砂浆、石膏灰砂浆等天棚抹灰面。

(2)天棚抹灰应按部位、基层、做法不同分别列项计算。

2. 清单工程量计算

$$S = \text{设计图示尺寸水平投影面积} \tag{4-104}$$

注意:(1)不扣除:间壁墙、垛、柱、附墙烟囱、检查口和管道所占的面积。

(2)带梁天棚:梁两侧抹灰面积并入天棚抹灰工程量。

(3)斜天棚:按天棚底斜面积计算。

(4)楼梯天棚:按天棚底斜面积或展开面积计算。

(二)综合单价分析

(1)天棚抹灰清单项目综合单价应结合项目清单特征内容综合考虑底层灰、面层灰等费用。

(2)天棚抹灰清单项目综合单价分析时应综合考虑底层灰、面层灰材料的配合比、厚度、基层类型及抹灰做法等实际情况,根据项目清单特征内容,结合计价定额规定确定综合单价。

二、天棚吊顶

(一)清单项目编制与工程量计算

1. 清单项目划分及工程量计算规则

天棚吊顶工程量清单项目设置、项目特征描述的内容、计量单位及工程量计算规则,应按"13 房屋建筑计量规范"中表 N.2 的规定执行,见表 4-143。

表 4-143　天棚吊顶(编码:011302)

<table>
<tr><th>项目编码</th><th>项目名称</th><th>项目特征</th><th>计量单位</th><th>工程量计算规则</th><th>工程内容</th></tr>
<tr><td>011302001</td><td>吊顶天棚</td><td>1. 吊顶形式、吊杆规格、高度
2. 龙骨材料种类、规格、中距
3. 基层材料种类、规格
4. 面层材料品种、规格
5. 压条材料种类、规格
6. 嵌缝材料种类
7. 防护材料种类</td><td rowspan="6">m^2</td><td>按设计图示尺寸以水平投影面积计算。天棚面中的灯槽及跌级、锯齿形、吊挂式、藻井式天棚面积不展开计算。不扣除间壁墙、检查口、附墙烟囱、柱垛和管道所占面积,扣除单个 > 0.3 m^2 的孔洞、独立柱及与天棚相连的窗帘盒所占的面积</td><td>1. 基层清理、吊杆安装
2. 龙骨安装
3. 基层板铺贴
4. 面层铺贴
5. 嵌缝
6. 刷防护材料</td></tr>
<tr><td>011302002</td><td>格栅吊顶</td><td>1. 龙骨材料种类、规格、中距
2. 基层材料种类、规格
3. 面层材料品种、规格
4. 防护材料种类</td><td rowspan="5">按设计图示尺寸以水平投影面积计算</td><td>1. 基层清理
2. 安装龙骨
3. 基层板铺贴
4. 面层铺贴
5. 刷防护材料</td></tr>
<tr><td>011302003</td><td>吊筒吊顶</td><td>1. 吊筒形状、规格
2. 吊筒材料、种类
3. 防护材料、种类</td><td>1. 基层清理
2. 吊筒制作安装
3. 刷防护材料</td></tr>
<tr><td>011302004</td><td>藤条造型悬挂吊顶</td><td rowspan="2">1. 骨架材料种类、规格
2. 面层材料品种、规格</td><td rowspan="2">1. 基层清理
2. 龙骨安装
3. 铺贴面层</td></tr>
<tr><td>011302005</td><td>织物软雕吊顶</td></tr>
<tr><td>011302006</td><td>装饰网架吊顶</td><td>网架材料品种、规格</td><td>1. 基层清理
2. 网架制作安装</td></tr>
</table>

【注意事项】

(1)天棚保温隔热另按“13 房屋建筑计量规范”附录 K. 1(011001002)项目编码列项(下同)。

(2)天棚吊顶若需油漆、涂料,另按“13 房屋建筑计量规范”附录 P“油漆、涂料、裱糊工程”中相应项目编码列项(下同)。

2. 清单工程量计算

$$S = \text{设计图示尺寸水平投影面积} \tag{4-105}$$

注意:(1)不扣除间壁墙、检查口、附墙烟囱、柱垛和管道所占面积。

(2)扣除单个 >0.3 m^2 的孔洞、独立柱及与天棚相连的窗帘盒所占面积。

(3)天棚中的灯槽、跌级(跌落),锯齿形(折线)、吊挂式、藻井式天棚等面积不展开计算。

(二)综合单价分析

(1)天棚吊顶清单项目综合单价应结合项目清单特征内容综合考虑天棚龙骨制作安装、基层制作安装、面层制作安装、压条、检查口、走道板等费用。

(2)天棚吊顶清单项目综合单价分析时应综合考虑天棚龙骨、基层、面层、检查口、走道板材料的种类、规格、安装方法及构造形式等实际情况,根据项目清单特征内容,结合计价定额规定确定综合单价。

三、采光天棚

(一)清单项目编制与工程量计算

采光天棚工程量清单项目设置、项目特征描述的内容、计量单位及工程量计算规则,应按“13 房屋建筑计量规范”中表 N.3 的规定执行,见表 4-144。

表 4-144　采光天棚(编码:011303)

项目编码	项目名称	项目特征	计量单位	工程量计算规则	工程内容
011303001	采光天棚	1. 骨架类型 2. 固定类型、固定材料品种、规格 3. 面层材料品种、规格 4. 嵌缝、塞口材料种类	m^2	按框外围展开面积计算	1. 基层清理 2. 面层制安 3. 嵌缝、塞口 4. 清洗

【注意事项】

采光天棚骨架另按“13 房屋建筑计量规范”附录 F“金属结构工程”中相关项目编码列项(下同)。

(二)综合单价分析

采光天棚清单项目综合单价分析时应综合考虑天棚龙骨类型、面层材料的种类、规格、安装方法及构造形式等实际情况,根据项目清单特征内容,结合计价定额规定确定综合单价。

四、天棚其他装饰

(一)清单项目编制与工程量计算

1. 清单项目划分及工程量计算规则

天棚其他装饰工程量清单项目设置、项目特征描述的内容、计量单位及工程量计算规则,应按“13 房屋建筑计量规范”中表 N.4 的规定执行,见表 4-145。

表 4-145　天棚其他装饰(编码:011304)

项目编码	项目名称	项目特征	计量单位	工程量计算规则	工程内容
011304001	灯带(槽)	1. 灯带形式、尺寸 2. 格栅片材料品种、规格 3. 安装固定方式	m^2	按设计图示尺寸以框外围面积计算	安装、固定
011304002	送风口、回风口	1. 风口材料品种、规格 2. 安装固定方式 3. 防护材料种类	个	按设计图示数量计算	1. 安装、固定 2. 刷防护材料

【注意事项】

(1)灯带(槽)可结合实际工程按不同构造形式分别列项。

(2)送风口、回风口可结合实际工程按不同材料、构造形式分别列项。

2. 清单工程量计算

(1)灯带(槽):

$$S = \text{设计图示尺寸框外围面积} \tag{4-106}$$

(2)送风口、回风口:

$$N = \text{设计图示数量} \tag{4-107}$$

(二)综合单价分析

(1)灯带(槽)清单项目综合单价分析时应综合考虑灯带(槽)的类型、材料品种与规格、安装方法等实际情况,根据项目清单特征内容,结合计价定额规定确定综合单价。

(2)送(回)风口清单项目综合单价分析时应综合考虑风口材料品种与规格、安装方法等实际情况,根据项目清单特征内容,结合计价定额规定确定综合单价。

五、天棚保温、隔热

(一)清单项目编制与工程量计算

1. 清单项目划分及工程量计算规则

天棚保温、隔热工程量清单项目设置、项目特征描述的内容、计量单位及工程量计算规则,应按"13 房屋建筑计量规范"中表 K.1 的规定执行,见表 4-146。

表 4-146　保温、隔热(编码:011001)

项目编码	项目名称	项目特征	计量单位	工程量计算规则	工程内容
011001002	保温隔热天棚	1. 保温隔热面层材料品种、规格、性能 2. 保温隔热材料品种、规格、厚度 3. 粘结材料种类、做法 4. 防护材料种类、做法	m^2	按设计图示尺寸以面积计算 扣除面积 >0.3 m^2 柱、垛、孔洞所占面积,与天棚相连的梁按展开面积计算并入天棚工程量内	1. 基层清理 2. 刷粘贴材料 3. 铺贴保温层 4. 铺、刷(喷)防护材料

2. 清单工程量计算

$$S = \text{设计图示尺寸面积} \quad (4\text{-}108)$$

注意：(1) 扣除面积 >0.3 m^2 柱、垛、孔洞等所占面积。

(2) 增加与天棚相连的梁侧面面积。

(二) 综合单价分析

(1) 天棚保温、隔热清单项目综合单价应综合考虑保温层、粘结层等费用。

(2) 天棚保温、隔热清单项目综合单价分析时应综合考虑保温层、粘结层材料的品种、规格、厚度及做法等实际情况，根据项目清单特征内容，结合计价定额规定确定综合单价。

六、案例分析

【案例 1】 编制天棚抹灰工程清单项目的计量与计价表。

如图 4-31 所示某房屋平面图。已知天棚采用 7 mm 厚 1∶1∶4 水泥石灰砂浆，5 mm 厚 1∶0.5∶3 水泥石灰砂浆抹灰。现浇屋面板板厚为 100 mm，且有一根与天棚相连的单梁（断面为 300 mm×600 mm、梁顶标高与板顶标高一致）。

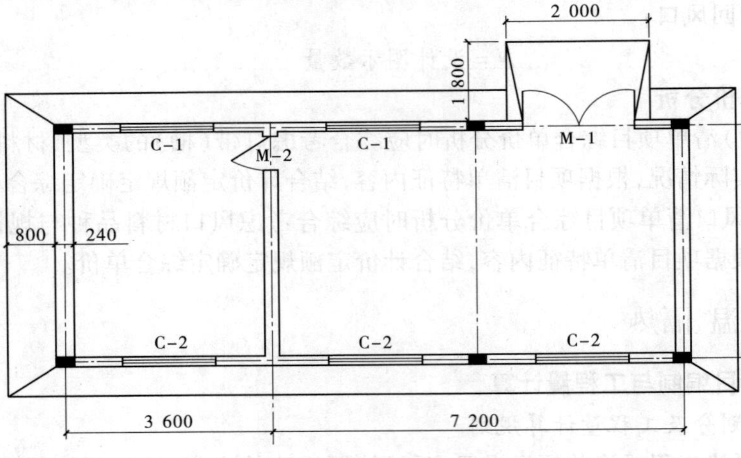

图 4-31 某房屋平面示意图

解：按“13 房屋建筑计量规范”的有关规定，案例中天棚抹灰工程清单项目为“天棚抹灰(011301001001)”。

1. 清单工程量计算

$$S_{\text{室内天棚}} = 3.36 \times 5.76 + 6.96 \times 5.76 = 59.44(m^2)$$

$$S_{\text{单梁侧面}} = (6 - 0.24) \times 0.5 \times 2 = 5.76(m^2)$$

$$\text{清单工程量} = S_{\text{室内天棚}} + S_{\text{单梁侧面}} = 59.44 + 5.76 = 65.20(m^2)$$

具体内容见表 4-147。

表 4-147　分部分项工程和单价措施清单与计价表

序号	项目编码	项目名称	项目特征描述	计量单位	工程量	金额(元)		
						综合单价	合价	其中暂估价
	011301001001	天棚抹灰	基层类型:现浇混凝土板; 抹灰砂浆: 7 mm 厚 1∶1∶4 水泥石灰砂浆; 5 mm 厚 1∶0.5∶3 水泥石灰砂浆抹灰	m^2	65.20	14.33	934.32	

2. 综合单价计算

结合工程量清单,参照某省计价定额规定,天棚抹灰(011301001001)综合单价参考:

天棚抹混合砂浆(B3 - 6):定额工程量 = 清单工程量

综合单价分析与计算见表 4-148。

表 4-148　综合单价分析表

项目编码	011301001001	项目名称	天棚抹灰	计量单位	m^2	工程量	65.20

清单综合单价组成明细											
定额编号	定额名称	定额单位	数量	单价				合价			
				人工费	材料费	机械费	管理费和利润	人工费	材料费	机械费	管理费和利润
B3 - 6	天棚抹混合砂浆	100 m^2	0.01	757.23	234.87	12.98	427.68	7.57	2.35	0.13	4.28
人工单价		小　计						7.57	2.35	0.13	4.28
43 元/工日		未计价材料费						0			
清单项目综合单价								14.33			

3. 合价

结合表 4-148 内容填表 4-147 中的综合单价,计算合价。

【案例 2】　编制天棚吊顶工程清单项目的计量与计价表。

如图 4-32 所示天棚吊顶平面示意图。已知装配式 U 型轻钢龙骨(不上人),间距 600 mm × 600 mm,双层结构,吊筋用射钉固定;面层为矿棉板搁在龙骨上,天棚上开 $\phi100$ 筒灯孔 10 个,1 200 mm × 600 mm 格栅灯槽 4 个。墙厚均为 240 mm,柱断面 500 mm × 500 mm。

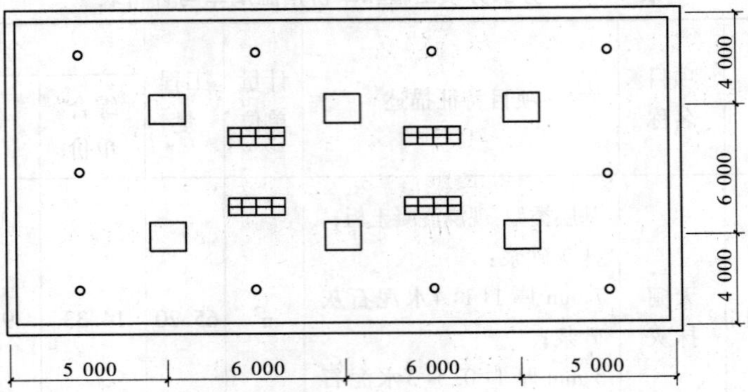

图 4-32 某天棚吊顶平面示意图

解:按"13 房屋建筑计量规范"的有关规定,案例中天棚吊顶工程可列为天棚吊顶、灯槽、灯孔三个清单项目。

1. 清单工程量计算:

(1)天棚吊顶(011302001001):

$$S=(22-0.24)\times(14-0.24)-1.2\times0.6\times4=296.54(\mathrm{m}^2)$$

(2)灯槽(011304001001):

$$S=1.2\times0.6\times4=2.88(\mathrm{m}^2)$$

(3)灯孔(011304001002):

$$S=\pi\times0.05^2\times10=0.08(\mathrm{m}^2)$$

具体内容见表 4-149。

表 4-149 分部分项工程和单价措施清单与计价表

序号	项目编码	项目名称	项目特征描述	计量单位	工程量	金额(元)		
						综合单价	合价	其中 暂估价
1	010302001001	天棚吊顶	装配式 U 型轻钢龙骨(不上人),间距600 mm×600 mm,双层结构,吊筋用射钉固定; 矿棉板面层搁在龙骨上	m²	296.54	72.56	21 516.94	
2	011304001001	灯槽	1 200 mm×600 mm 格栅灯槽	m²	2.88	12.35	35.57	
3	011304001002	灯孔	ϕ100 筒灯孔	m²	0.08	490.25	39.22	
	合 计						21 591.73	

2. 综合单价计算

结合工程量清单,参照某省计价定额规定:

1)天棚吊顶

天棚吊顶(011302001001)综合单价包括:

(1)U型轻钢龙骨(不上人、600 mm×600 mm)制作安装(B3-20):

$$定额工程量=(22-0.24)\times(14-0.24)=299.42(m^2)$$

$$工程量调整系数=299.42/296.54=1.01$$

(2)矿棉板面层搁在龙骨上(B3-70):定额工程量=清单工程量

2)灯槽

灯槽(011304001001)综合单价参考:

格式灯孔制作安装(B3-118):定额工程量=4个

$$工程量调整系数=4/2.88=1.389$$

3)灯孔

灯孔(011304001002)综合单价参考:

筒灯孔制作安装(B3-119):定额工程量=10个

$$工程量调整系数=10/0.08=125$$

综合单价分析与计算见表4-150~表4-152。

表4-150 综合单价分析表(一)

项目编码	011302001001	项目名称		天棚吊顶		计量单位	m^2		工程量		296.54
清单综合单价组成明细											
定额编号	定额名称	定额单位	数量	单价				合价			
				人工费	材料费	机械费	管理费和利润	人工费	材料费	机械费	管理费和利润
B3-20	U型轻钢龙骨制作安装(不上人、600 mm×600 mm)	100 m^2	0.010 1	804.96	2 077.80	0	745.06	8.13	20.99	0	7.53
B3-70	矿棉板面层搁在龙骨上	100 m^2	0.01	441.61	2 739.54	0	408.75	4.42	27.40	0	4.09
人工单价		小计						12.55	48.39	0	11.62
43元/工日		未计价材料费						0			
清单项目综合单价								72.56			

表 4-151　综合单价分析表(二)

项目编码	011304001001	项目名称		灯槽		计量单位		m²		工程量	2.88
清单综合单价组成明细											
定额编号	定额名称	定额单位	数量	单价				合价			
				人工费	材料费	机械费	管理费和利润	人工费	材料费	机械费	管理费和利润
B3－118	格式灯孔	10 个	0.138 9	34.40	22.66	0	31.84	4.78	3.15	0	4.42
人工单价		小　计						4.78	3.15	0	4.42
43 元/工日		未计价材料费						0			
清单项目综合单价								12.35			

表 4-152　综合单价分析表(三)

项目编码	011304001002	项目名称		灯孔		计量单位		m²		工程量	2.88
清单综合单价组成明细											
定额编号	定额名称	定额单位	数量	单价				合价			
				人工费	材料费	机械费	管理费和利润	人工费	材料费	机械费	管理费和利润
B3－119	筒灯孔	10 个	12.5	8.60	22.66	0	7.96	107.50	283.25	0	99.50
人工单价		小　计						107.50	283.25	0	99.50
43 元/工日		未计价材料费						0			
清单项目综合单价								490.25			

3. 合价

结合表 4-150 ~ 表 4-152 内容填表 4-149 中的综合单价,计算合价。

【任务探索】 结合实际天棚工程,分析天棚工程类型及构造组成,编制天棚工程工程量清单与计价表。

【任务练习】

一、单项选择题

1. "13 房屋建筑计量规范"规定天棚抹灰清单工程量应(　　)。

A. 按主墙轴线间面积计算　　B. 按主墙间的净面积计算

C. 扣除柱所占的面积　　D. 按主墙外围面积计算

2. 天棚吊顶清单工程量应扣除面积大于 0.3 m² 的(　　)所占面积。

A. 独立柱　　B. 附墙柱　　C. 检查口　　D. 间壁墙

3. 根据"13 房屋建筑计量规范"规定,天棚面层工程量清单计算中,下面说法正确的是(　　)。

A. 天棚面层中的灯槽、跌级展开增加的面积另行计算并入天棚

B. 扣除间壁墙所占的面积

C. 天棚检查孔、灯槽必须单独列项计算

D. 天棚面层中的灯槽、跌级展开增加的面积不另计算

4. 清单工程量可按长度计算,以 m 为单位的是(　　)。

A. 现浇水磨石台阶　　B. 空花墙

C. 天棚灯带装饰　　D. 木踢脚板

二、多项选择题

1. "13 房屋建筑计量规范"规定,天棚抹灰清单工程量按设计图示尺寸以水平投影面积计算。不扣除(　　)所占的面积。

A. 间壁墙　　B. 柱　　C. 管道

D. 0.5 m^2 以上洞口　　E. 门窗洞口侧壁

2. "13 房屋建筑计量规范"规定,下列(　　)项目的清单工程量计算不扣除间壁墙所占面积。

A. 天棚吊顶　　B. 石材楼地面　　C. 竹木地板

D. 天棚抹灰　　E. 现浇水磨石楼地面

三、能力训练

编制项目中建筑物的天棚工程项目的工程量清单,结合计价定额进行项目综合单价分析并计价。

任务十二　油漆、涂料、裱糊工程

【任务导航】

问题 1:油漆、涂料、裱糊工程项目清单编制、综合单价分析。

问题 2:结合案例分析,编制一般油漆、涂料、裱糊工程工程量清单,进行综合单价分析与费用计算。

【任务解析】

按照"13 房屋建筑计量规范"规定,结合房屋建筑装饰工程实际情况,本节学习任务主要包括油漆工程、喷刷涂料工程、裱糊工程等内容的计量与计价。

一、油漆工程

(一)清单项目编制与工程量计算

油漆(门窗油漆、木材面油漆、金属面油漆、抹灰面油漆等)工程量清单项目设置、项目特征描述的内容、计量单位及工程量计算规则,应按"13 房屋建筑计量规范"中表 P.1 ~ 表 P.6 的规定执行,见表 4-153 ~ 表 4-158。

表 4-153　门油漆(编码:011401)

项目编码	项目名称	项目特征	计量单位	工程量计算规则	工程内容
011401001	木门油漆	1. 门类型 2. 门代号及洞口尺寸 3. 腻子种类 4. 刮腻子遍数 5. 防护材料种类 6. 油漆品种、刷漆遍数	1. 樘 2. m^2	1. 以樘计量,按设计图示数量计量 2. 以 m^2 计量,按设计图示洞口尺寸以面积计算	1. 基层清理 2. 刮腻子 3. 刷防护材料、油漆
011401002	金属门油漆				1. 除锈、基层清理 2. 刮腻子 3. 刷防护材料、油漆

【注意事项】

(1)木门油漆应区分木大门、单层木门、双层(一玻一纱)木门、双层(单裁口)木门、全玻(半玻)自由门、装饰门及有(无)框门等项目,分别编码列项。

(2)金属门油漆应区分平开门、推拉门、钢制防火门等项目,分别编码列项。

表 4-154　窗油漆(编码:011402)

项目编码	项目名称	项目特征	计量单位	工程量计算规则	工程内容
011402001	木窗油漆	1. 窗类型 2. 窗代号及洞口尺寸 3. 腻子种类 4. 刮腻子遍数 5. 防护材料种类 6. 油漆品种、刷漆遍数	1. 樘 2. m^2	1. 以樘计量,按设计图示数量计量 2. 以 m^2 计量,按设计图示洞口尺寸以面积计算	1. 基层清理 2. 刮腻子 3. 刷防护材料、油漆
011402002	金属窗油漆				1. 除锈、基层清理 2. 刮腻子 3. 刷防护材料、油漆

【注意事项】

(1)木窗油漆应区分单层木窗、双层(一玻一纱)木窗、双层框扇(单裁口)木窗、双层框三层(二玻一纱)木窗、单层组合窗、双层组合窗、木百叶窗、木推拉窗等项目,分别编码列项。

(2)金属窗油漆应区分平开窗、推拉窗、固定窗、组合窗、金属隔栅窗等项目,分别编码列项。

表 4-155 木扶手及其他板条、线条油漆(编码:011403)

项目编码	项目名称	项目特征	计量单位	工程量计算规则	工程内容
011403001	木扶手油漆	1. 断面尺寸 2. 腻子种类 3. 刮腻子遍数 4. 防护材料种类 5. 油漆品种、刷漆遍数	m	按设计图示尺寸以长度计算	1. 基层清理 2. 刮腻子 3. 刷防护材料、油漆
011403002	窗帘盒油漆				
011403003	封檐板、顺水板油漆				
011403004	挂衣板、黑板框油漆				
011403005	挂镜线、窗帘棍、单独木线油漆				

【注意事项】

(1)木扶手应区分带托板与不带托板,分别编码列项。

(2)木栏杆带扶手,木扶手不应单独列项,应包含在木栏杆油漆中。

表 4-156 木材面油漆(编码:011404)

项目编码	项目名称	项目特征	计量单位	工程量计算规则	工程内容
011404001	木护墙、木墙裙油漆	1. 腻子种类 2. 刮腻子遍数 3. 防护材料种类 4. 油漆品种、刷漆遍数	m^2	按设计图示尺寸以面积计算	1. 基层清理 2. 刮腻子 3. 刷防护材料、油漆
011404002	窗台板、筒子板、盖板、门窗套、踢脚线油漆				
011404003	清水板条天棚、檐口油漆				
011404004	木方格吊顶天棚油漆				

续表 4-156

<table>
<tr><th>项目编码</th><th>项目名称</th><th>项目特征</th><th>计量单位</th><th>工程量计算规则</th><th>工程内容</th></tr>
<tr><td>011404005</td><td>吸音板墙面、天棚面油漆</td><td rowspan="10">1. 腻子种类
2. 刮腻子遍数
3. 防护材料种类
4. 油漆品种、刷漆遍数</td><td rowspan="11">m²</td><td rowspan="4">按设计图示尺寸以面积计算</td><td rowspan="10">1. 基层清理
2. 刮腻子
3. 刷防护材料、油漆</td></tr>
<tr><td>011404006</td><td>暖气罩油漆</td></tr>
<tr><td>011404007</td><td>其他木材面</td></tr>
<tr><td>011404008</td><td>木间壁、木隔断油漆</td></tr>
<tr><td>011404009</td><td>玻璃间壁露明墙筋油漆</td><td rowspan="2">按设计图示尺寸以单面外围面积计算</td></tr>
<tr><td>011404010</td><td>木栅栏、木栏杆(带扶手)油漆</td></tr>
<tr><td>011404011</td><td>衣柜、壁柜油漆</td><td rowspan="3">按设计图示尺寸以油漆部分展开面积计算</td></tr>
<tr><td>011404012</td><td>梁柱饰面油漆</td></tr>
<tr><td>011404013</td><td>零星木装修油漆</td></tr>
<tr><td>011404014</td><td>木地板油漆</td><td rowspan="2">按设计图示尺寸以面积计算。空洞、空圈、暖气包槽、壁龛的开口部分并入相应的工程量内</td></tr>
<tr><td>011404015</td><td>木地板烫硬蜡面</td><td>1. 硬蜡品种
2. 面层处理要求</td><td>1. 基层清理
2. 烫蜡</td></tr>
</table>

表 4-157　金属面油漆(编码:011405)

项目编码	项目名称	项目特征	计量单位	工程量计算规则	工程内容
011405001	金属面油漆	1. 构件名称 2. 腻子种类 3. 刮腻子要求 4. 防护材料种类 5. 油漆品种、刷漆遍数	1. t 2. m^2	1. 以 t 计量,按设计图示尺寸以质量计算 2. 以 m^2 计量,按设计展开面积计算	1. 基层清理 2. 刮腻子 3. 刷防护材料、油漆

表 4-158　抹灰面油漆(编码:011406)

<table>
<tr><th>项目编码</th><th>项目名称</th><th>项目特征</th><th>计量单位</th><th>工程量计算规则</th><th>工程内容</th></tr>
<tr><td>011406001</td><td>抹灰面油漆</td><td>1. 基层类型
2. 腻子种类
3. 刮腻子遍数
4. 防护材料种类
5. 油漆品种、刷漆遍数
6. 部位</td><td>m^2</td><td>按设计图示尺寸以面积计算</td><td rowspan="2">1. 基层清理
2. 刮腻子
3. 刷防护材料、油漆</td></tr>
<tr><td>011406002</td><td>抹灰线条油漆</td><td>1. 线条宽度、道数
2. 腻子种类
3. 刮腻子遍数
4. 防护材料种类
5. 油漆品种、刷漆遍数</td><td>m</td><td>按设计图示尺寸以长度计算</td></tr>
<tr><td>011406003</td><td>满刮腻子</td><td>1. 基层类型
2. 腻子种类
3. 刮腻子遍数</td><td>m^2</td><td>按设计图示尺寸以面积计算</td><td>1. 基层清理
2. 刮腻子</td></tr>
</table>

(二)综合单价分析

(1)门窗油漆清单项目综合单价分析时应综合考虑门窗类型、腻子的种类与要求、油漆的种类与遍数等实际情况,根据项目清单特征内容,结合计价定额规定确定综合单价。

(2)木材面、金属面油漆清单项目综合单价分析时应综合考虑构件特点、腻子的种类与要求、油漆的种类与刷漆遍数等实际情况,根据项目清单特征内容,结合计价定额规定确定综合单价。

(3)抹灰面油漆清单项目综合单价分析时应综合考虑基层类型、腻子的种类与要求、油漆的种类与刷漆遍数等实际情况,根据项目清单特征内容,结合计价定额规定确定综合单价。

二、喷刷涂料工程

(一)清单项目编制与工程量计算

喷刷涂料工程量清单项目设置、项目特征描述的内容、计量单位及工程量计算规则，应按“13 房屋建筑计量规范”中表 P.7 的规定执行，见表 4-159。

表 4-159　喷刷涂料(编码:011407)

项目编码	项目名称	项目特征	计量单位	工程量计算规则	工程内容
011407001	墙面喷刷涂料	1. 基层类型 2. 喷刷涂料部位 3. 腻子种类 4. 刮腻子要求 5. 涂料品种、喷刷遍数	m^2	按设计图示尺寸以面积计算	1. 基层清理 2. 刮腻子 3. 刷、喷涂料
011407002	天棚喷刷涂料				
011407003	空花格、栏杆刷涂料	1. 腻子种类 2. 刮腻子遍数 3. 涂料品种、喷刷遍数		按设计图示尺寸以单面外围面积计算	
011407004	线条刷涂料	1. 基层清理 2. 线条宽度 3. 刮腻子遍数 4. 刷防护材料、油漆	m	按设计图示尺寸以长度计算	
011407005	金属构件刷防火涂料	1. 喷刷防火涂料构件名称 2. 防火等级要求 3. 涂料品种、喷刷遍数	1. t 2. m^2	1. 以 t 计量，按设计图示尺寸以质量计算 2. 以 m^2 计量，按设计展开面积计算	1. 基层清理 2. 刷防护材料、油漆
011407006	木材构件喷刷防火涂料		m^2	以 m^2 计量，按设计图示尺寸以面积计算	1. 基层清理 2. 刷防火材料

【注意事项】

喷刷墙面涂料部位要注明内墙或外墙。

(二)综合单价分析

(1)抹灰面喷刷涂料清单项目综合单价分析时应综合考虑基层类型、腻子的种类与要求、涂料的种类与刷漆遍数等实际情况，根据项目清单特征内容，结合计价定额规定确定综合单价。

(2)金属面、木材面喷刷防火涂料清单项目综合单价分析时应综合考虑构件特点、涂料的种类与喷刷遍数、防火等级要求等实际情况,根据项目清单特征内容,结合计价定额规定确定综合单价。

三、裱糊工程

(一)清单项目编制与工程量计算

裱糊工程量清单项目设置、项目特征描述的内容、计量单位及工程量计算规则,应按"13 房屋建筑计量规范"中表 P.8 的规定执行,见表 4-160。

表 4-160　裱糊(编码:011408)

项目编码	项目名称	项目特征	计量单位	工程量计算规则	工程内容
011408001	墙纸裱糊	1. 基层类型 2. 裱糊部位 3. 腻子种类 4. 刮腻子遍数 5. 粘结材料种类 6. 防护材料种类 7. 面层材料品种、规格、颜色	m^2	按设计图示尺寸以面积计算	1. 基层清理 2. 刮腻子 3. 面层铺贴 4. 刷防护材料
011408002	织锦缎裱糊				

(二)综合单价分析

裱糊工程清单项目综合单价分析时应综合考虑基层类型与部位、腻子的的种类与要求、面层材料的种类、规格、颜色及做法等实际情况,根据项目清单特征内容,结合计价定额规定确定综合单价。

四、案例分析

【案例 1】　编制油漆、涂料工程清单项目的计量与计价表。

如图 4-33、图 4-34 所示,已知建筑层高 3.6 m,室内外高差 0.450 m。现浇屋面板,厚为 100 mm,且有一根与天棚相连的单梁(断面为 240 mm × 600 mm,梁顶标高与板顶标高均 3.600 m)。本工程油漆、涂料做法见表 4-161,门窗表见表 4-162。

表 4-161　油漆、涂料做法

部位	做法
木门油漆	内外分色,底油一遍,调合漆两遍
内墙、天棚	抹灰面外满刮白水泥腻子,刷乳胶漆两遍
挑檐底面	抹灰面外刮成品腻子,一底二面乳胶漆

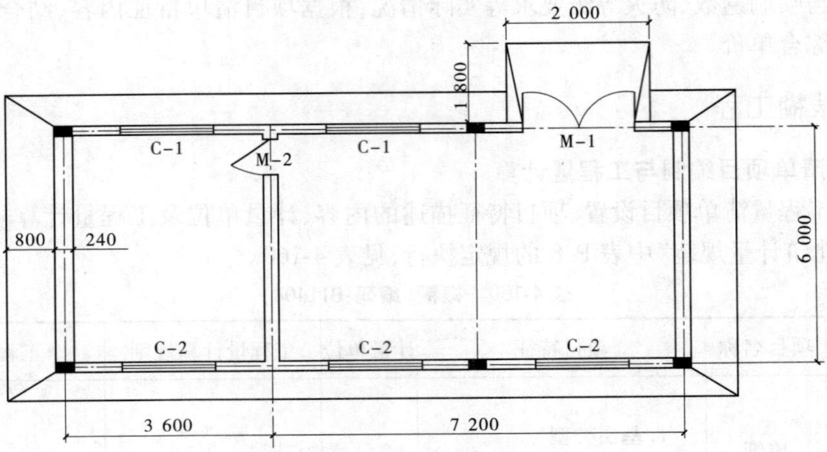

图 4-33　某房屋平面示意图

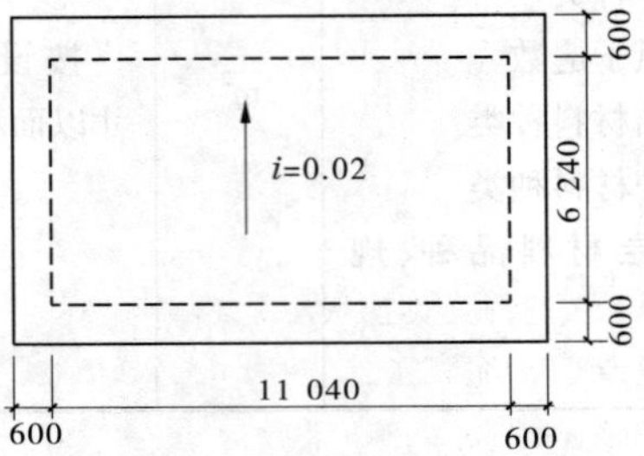

图 4-34　某房屋屋面示意图

表 4-162　门窗表

类型	设计编号	洞口尺寸(mm)	数量	说明
窗	C－1	1 500×2 100	2	90 系列铝合金推拉窗
	C－2	1 800×2 100	3	90 系列铝合金推拉窗
门	M－1	1 500×3 000	1	100 系列铝合金平开门
	M－2	900×2 400	1	无玻胶合板门

解:按“13 房屋建筑计量规范”的有关规定,案例中油漆、涂料工程可列为“木门油漆、抹灰面油漆(内墙面)、抹灰面油漆(天棚面)、抹灰面油漆(挑檐底面)”四个清单项目。

1. 清单工程量计算

(1)木门油漆(011401001001):

$$S=0.9\times2.4=2.16(\text{m}^2)$$

(2)抹灰面油漆(内墙面)(011406001001):

$$S_{内墙}=[(3.6-0.24+6-0.24)\times2+(7.2-0.24+6-0.24)\times2]\times3.5$$
$$=152.88(\text{m}^2)$$

$$S_{扣门窗}=1.5\times3+1.5\times2.1\times2+1.8\times2.1\times3+0.9\times2.4\times2=26.46(\text{m}^2)$$

$$清单工程量 = S_{内墙} - S_{扣门窗} = 152.88 - 26.46 = 126.42(m^2)$$

(3)抹灰面油漆(天棚面)(011406001002):

$$S_{室内天棚} = 3.36 \times 5.76 + 6.96 \times 5.76 = 59.44(m^2)$$

$$S_{单梁侧面} = (6 - 0.24) \times 0.5 \times 2 = 5.76(m^2)$$

$$清单工程量 = S_{室内天棚} + S_{单梁侧面} = 59.44 + 5.76 = 65.20(m^2)$$

(4)抹灰面油漆(挑檐底面)(011406001003):

$$S = [(11.04 + 6.24) \times 2 + 0.6 \times 4] \times 0.6 = 22.18(m^2)$$

具体内容见表 4-163。

表 4-163　分部分项工程和单价措施清单与计价表

序号	项目编码	项目名称	项目特征描述	计量单位	工程量	金额(元)		
						综合单价	合价	其中暂估价
1	011401001001	木门油漆	门类型:普通木门; 底漆:底油一遍; 面漆:调合漆两遍,内外分色	m^2	2.16	23.46	50.67	
2	011406001001	抹灰面油漆	基层类型:墙体抹灰面; 满刮白水泥腻子; 面漆:乳胶漆两遍	m^2	126.42	13.80	1 744.60	
3	011406001002	抹灰面油漆	基层类型:天棚抹灰面; 满刮白水泥腻子; 面漆:乳胶漆两遍	m^2	65.20	13.80	899.76	
4	011406001003	抹灰面油漆	基层类型:挑檐抹灰面; 满刮成品腻子; 油漆:一底二面乳胶漆	m^2	22.18	20.58	456.46	
	合　计						3 151.49	

2. 综合单价计算

结合工程量清单,参照某省计价定额规定:

(1)木门油漆(011401001001)综合单价参考:

木门一底二面调和漆(B5-1):定额工程量=清单工程量

(2)抹灰面油漆(内墙面)(011406001001)综合单价参考:

抹灰面刷乳胶漆两遍(白水泥腻子)(B5-165):定额工程量=清单工程量

(3)抹灰面油漆(天棚面)(011406001002)综合单价参考:

抹灰面刷乳胶漆两遍(白水泥腻子)(B5-165):定额工程量=清单工程量

(4)抹灰面油漆(挑檐底面)(011406001003)综合单价参考:

抹灰面刷一底二面乳胶漆(成品腻子)(B5-166):

定额工程量=清单工程量

综合单价分析与计算见表4-164~表4-167。

表4-164 综合单价分析表(一)

项目编码	011401001001	项目名称	木门油漆	计量单位	m^2	工程量	2.16

清单综合单价组成明细

定额编号	定额名称	定额单位	数量	单价				合价			
				人工费	材料费	机械费	管理费和利润	人工费	材料费	机械费	管理费和利润
B5-1	单层木门一底二面调和漆	100 m^2	0.01	875.05	819.61	0	651.20	8.75	8.20	0	6.51
人工单价		小计						8.75	8.20	0	6.51
43元/工日		未计价材料费						0			
清单项目综合单价								23.46			

表4-165 综合单价分析表(二)

项目编码	011406001001	项目名称	抹灰面油漆(内墙面)	计量单位	m^2	工程量	126.42

清单综合单价组成明细

定额编号	定额名称	定额单位	数量	单价				合价			
				人工费	材料费	机械费	管理费和利润	人工费	材料费	机械费	管理费和利润
B5-165	抹灰面刷乳胶漆两遍(白水泥腻子)	100 m^2	0.01	374.96	726.43	0	279.04	3.75	7.26	0	2.79
人工单价		小计						3.75	7.26	0	2.79
43元/工日		未计价材料费						0			
清单项目综合单价								13.80			

表 4-166　综合单价分析表(三)

项目编码	011406001002	项目名称	抹灰面油漆(挑檐底)	计量单位	m^2	工程量	65.20

清单综合单价组成明细											
定额编号	定额名称	定额单位	数量	单价				合价			
				人工费	材料费	机械费	管理费和利润	人工费	材料费	机械费	管理费和利润
B5－165	抹灰面刷乳胶漆两遍(白水泥腻子)	100 m^2	0.01	374.96	726.43	0	279.04	3.75	7.26	0	2.79
人工单价		小　计						3.75	7.26	0	2.79
43 元/工日		未计价材料费						0			
清单项目综合单价								13.80			

表 4-167　综合单价分析表(四)

项目编码	011406001003	项目名称	抹灰面油漆(天棚面)	计量单位	m^2	工程量	22.18

清单综合单价组成明细											
定额编号	定额名称	定额单位	数量	单价				合价			
				人工费	材料费	机械费	管理费和利润	人工费	材料费	机械费	管理费和利润
B5－166	抹灰面刷一底二面乳胶漆(成品腻子)	100 m^2	0.01	325.08	1 491.28	0	241.92	3.25	14.91	0	2.42
人工单价		小　计						3.25	14.91	0	2.42
43 元/工日		未计价材料费						0			
清单项目综合单价								20.58			

3. 合价

结合表 4-164～表 4-167 内容填表 4-163 中的综合单价,计算合价。

【任务探索】　结合实际建筑装饰工程,分析并编制油漆、涂料工程工程量清单与计价表。

【任务练习】

一、单项选择题

1.“13 房屋建筑计量规范”规定，下列项目可以按数量计算清单工程量的有(　　)。

A. 木扶手油漆　　B. 窗台板油漆

C. 铁栏杆油漆　　D. 门窗油漆

2.“13 房屋建筑计量规范”规定，门窗油漆、金属面油漆、抹灰面油漆的清单工程量均可以按(　　)计算。

A. 数量　　B. 面积　　C. 长度　　D. 质量

二、多项选择题

1. 根据“13 房屋建筑计量规范”，下列项目工程量清单计算时，可以 m^2 为计量单位的有(　　)。

A. 门窗油漆　　B. 木扶手油漆　　C. 壁柜油漆

D. 暖气罩油漆　　E. 窗帘盒油漆

2. 根据“13 房屋建筑计量规范”，钢门窗油漆项目清单工程量可以按(　　)计算。

A. 洞口面积　　B. 外周长　　C. 数量

D. 质量　　E. 框面积

三、能力训练

编制附录中建筑物的油漆、涂料工程项目的工程量清单，结合计价定额进行项目综合单价分析并计价。

任务十三　措施项目

【任务导航】

问题 1：技术措施项目工程量清单编制、综合单价分析。

问题 2：组织措施项目清单编制与费用计算。

【任务解析】

按照“13 房屋建筑计量规范”规定，结合房屋建筑装饰工程实际情况，本学习任务主要包括技术措施项目（脚手架工程、混凝土模板及支架(撑)、垂直运输费、超高施工增加费、大型机械设备进出场及安拆、施工排水与降水）、组织措施项目（安全文明施工、夜间施工、二次搬运、冬雨季施工）等内容的计量与计价。

一、技术措施项目

（一）脚手架工程

1. 清单项目划分及工程量计算规则

脚手架工程工程量清单项目设置、项目特征描述的内容、计量单位及工程量计算规则，应按“13 房屋建筑计量规范”中表 S.1 的规定执行，见表 4-168。

表 4-168 脚手架工程(编码:011701)

<table>
<tr><th>项目编码</th><th>项目名称</th><th>项目特征</th><th>计量单位</th><th>工程量计算规则</th><th>工程内容</th></tr>
<tr><td>011701001</td><td>综合脚手架</td><td>1. 建筑结构形式
2. 檐口高度</td><td rowspan="4">m^2</td><td>按建筑面积计算</td><td>1. 场内、场外材料搬运
2. 搭、拆脚手架、斜道、上料平台
3. 安全网的铺设
4. 选择附墙点与主体连接
5. 测试电动装置、安全锁等
6. 拆除脚手架后材料的堆放</td></tr>
<tr><td>011701002</td><td>外脚手架</td><td rowspan="2">1. 搭设方式
2. 搭设高度
3. 脚手架材质</td><td rowspan="2">按所服务对象的垂直投影面积计算</td><td rowspan="5">1. 场内、场外材料搬运
2. 搭、拆脚手架、斜道、上料平台
3. 安全网的铺设
4. 拆除脚手架后材料的堆放</td></tr>
<tr><td>011701003</td><td>里脚手架</td></tr>
<tr><td>011701004</td><td>悬空脚手架</td><td rowspan="2">1. 搭设方式
2. 悬挑宽度
3. 脚手架材质</td><td>按搭设的水平投影面积计算</td></tr>
<tr><td>011701005</td><td>挑脚手架</td><td>m</td><td>按搭设长度乘以搭设层数以延长米计算</td></tr>
<tr><td>011701006</td><td>满堂脚手架</td><td>1. 搭设方式
2. 搭设高度
3. 脚手架材质</td><td rowspan="3">m^2</td><td>按搭设的水平投影面积计算</td></tr>
<tr><td>011701007</td><td>整体提升架</td><td>1. 搭设方式及启动装置
2. 搭设高度</td><td rowspan="2">按所服务对象的垂直投影面积计算</td><td>1. 场内、场外材料搬运
2. 选择附墙点与主体连接
3. 搭、拆脚手架、斜道、上料平台
4. 安全网的铺设
5. 测试电动装置、安全锁等
6. 拆除脚手架后材料的堆放</td></tr>
<tr><td>011701008</td><td>外装饰吊篮</td><td>1. 升降方式及启动装置
2. 搭设高度及吊篮型号</td><td>1. 场内、场外材料搬运
2. 吊篮的安装
3. 测试电动装置、安全锁、平衡控制器等
4. 吊篮的拆卸</td></tr>
</table>

【注意事项】

(1)使用综合脚手架项目时,不再使用外脚手架、里脚手架等单项脚手架项目。

(2)综合脚手架适用于能够按“建筑面积计算规则”计算建筑面积的建筑工程脚手架,不适用于房屋加层、构筑物及附属工程脚手架。

(3)同一建筑物有不同檐高时,建筑物竖向切面分别按不同檐高编列清单项目。

(4)整体提升架包括 2 m 高的防护架体设施。

(5)脚手架材质可以不描述,但应注明由投标人根据工程实际情况按照国家现行标准《建筑施工扣件式钢管脚手架安全技术规范》(JGJ 130)、《建筑施工附着升降脚手架管理暂行规定》(建建〔2000〕230 号)等规范自行确定。

2. 综合单价分析

脚手架清单项目综合单价分析时应综合考虑建筑物结构形式、脚手架类型、搭设方式、高度等实际情况,根据项目清单特征内容和施工方案,结合计价定额规定确定综合单价。

(二)混凝土模板及支架(撑)

1. 清单项目划分及工程量计算规则

混凝土模板及支架(撑)工程量清单项目设置、项目特征描述的内容、计量单位及工程量计算规则,应按“13 房屋建筑计量规范”中表 S. 2 的规定执行,见表 4-169。

表 4-169　混凝土模板及支架(撑)(编码:011702)

<table>
<tr><th>项目编码</th><th>项目名称</th><th>项目特征</th><th>计量单位</th><th>工程量计算规则</th><th>工程内容</th></tr>
<tr><td>011702001</td><td>基础</td><td>基础类型</td><td rowspan="5">m²</td><td rowspan="5">按模板与现浇混凝土构件的接触面积计算
1. 现浇钢筋混凝土墙、板单孔面积≤0.3 m² 的孔洞不予扣除,洞侧壁模板亦不增加;单孔面积>0.3 m² 时应予扣除,洞侧壁模板面积并入墙、板工程量内计算
2. 现浇框架分别按梁、板、柱有关规定计算;附墙柱、暗梁、暗柱并入墙内工程量内计算
3. 柱、梁、墙、板相互连接的重叠部分,均不计算模板面积
4. 构造柱按图示外露部分计算模板面积</td><td rowspan="5">1. 模板制作
2. 模板安装、拆除、整理堆放及场内外运输
3. 清理模板粘结物及模内杂物、刷隔离剂等</td></tr>
<tr><td>011702002</td><td>矩形柱</td><td></td></tr>
<tr><td>011702003</td><td>构造柱</td><td></td></tr>
<tr><td>011702004</td><td>异形柱</td><td>柱截面形状</td></tr>
<tr><td>011702005</td><td>基础梁</td><td>梁截面形状</td></tr>
</table>

续表 4-169

项目编码	项目名称	项目特征	计量单位	工程量计算规则	工程内容
011702006	矩形梁	支撑高度	m^2	按模板与现浇混凝土构件的接触面积计算 1. 现浇钢筋混凝土墙、板单孔面积≤0.3 m^2 的孔洞不予扣除，洞侧壁模板亦不增加；单孔面积＞0.3 m^2 时应予扣除，洞侧壁模板面积并入墙、板工程量内计算 2. 现浇框架分别按梁、板、柱有关规定计算；附墙柱、暗梁、暗柱并入墙内工程量内计算 3. 柱、梁、墙、板相互连接的重叠部分，均不计算模板面积 4. 构造柱按图示外露部分计算模板面积	1. 模板制作 2. 模板安装、拆除、整理堆放及场内外运输 3. 清理模板粘结物及模内杂物、刷隔离剂等
011702007	异形梁	1. 梁截面形状 2. 支撑高度			
011702008	圈梁				
011702009	过梁				
011702010	弧形、拱形梁	1. 梁截面形状 2. 支撑高度			
011702011	直形墙				
011702012	弧形墙				
011702013	短肢剪力墙、电梯井壁				
011702014	有梁板	支撑高度			
011702015	无梁板				
011702016	平板				
011702017	拱板				
011702018	薄壳板				
011702019	空心板				
011702020	其他板				
011702021	栏板				
011702022	天沟、檐沟	构件类型		按模板与现浇混凝土构件的接触面积计算	
011702023	雨篷、悬挑板、阳台板	1. 构件类型 2. 板厚度		按图示外挑部分尺寸的水平投影面积计算，挑出墙外的悬臂梁及板边不另计算	
011702024	楼梯	类型		按楼梯（包括休息平台、平台梁、斜梁和楼层板的连接梁）的水平投影面积计算，不扣除宽度≤500 mm的楼梯井所占面积，楼梯踏步、踏步板、平台梁等侧面模板不另计算，伸入墙内部分亦不增加	
011702025	其他现浇构件	构件类型		按模板与现浇混凝土构件的接触面积计算	

续表 4-169

项目编码	项目名称	项目特征	计量单位	工程量计算规则	工程内容
011702026	电缆沟、地沟	1. 沟类型 2. 沟截面	m^2	按模板与电缆沟、地沟接触的面积计算	1. 模板制作 2. 模板安装、拆除、整理堆放及场内外运输 3. 清理模板粘结物及模内杂物、刷隔离剂等
011702027	台阶	台阶踏步宽		按图示台阶水平投影面积计算，台阶端头两侧不另计算模板面积。架空式混凝土台阶，按现浇楼梯计算	
011702028	扶手	扶手断面尺寸		按模板与扶手的接触面积计算	
011702029	散水			按模板与散水的接触面积计算	
011702030	后浇带	后浇带部位		按模板与后浇带的接触面积计算	
011702031	化粪池	1. 化粪池部位 2. 化粪池规格		按模板与混凝土接触面积计算	
011702032	检查井	1. 检查井部位 2. 检查井规格			

【注意事项】

(1) 原槽浇灌的混凝土基础，不计算模板。

(2) 混凝土模板及支撑(架)项目，只适用于以 m^2 计量，按模板与混凝土构件的接触面积计算。

(3) 以 m^3 计量的模板及支撑(支架)，按混凝土及钢筋混凝土实体项目执行，其综合单价中应包含模板及支撑(支架)。

(4) 采用清水模板时，应在特征中注明。

(5) 若现浇混凝土梁、板支撑高度超过 3.6 m，项目特征应描述支撑高度。

2. 综合单价分析

混凝土模板及支架清单项目综合单价分析时应综合考虑混凝土构件类型及形状、支撑高度等实际情况，根据项目清单特征内容和施工方案，结合计价定额规定确定综合单价。

(三) 垂直运输费

1. 清单项目划分及工程量计算规则

垂直运输工程量清单项目设置、项目特征描述的内容、计量单位及工程量计算规则，应按“13 房屋建筑计量规范”中表 S.3 的规定执行，见表 4-170。

表 4-170 垂直运输(编码:011703)

项目编码	项目名称	项目特征	计量单位	工程量计算规则	工程内容
011703001	垂直运输	1. 建筑物建筑类型及结构形式 2. 地下室建筑面积 3. 建筑物檐口高度、层数	1. m^2 2. d	1. 按建筑面积计算 2. 按施工工期日历天数计算	1. 垂直运输机械的固定装置、基础制作、安装 2. 行走式垂直运输机械轨道的铺设、拆除、摊销

【注意事项】

(1)同一建筑物有不同檐高时,按建筑物的不同檐高做纵向分割,分别计算建筑面积,以不同檐高分别编码列项。

(2)建筑物的檐口高度是指设计室外地坪至檐口滴水的高度(平屋顶指屋面板底高度);突出主体建筑物屋顶的电梯机房、楼梯出口间、水箱间、瞭望塔、排烟机房等不计入檐口高度。

(3)垂直运输指施工工程在合理工期内所需的垂直运输机械。

2. 综合单价分析

垂直运输清单项目综合单价分析时应综合考虑建筑物类型及结构形式、檐口高度与层数等实际情况,根据项目清单特征内容,结合计价定额规定确定综合单价。

(四)超高施工增加费

1. 清单项目划分及工程量计算规则

超高施工增加费工程量清单项目设置、项目特征描述的内容、计量单位及工程量计算规则,应按"13 房屋建筑计量规范"中表 S.4 的规定执行,见表 4-171。

表 4-171 超高施工增加(编码:011704)

项目编码	项目名称	项目特征	计量单位	工程量计算规则	工程内容
011704001	超高施工增加	1. 建筑物建筑类型及结构形式 2. 建筑物檐口高度、层数 3. 单层建筑物檐口高度超过 20 m,多层建筑物超过 6 层部分的建筑面积	m^2	按建筑物超高部分的建筑面积计算	1. 建筑物超高引起的人工工效降低以及由于人工工效降低引起的机械降效 2. 高层施工用水加压水泵的安装、拆除及工作台班 3. 通信联络设备的使用及摊销

【注意事项】

(1)单层建筑物檐口高度超过20 m,多层建筑物超过6层时,可按超高部分的建筑面积计算超高施工增加。计算层数时,地下室不计入层数。

(2)同一建筑物有不同檐高时,可按不同高度的建筑面积分别计算超高部分建筑面积,以不同檐高分别编码列项。

2. 综合单价分析

超高施工增加费清单项目综合单价分析时应综合考虑建筑物类型及结构形式、檐口高度与层数等实际情况,根据项目清单特征内容,结合计价定额规定确定综合单价。

(五)大型机械设备进出场及安拆

1. 清单项目划分及工程量计算规则

大型机械设备进出场及安拆工程量清单项目设置、项目特征描述的内容、计量单位及工程量计算规则,应按“13房屋建筑计量规范”中表S.5的规定执行,见表4-172。

表4-172　大型机械设备进出场及安拆(编码:011705)

项目编码	项目名称	项目特征	计量单位	工程量计算规则	工程内容
011705001	大型机械设备进出场及安拆	1. 机械设备名称 2. 机械设备规格型号	台次	按使用机械设备的数量计算	1. 安拆费包括施工机械、设备在现场进行安装拆卸所需人工、材料、机械和试运转费用以及机械辅助设施的折旧、搭设、拆除等费用 2. 进出场费包括施工机械、设备整体或分体自停放地点运至施工现场或由一施工地点运至另一施工地点所发生的运输、装卸、辅助材料等费用

【注意事项】

(1)大型机械设备进出场清单项目应按不同机械分别编码列项。

(2)大型机械设备安拆清单项目应按不同机械分别编码列项。

2. 综合单价分析

大型机械设备进出场及安拆清单项目综合单价分析时应综合考虑机械设备的名称、类型等实际情况,根据项目清单特征内容和施工方案,结合计价定额规定确定综合单价。

(六)施工排水、降水

1. 清单项目划分及工程量计算规则

施工排水、降水工程量清单项目设置、项目特征描述的内容、计量单位及工程量计算规则,应按“13房屋建筑计量规范”中表S.6的规定执行,见表4-173。

表 4-173　施工排水、降水(编码:011706)

项目编码	项目名称	项目特征	计量单位	工程量计算规则	工程内容
011706001	成井	1. 成井方式 2. 地层情况 3. 成井直径 4. 井(滤)管类型、直径	m	按设计图示尺寸以钻孔深度计算	1. 准备钻孔机械、埋设护筒、钻机就位;泥浆制作、固壁;成孔、出渣、清孔等 2. 对接上、下井管(滤管),焊接,安放,下滤料,洗井,连接试抽等
011706002	排水、降水	1. 机械规格、型号 2. 降排水管规格	昼夜	按排水、降水日历天数计算	1. 管道安装、拆除,场内搬运等 2. 抽水、值班、降水设备维修等

【注意事项】　施工排水、降水专项设计不具备时,可按暂估量计算。

2. 综合单价分析

施工排水、降水清单项目综合单价分析时应综合考虑排水、降水类型与设备等实际情况,根据项目清单特征内容和施工方案,结合计价定额规定确定综合单价。

二、组织措施项目

(一)清单项目划分及设置

组织措施项目工程量清单项目设置、工作内容及包含范围应按“13 房屋建筑计量规范”中表 S.7 的规定执行,见表 4-174。

表 4-174　安全文明施工及其他措施项目(编码:011707)

项目编码	项目名称	工程内容及包含范围
011707001	安全文明施工	1. 环境保护:现场施工机械设备降低噪声、防扰民措施;水泥和其他易飞扬细颗粒建筑材料密闭存放或采取覆盖措施等;工程防扬尘洒水;土石方、建渣外运车辆防护措施等;现场污染源的控制、生活垃圾清理外运、场地排水排污措施;其他环境保护措施 2. 文明施工:“五牌一图”;现场围挡的墙面美化(包括内外粉刷、刷白、标语等)、压顶装饰;现场厕所便槽刷白、贴面砖,水泥砂浆地面或地砖,建筑物内临时便溺设施;其他施工现场临时设施的装饰装修、美化措施;现场生活卫生设施;符合卫生要求的饮水设备、淋浴、消毒等设施;生活用洁净燃料;防煤气中毒、防蚊虫叮咬等措施;施工现场操作场地的硬化;现场绿化、治安综合治理;现场配备医药保健器材、物品和急救人员培训;现场工人的防暑降温,电风扇、空调等设备及用电;其他文明施工措施

续表 4-174

项目编码	项目名称	工程内容及包含范围
011707001	安全文明施工	3. 安全施工:安全资料、特殊作业专项方案的编制,安全施工标志的购置及安全宣传;"三宝"(安全帽、安全带、安全网)、"四口"(楼梯口、电梯井口、通道口、预留洞口)、"五临边"(阳台围边、楼板围边、屋面围边、槽坑围边、卸料平台两侧),水平防护架、垂直防护架、外架封闭等防护;施工安全用电,包括配电箱三级配电、两级保护装置要求、外电防护措施;起重机、塔吊等起重设备(含井架、门架)及外用电梯的安全防护措施(含警示标志)及卸料平台的临边防护、层间安全门、防护棚等设施;建筑工地起重机械的检验检测;施工机具防护棚及其围栏的安全保护设施;施工安全防护通道;工人的安全防护用品、用具购置;消防设施与消防器材的配置;电气保护、安全照明设施;其他安全防护措施 4. 临时设施:施工现场采用彩色、定型钢板,砖、混凝土砌块等围挡的安砌、维修、拆除;施工现场临时建筑物、构筑物的搭设、维修、拆除,如临时宿舍、办公室,食堂、厨房、厕所、诊疗所、临时文化福利用房、临时仓库、加工场、搅拌台、临时简易水塔、水池等;施工现场临时设施的搭设、维修、拆除,如临时供水管道、临时供电管线、小型临时设施等;施工现场规定范围内临时简易道路铺设,临时排水沟、排水设施安砌、维修、拆除;其他临时设施搭设、维修、拆除
011707002	夜间施工	1. 夜间固定照明灯具和临时可移动照明灯具的设置、拆除 2. 夜间施工时,施工现场交通标志、安全标牌、警示灯等的设置、移动、拆除 3. 包括夜间照明设备及照明用电、施工人员夜班补助、夜间施工劳动效率降低等
011707003	非夜间施工照明	为保证工程施工正常进行,在地下室等特殊施工部位施工时所采用的照明设备的安拆、维护及照明用电等
011707004	二次搬运	由于施工场地条件限制而发生的材料、成品、半成品等一次运输不能到达堆放地点,必须进行的二次或多次搬运
011707005	冬雨季施工	1. 冬雨(风)季施工时增加的临时设施(防寒保温、防雨、防风设施)的搭设、拆除 2. 冬雨(风)季施工时,对砌体、混凝土等采用的特殊加温、保温和养护措施 3. 冬雨(风)季施工时,施工现场的防滑处理、对影响施工的雨雪的清除 4. 包括冬雨(风)季施工时增加的临时设施、施工人员的劳动保护用品、冬雨(风)季施工劳动效率降低等
011707006	地上、地下设施、建筑物的临时保护设施	在工程施工过程中,对已建成的地上、地下设施和建筑物进行的遮盖、封闭、隔离等必要保护措施
011707007	已完工程及设备保护	对已完工程及设备采取的覆盖、包裹、封闭、隔离等必要保护措施

【注意事项】

组织措施项目除安全文明施工费外，其他项目应根据工程实际情况按本表编码列项。

（二）费用计算

组织措施清单项目一般按“总价措施项目”列项，其费用计算方法按照国家或省级、行业建设主管部门颁发的计价文件规定执行。

【任务探索】　结合实际建筑工程，按照“13 计价规范”“13 房屋建筑计量规范”、相关计价定额规定，分析并编制措施项目清单与计价表。

【任务练习】

一、单项选择题

1. 混凝土模板清单项目单列时，其清单工程量应按（　　）计算。

A. 混凝土构件体积　　B. 混凝土构件外表面积

C. 混凝土构件模板面积　　D. 模板与混凝土构件接触面积

2. 建筑物超高增加费清单工程量应按（　　）计算。

A. 建筑物建筑面积　　B. 建筑物超高部分建筑面积

C. 建筑物高度　　D. 建筑物底层建筑面积

3. 大型机械进出场项目清单工程量应按（　　）计算。

A. 机械台班数量　　B. 机械台次

C. 机械进出场台次　　D. 机械安拆台次

4. 下列措施项目不属于组织措施项目的是（　　）。

A. 安全文明施工　　B. 已完工程保护

C. 脚手架工程　　D. 夜间施工

二、多项选择题

1. 下列措施项目清单工程量可按建筑物建筑面积计算的有（　　）。

A. 综合脚手架　　B. 超高施工增加　　C. 垂直运输

D. 安全文明施工　　E. 外装饰吊篮

2. 下列措施项目清单工程量可按“天”计算的有（　　）。

A. 综合脚手架　　B. 施工降水　　C. 垂直运输

D. 整体提升架　　E. 施工排水

3. 下列措施项目属于技术措施项目的有（　　）。

A. 综合脚手架　　B. 施工降水　　C. 垂直运输

D. 地下设施保护　　E. 混凝土基础模板

4. 下列措施项目按“总价措施项目”计算费用的有（　　）。

A. 综合脚手架　　B. 夜间施工　　C. 冬雨季施工

D. 安全文明施工　　E. 超高施工增加

三、能力训练

编制项目五中建筑工程项目中的措施项目清单，并结合计价定额、相关计价办法和规定进行措施项目的费用计算。

项目五　综合能力训练

一、任务要求

结合实际工程施工图案例和“13 计价规范”“13 房屋建筑计量规范”，以及当地计价文件等资料，编制房屋建筑与装饰单位工程项目的招标工程量清单、招标控制价或投标报价文件。

二、施工图案例资料

（一）建筑设计相关说明

1. 建筑室内标高 ±0.000 m，室外标高 −0.450 m。
2. 本施工图所注尺寸，所有标高以 m 为单位，其余均以 mm 为单位。
3. 建筑构造做法见表 5-1。
4. 门窗表见表 5-2。

表 5-1　建筑构造做法

部位、位置		做法
地面	室内	8～10 mm 厚地板砖（600 mm×600 mm）铺平拍实，水泥浆擦缝； 25 mm 厚 1∶4 干硬性水泥砂浆，撒素水泥浆； 素水泥浆结合层一道； 100 mm 厚 C10 混凝土； 素土夯实
	平台、踏步	见建施 6 详图
	散水	20 mm 厚 1∶1 水泥砂浆抹面压光； 60 mm 厚 C15（碎 20）混凝土； 60 mm 厚中砂垫层； 素土夯实
楼面	休息室、阳台、楼梯	8～10 mm 厚地板砖（600 mm×600 mm）铺平拍实，水泥浆擦缝； 25 mm 厚 1∶4 干硬性水泥砂浆，撒素水泥浆； 素水泥浆结合层一道； 钢筋混凝土楼板
	董事长、总经理办公室	9.5 mm 厚硬木复合地板（胶粘）； 20 mm 厚 1∶3 水泥砂浆找平； 素水泥浆结合层一道； 钢筋混凝土楼板
踢脚	室内（不含董事长、总经理办公室及阳台）	水泥砂浆贴地板砖（150 mm 高）

续表 5-1

部位、位置		做法
内墙	室内(除阳台、女儿墙)	15 mm 厚 1:1:6水泥石灰砂浆; 5 mm 厚 1:0.5:3水泥石灰砂浆; 满刮白水泥腻子、刷乳胶漆两遍
	董事长、总经理办公室(墙裙高 1 200 mm)	2.5 mm 厚高聚物改性沥青涂料; 5 mm 厚胶合板钉固于木龙骨上; 3 mm 厚胶合板(粘贴); 清漆饰面
	女儿墙内侧	15 mm 厚 1:3水泥砂浆; 5 mm 厚 1:2水泥砂浆
	阳台内侧	15 mm 厚 1:3水泥砂浆; 5 mm 厚 1:2水泥砂浆; 满刮白水泥腻子、刷乳胶漆两遍
外墙	外墙面	12 mm 厚 1:3水泥砂浆; 贴 8 mm 厚保温板; 8 mm 厚 1:2水泥砂浆; 喷或刷涂料两遍
	阳台、女儿墙、挑檐	12 mm 厚 1:3水泥砂浆; 8 mm 厚 1:2水泥砂浆;喷或刷涂料两遍
顶棚	董事长、总经理办公室	铝合金龙骨、纸面石膏板(螺固), 底面标高 6.300 m
	阳台、雨篷、挑檐	5 mm 厚 1:2水泥砂浆; 7 mm 厚 1:3水泥砂浆; 满刮白水泥腻子、刷乳胶漆两遍
	其他	5 mm 厚 1:0.5:3水泥石灰砂浆; 7 mm 厚 1:1:4水泥石灰砂浆; 满刮白水泥腻子、刷乳胶漆两遍
屋面	屋面	M2.5 砂浆砌巷砖三皮,中距 500 mm,铺砌 35 mm 厚 490 mm × 490 mm 的 C20 隔热板; 二布三涂氯丁沥青冷胶料防水层; 20 mm 厚 1:3水泥砂浆找平; 1:10 水泥珍珠岩,最薄处 30 mm 厚(找坡 2%); 冷底子油一道,热沥青玛琋脂两道; 15 mm 厚 1:3水泥砂浆找平; 钢筋混凝土屋面板
	雨篷、挑檐	二布三涂氯丁沥青冷胶料防水层; 20 mm 厚 1:3水泥砂浆找平; 钢筋混凝土屋面板
楼梯栏杆、护手		不锈钢栏杆、护手
木门		油漆内外分色,底油一遍,调合漆两遍

表 5-2　门窗表

门窗编号	名称类型	洞口尺寸(宽×高,mm)	数量	说明
M-1	铝合金地弹门	2 400×2 700	1	不锈钢框全玻地弹门
M-2	胶板门	900×2 400	4	无玻胶合板门
M-3	胶板门	900×2 100	1	无玻胶合板门
MC-1	塑钢门联窗	2 400×2 700	1	100 系列塑钢门连窗
C-1	塑钢窗	1 500×1 800	20	80 系列塑钢推拉窗
C-2	塑钢窗	1 800×1 800	2	80 系列塑钢推拉窗

(二)结构设计相关说明

1. 设计原则和标准

(1)结构的设计使用年限:50 年。

(2)建筑结构的安全等级:二级。

(3)地震基本烈度六级;设防烈度 7 度。

(4)建筑类别及设防标准:丙类;抗震等级:四级。

2. 地基土类别为三类土。基底标高 -1.500 m。

3. 混凝土强度等级:独立基础 C20(碎 40),其他 C25(碎 40)。

4. 钢筋混凝土保护层厚度:基础 40 mm,柱 30 mm,梁 25 mm,板 15 mm。

5. 钢筋:直径≥18 mm 采用机械连接;直径<18 mm 采用搭接。直径≥14 mm 的均为二级钢。板受力钢筋长度为梁中心线长度 +100 mm。图中未标注分布钢筋均为Φ 6@200。

6. 砖墙与柱连接处设置拉结筋,每隔 500 mm 高度配置 2 Φ 6,伸入墙内 1 000 mm。

7. 墙体:除阳台、女儿墙采用 MU10 标准砖外,其余均采用多孔砖(240 mm×115 mm×90 mm),室内地坪以上为 M5.0 混合砂浆。

8. 过梁:门窗洞口均设置现浇钢筋混凝土过梁,过梁断面为:墙宽 200 mm,配 4 Ф 12,Φ 6@200 箍筋。

9. 柱配筋见表 5-3。

表 5-3　柱表

柱号	标高(m)	$b \times h$	b_1	b_2	h_1	h_2	全部纵筋	角筋	b 边一侧中部筋	h 边一侧中部筋	箍筋类型号	箍筋
Z1	-0.8~3.6	500×500	250	250	250	250		4 Ф 25	3 Ф 22	3 Ф 22	(1)5×5	Φ 10-100/200
	3.6~7.2	500×500	250	250	350	250		4 Ф 25	3 Ф 22	3 Ф 22	(1)5×5	Φ 10-100/200
Z2	-0.8~3.6	400×500	200	200	250	250		4 Ф 25	2 Ф 22	3 Ф 22	(1)4×5	Φ 10-100/200
	3.6~7.2	400×500	200	200	250	250		4 Ф 22	2 Ф 22	3 Ф 22	(1)4×5	Φ 10-100/200
Z3	-0.8~3.6	400×400	200	200	200	200		4 Ф 22	2 Ф 22	2 Ф 22	(2)4×4	Φ 8-100/200
	3.6~7.2	400×400	200	200	200	200		4 Ф 22	2 Ф 22	2 Ф 22	(1)4×4	Φ 8-100/200

(三)施工图纸

施工图纸见图 5-1~图 5-15。

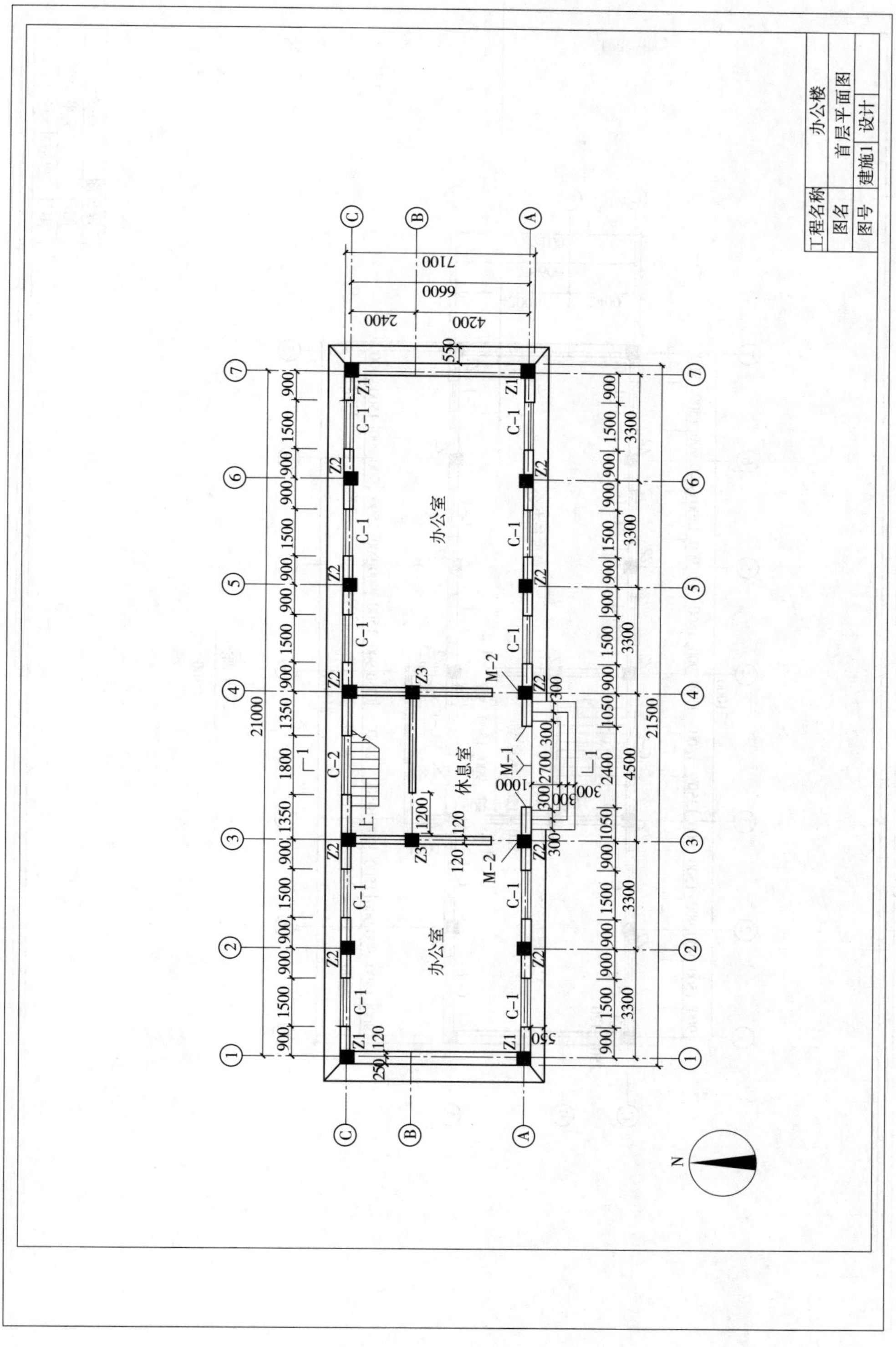
工程名称 办公楼
图名 首层平面图
图号 建施1 设计
办公室
休息室
办公室
21000
21500
7100
6600
2400
4200
C-1
C-2
M-1
M-2
Z1
Z2
Z3
N

图 5-1

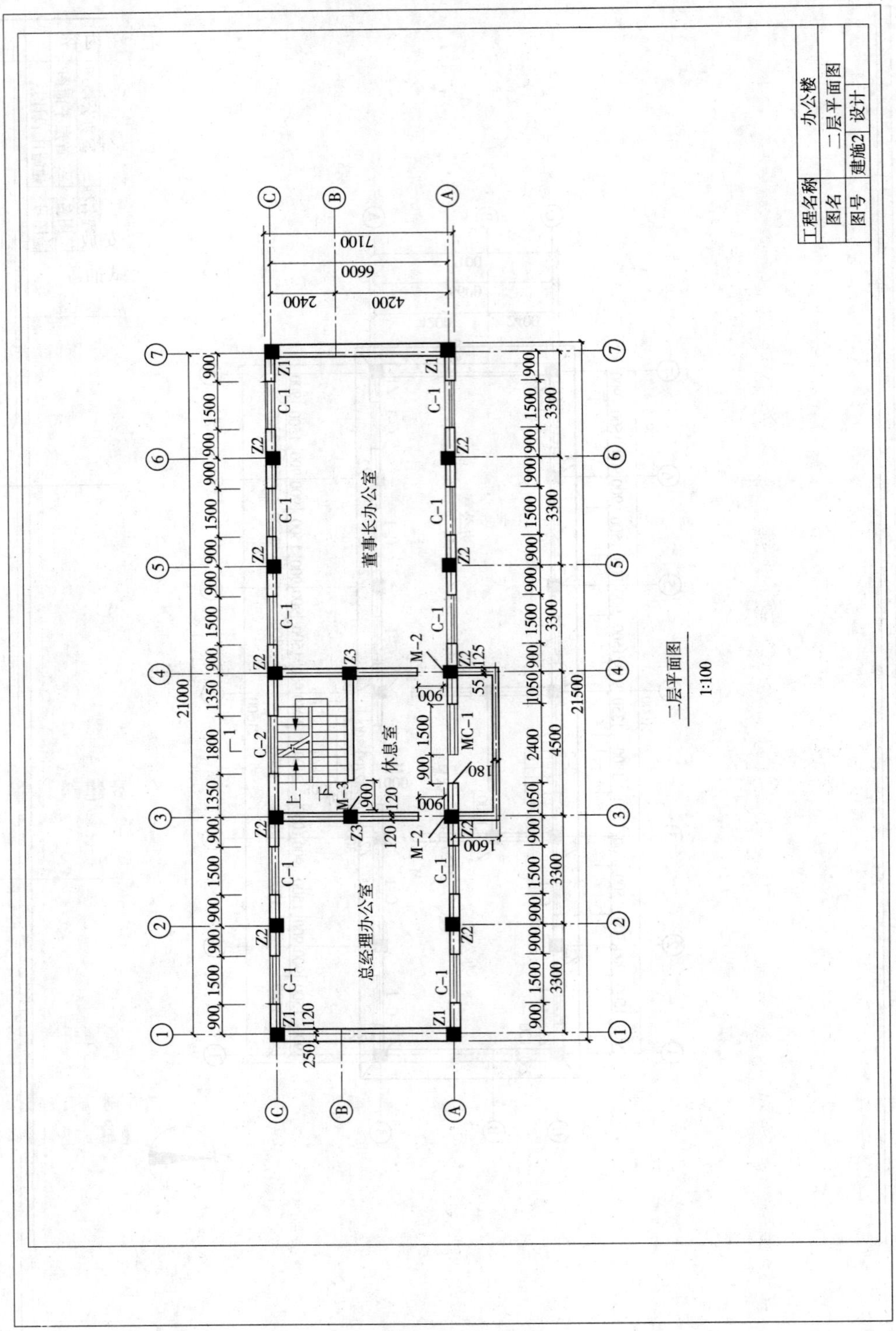

工程名称
办公楼
图名
二层平面图
图号
建施2
设计
董事长办公室
总经理办公室
休息室
二层平面图
1:100
21000
21500
7100
6600
2400
4200

图 5-2

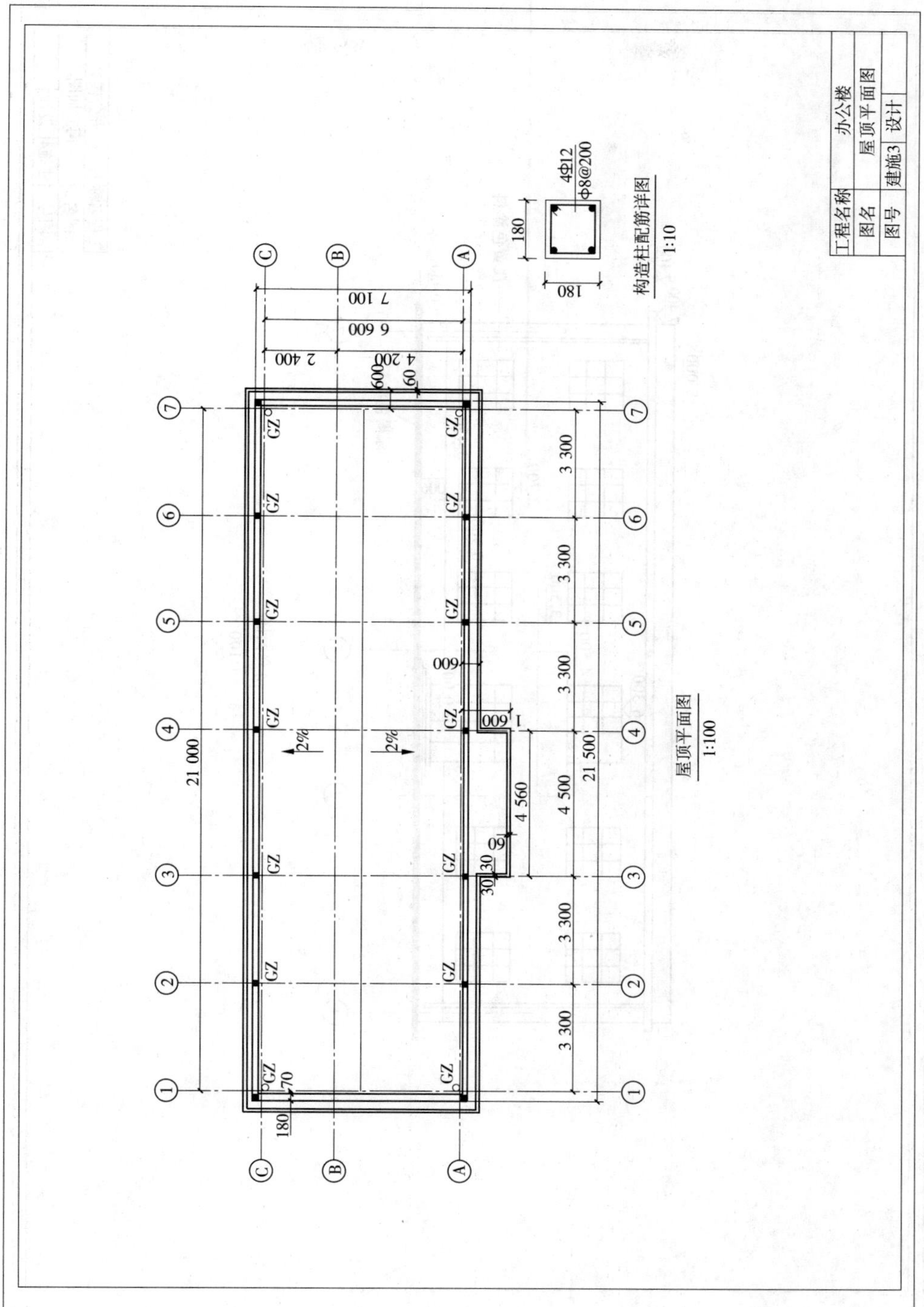
工程名称
办公楼
图名
屋顶平面图
图号
建施3
设计
构造柱配筋详图
1:10
4Φ12
Φ8@200
180
180
屋顶平面图
1:100
21 000
21 500
3 300
3 300
3 300
4 500
3 300
3 300
4 560
7 100
6 600
2 400
4 200
2%
2%
GZ
600
60
70
180
30
30

图 5-3

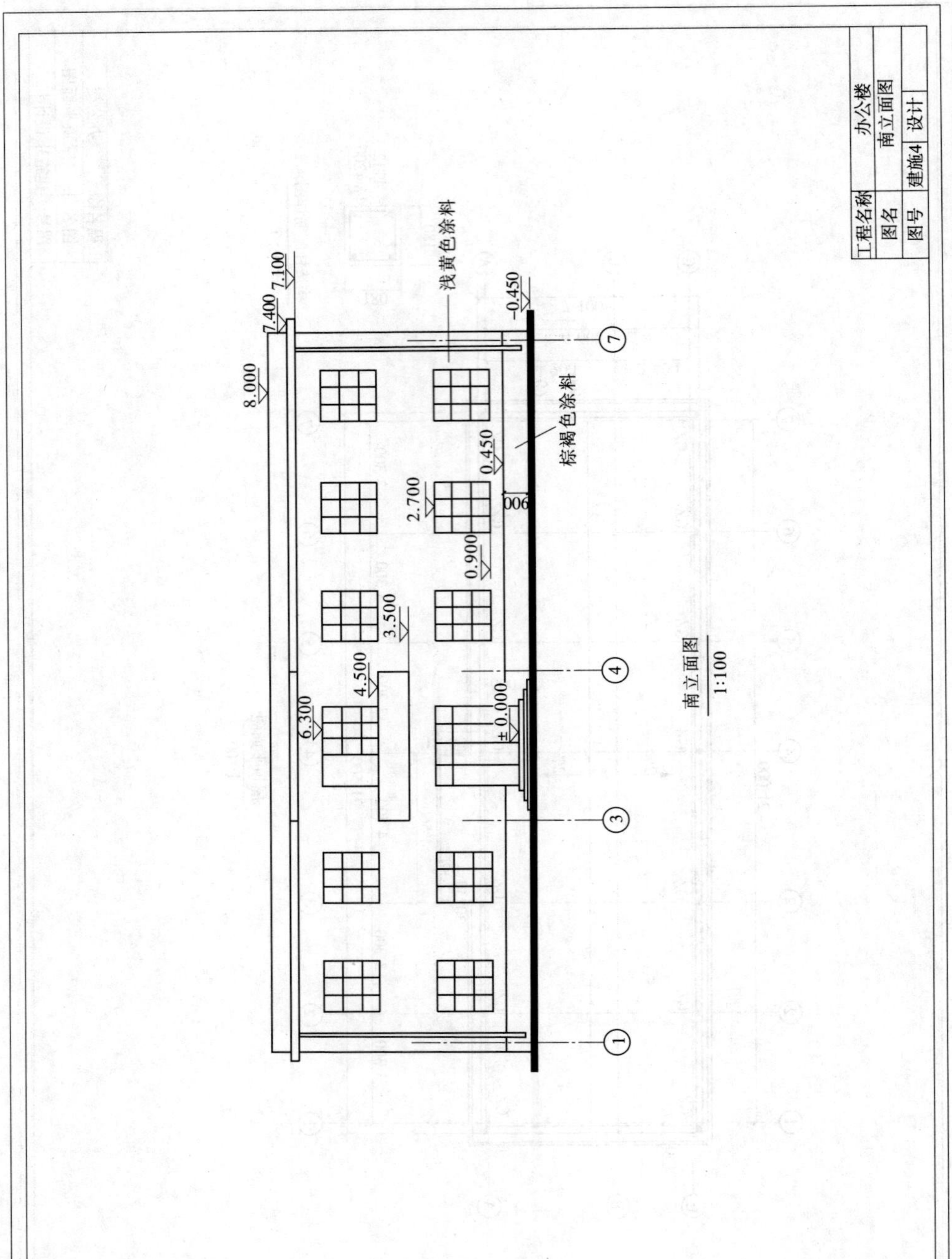
工程名称
办公楼
图名
南立面图
图号
建施4
设计
南立面图
1:100
浅黄色涂料
棕褐色涂料
8.000
7.400
7.100
6.300
4.500
3.500
2.700
0.900
0.450
±0.000
-0.450
900
1
3
4
7

图 5-4

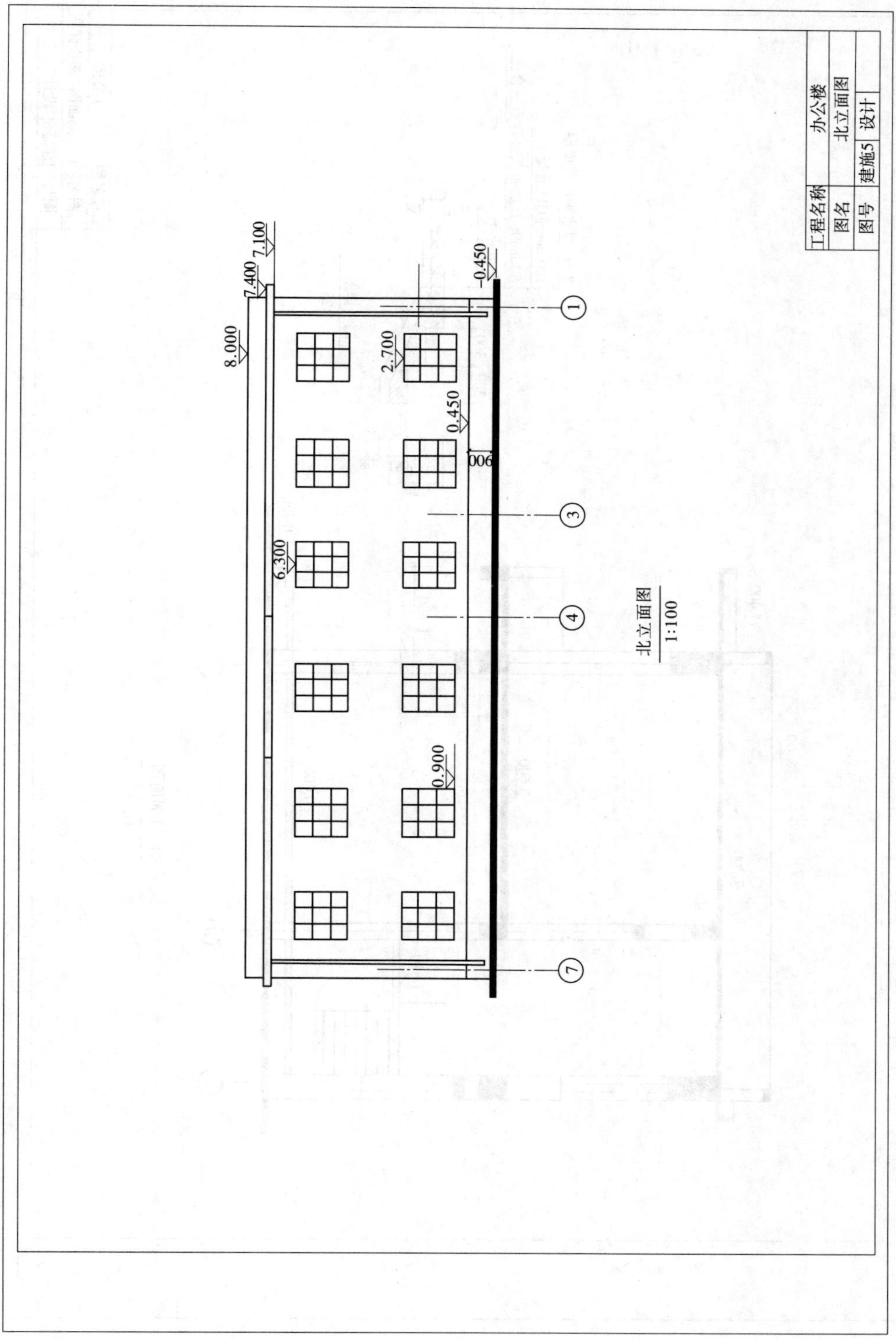
工程名称
办公楼
图名
北立面图
图号
建施5
设计
8.000
7.400
7.100
-0.450
2.700
0.450
900
6.300
0.900
1
3
4
7
北立面图
1:100

图 5-5

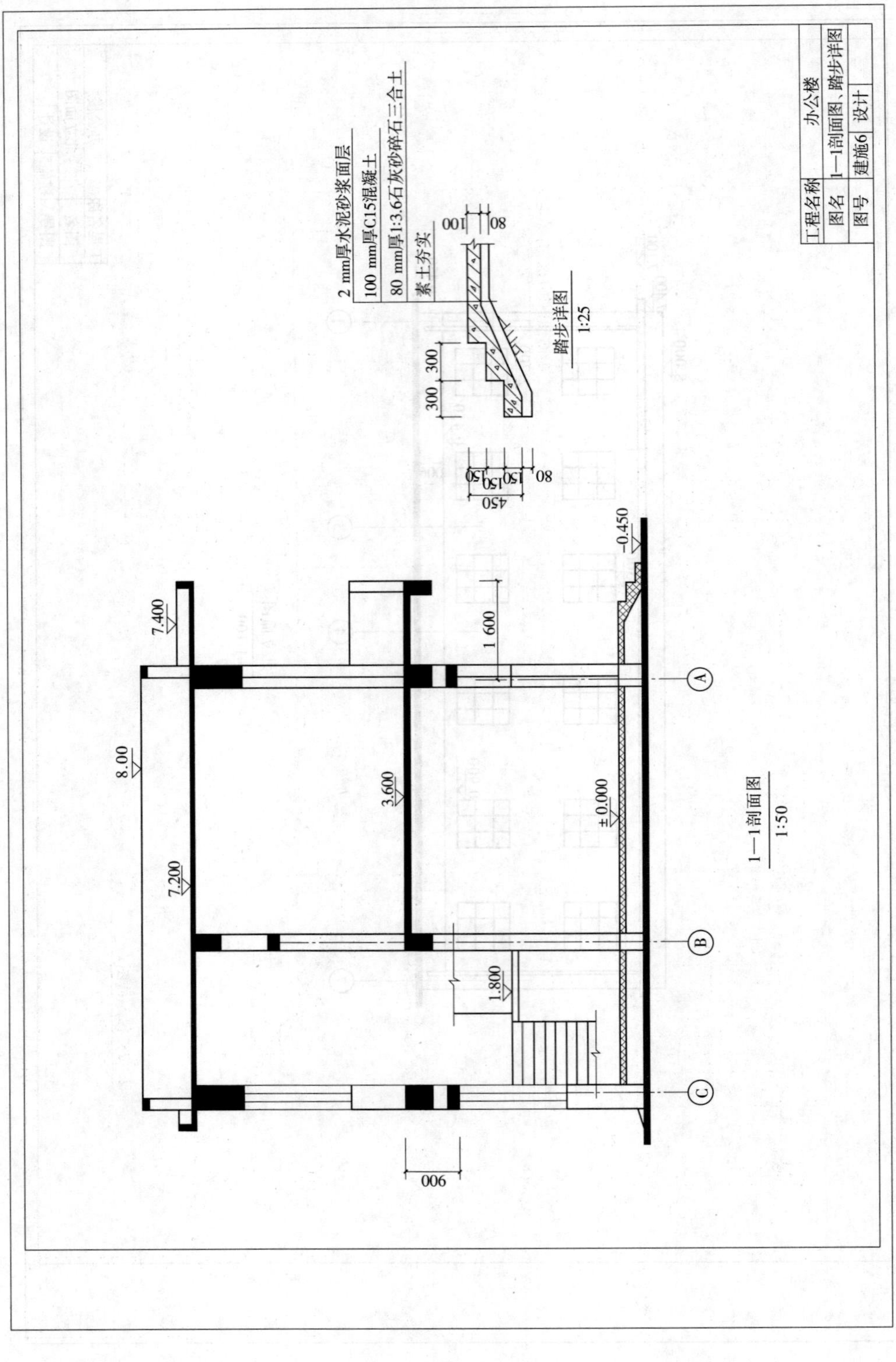

工程名称 办公楼
图名 1—1剖面图、踏步详图
图号 建施6 设计
2 mm厚水泥砂浆面层
100 mm厚C15混凝土
80 mm厚1:3.6石灰砂碎石三合土
素土夯实
踏步详图
1:25
1—1剖面图
1:50
8.00
7.400
7.200
3.600
1.800
±0.000
-0.450
1 600
900
300
450
150
80
100
A
B
C

图5-6

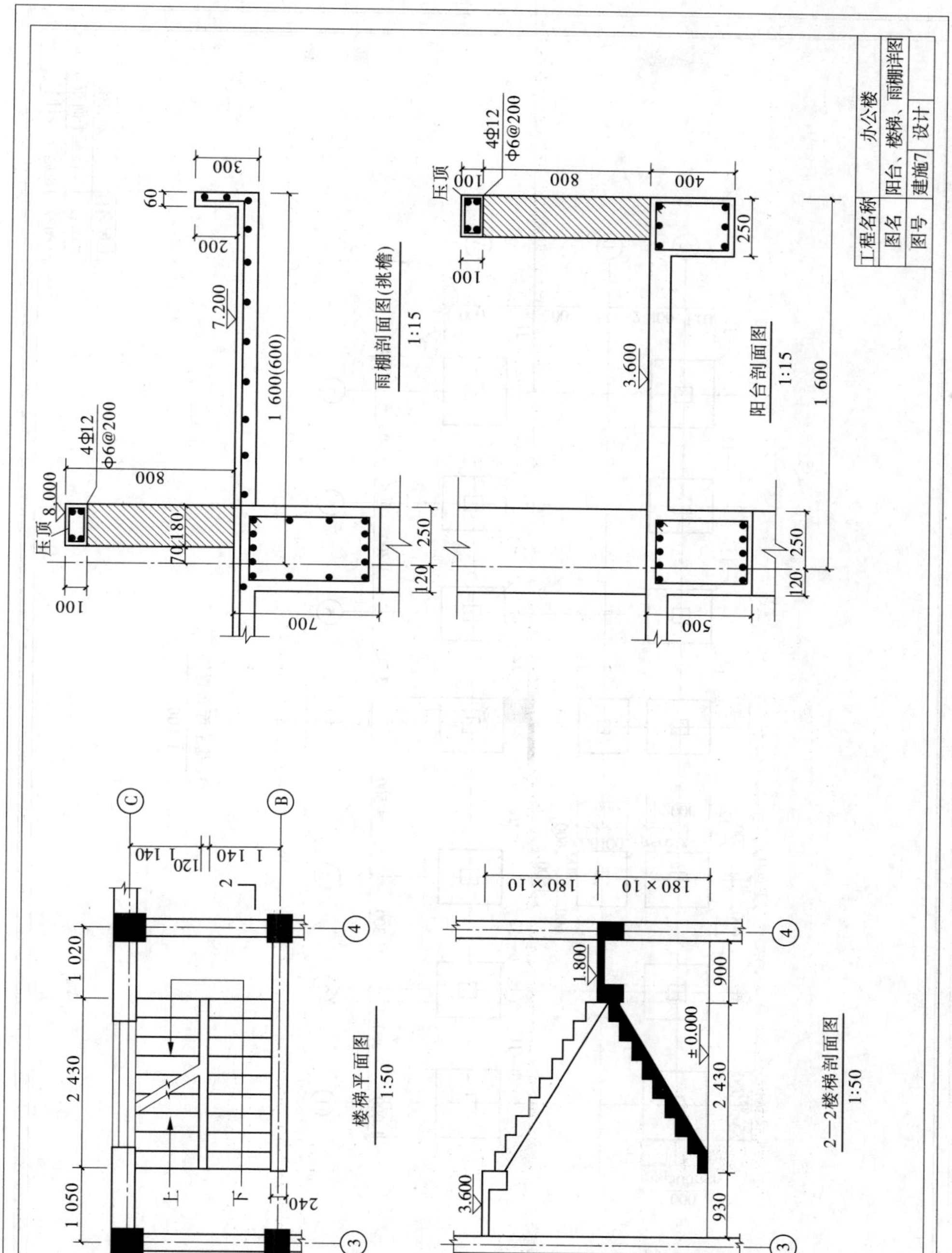

楼梯平面图
1:50
2—2楼梯剖面图
1:50
雨棚剖面图(挑檐)
1:15
阳台剖面图
1:15
工程名称
办公楼
图名
阳台、楼梯、雨棚详图
图号
建施7
设计

图 5-7

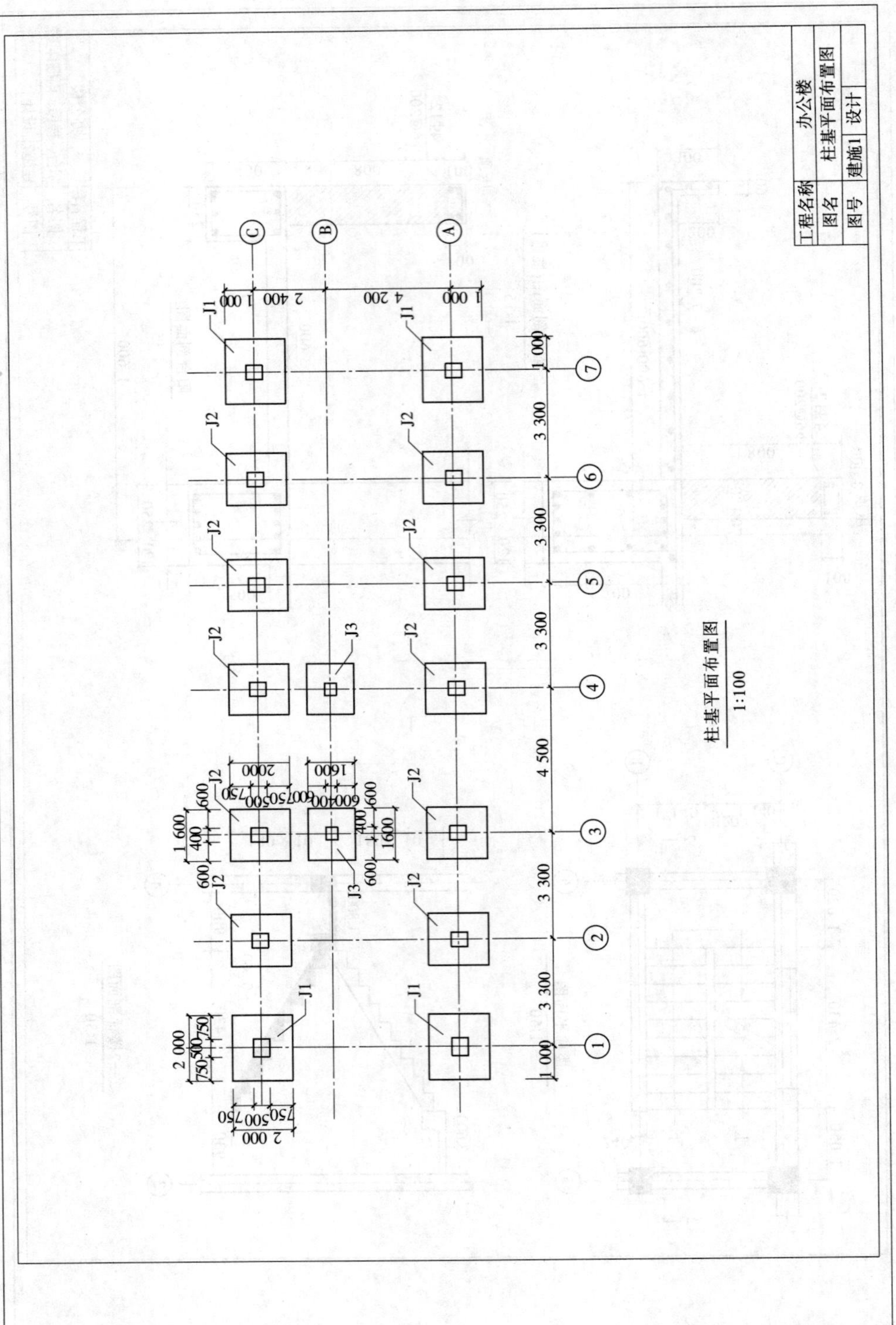
工程名称 办公楼
图名 柱基平面布置图
图号 建施1 设计
柱基平面布置图
1:100
J1
J2
J3
1 000
3 300
3 300
3 300
4 500
3 300
3 300
3 300
1 000
1 000
2 400
4 200
1 000
2 000
750
500
750
1 600
600
400
600
1600
2000

图 5-8

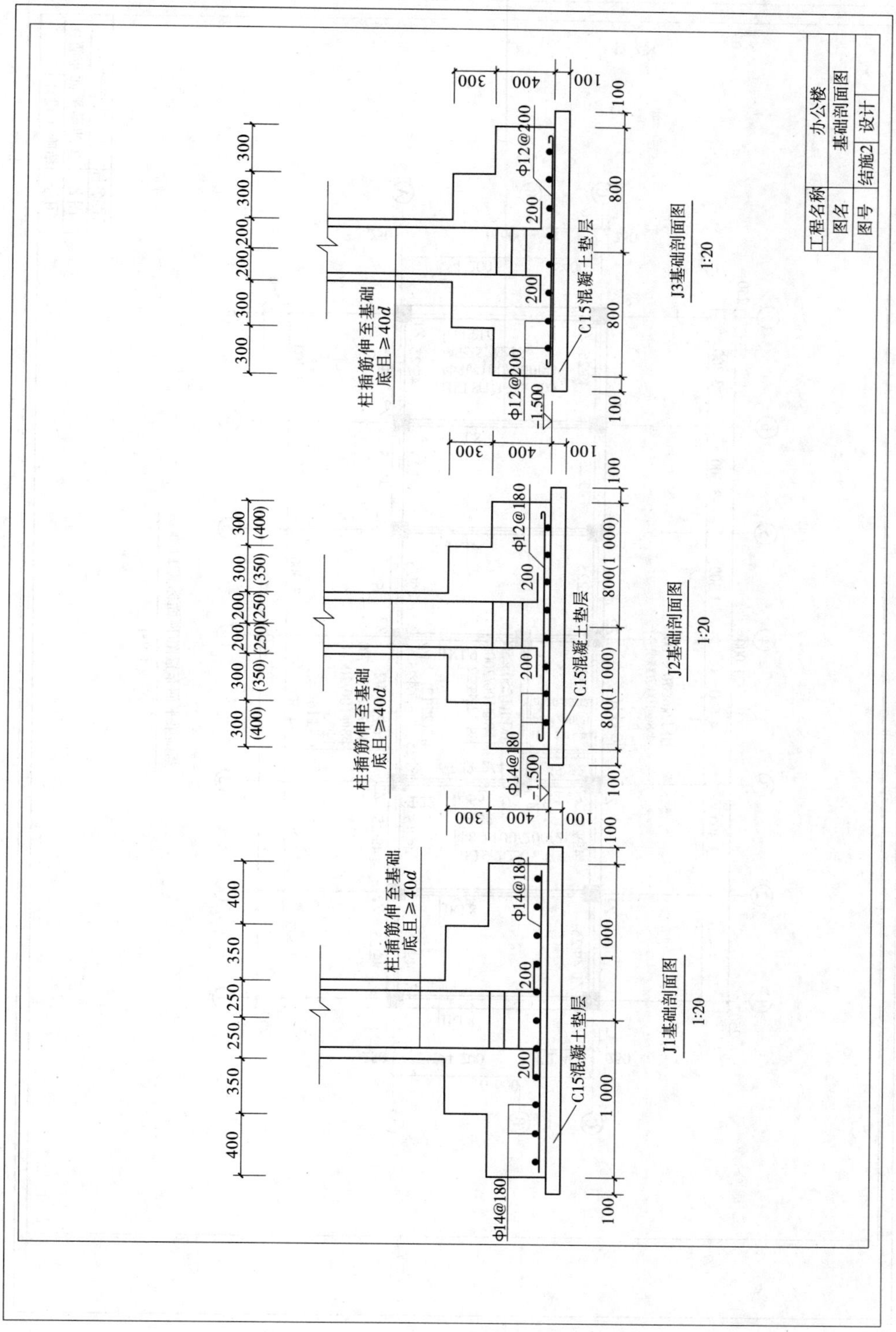
工程名称 办公楼
图名 基础剖面图
图号 结施2 设计
J1基础剖面图
1:20
J2基础剖面图
1:20
J3基础剖面图
1:20
柱插筋伸至基础底且≥40d
C15混凝土垫层
Φ14@180
Φ12@180
Φ12@200
-1.500

图 5-9

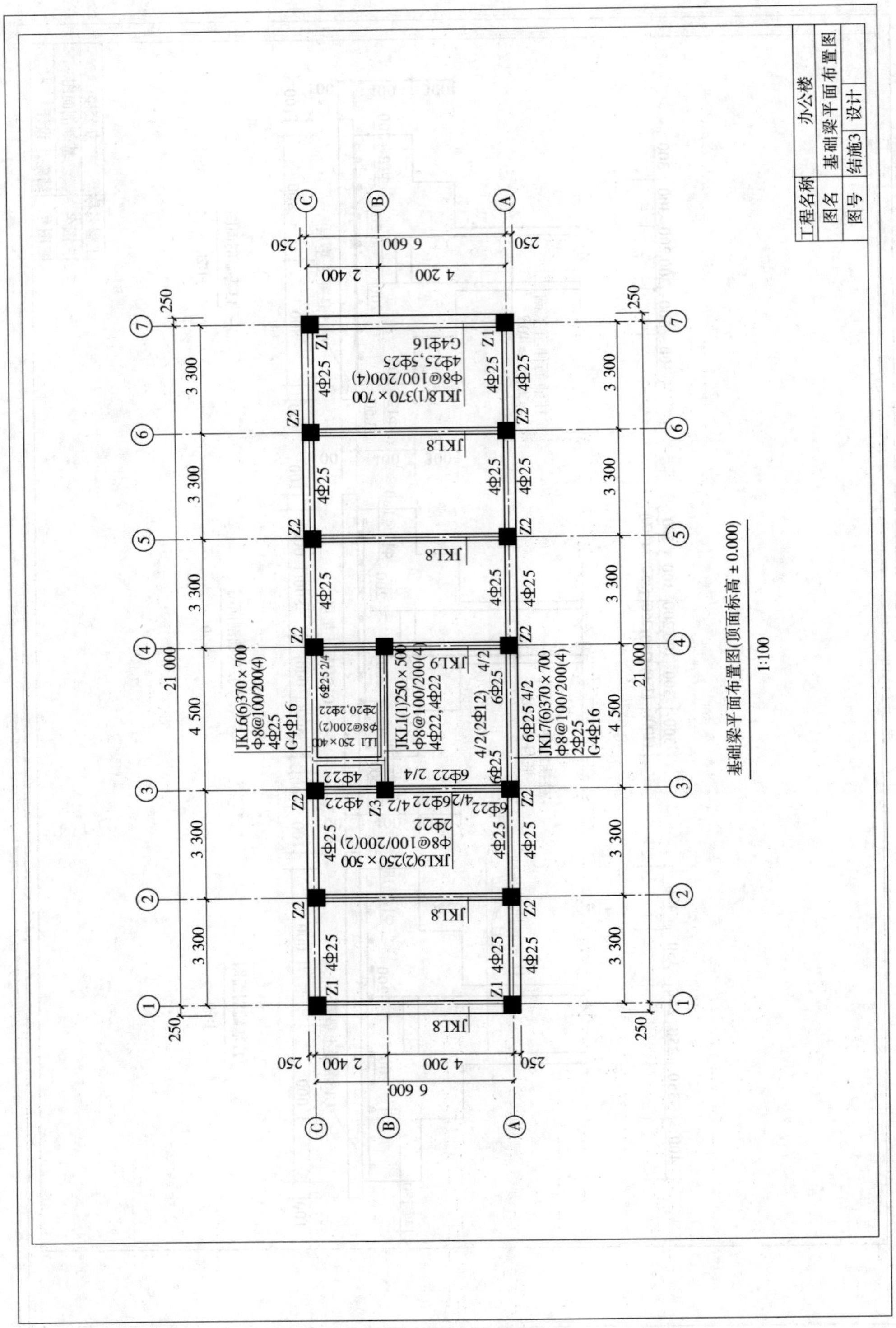
工程名称 办公楼
图名 基础梁平面布置图
图号 结施3 设计
基础梁平面布置图(顶面标高±0.000)
1:100
JKL8(1)370×700
Φ8@100/200(4)
4Φ25,5Φ25
G4Φ16
JKL6(6)370×700
Φ8@100/200(4)
4Φ25
G4Φ16
JKL7(6)370×700
Φ8@100/200(4)
2Φ25
G4Φ16
JKL9(2)250×500
Φ8@100/200(2)
2Φ22
JKL1(1)250×500
Φ8@100/200(4)
4Φ22,4Φ22
LL1 250×400
Φ8@200(2)
2Φ20,2Φ22
JKL8
JKL9
Z1
Z2
Z3
21 000
3 300
4 500
6 600
2 400
4 200
250

图 5-10

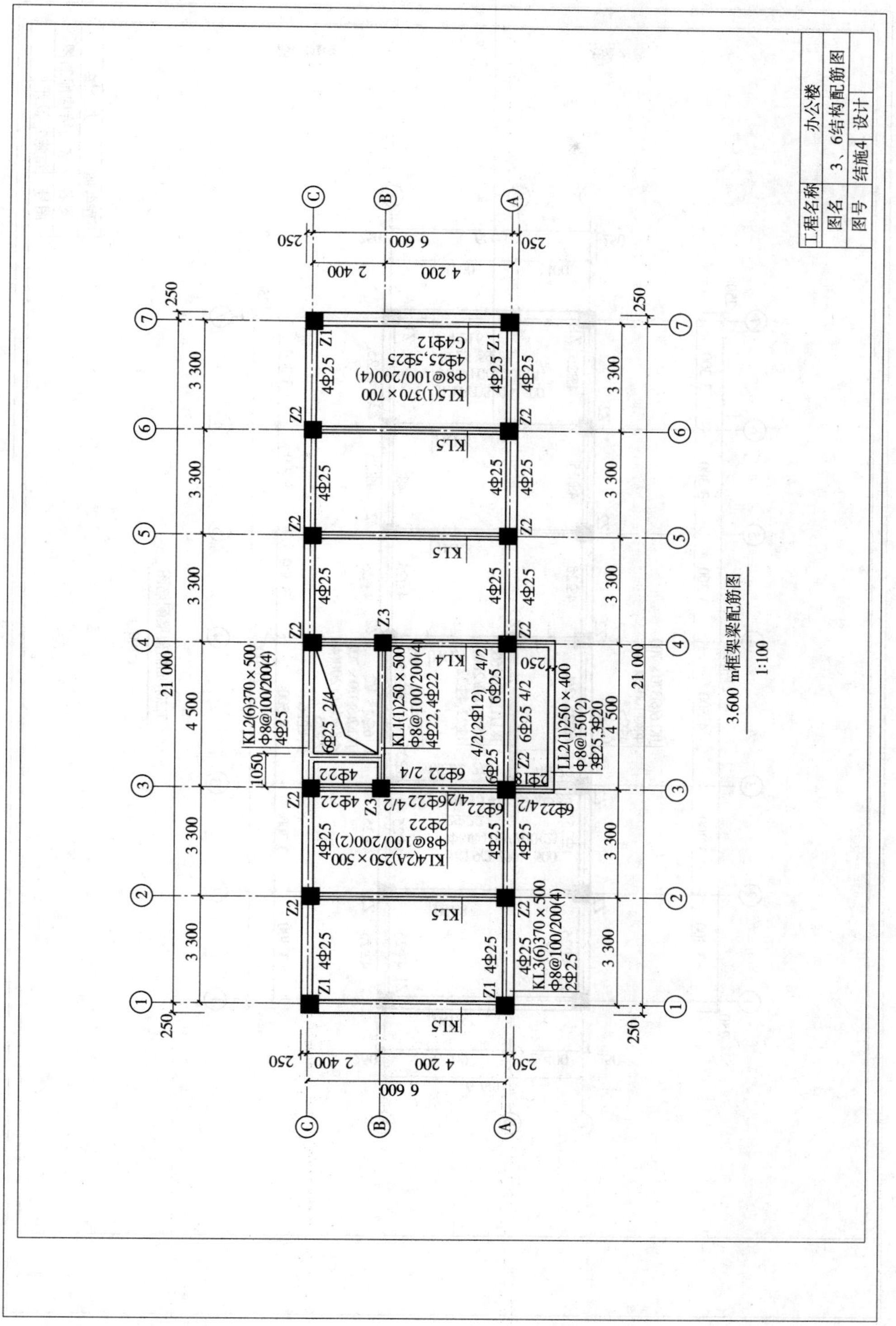

图 5-11

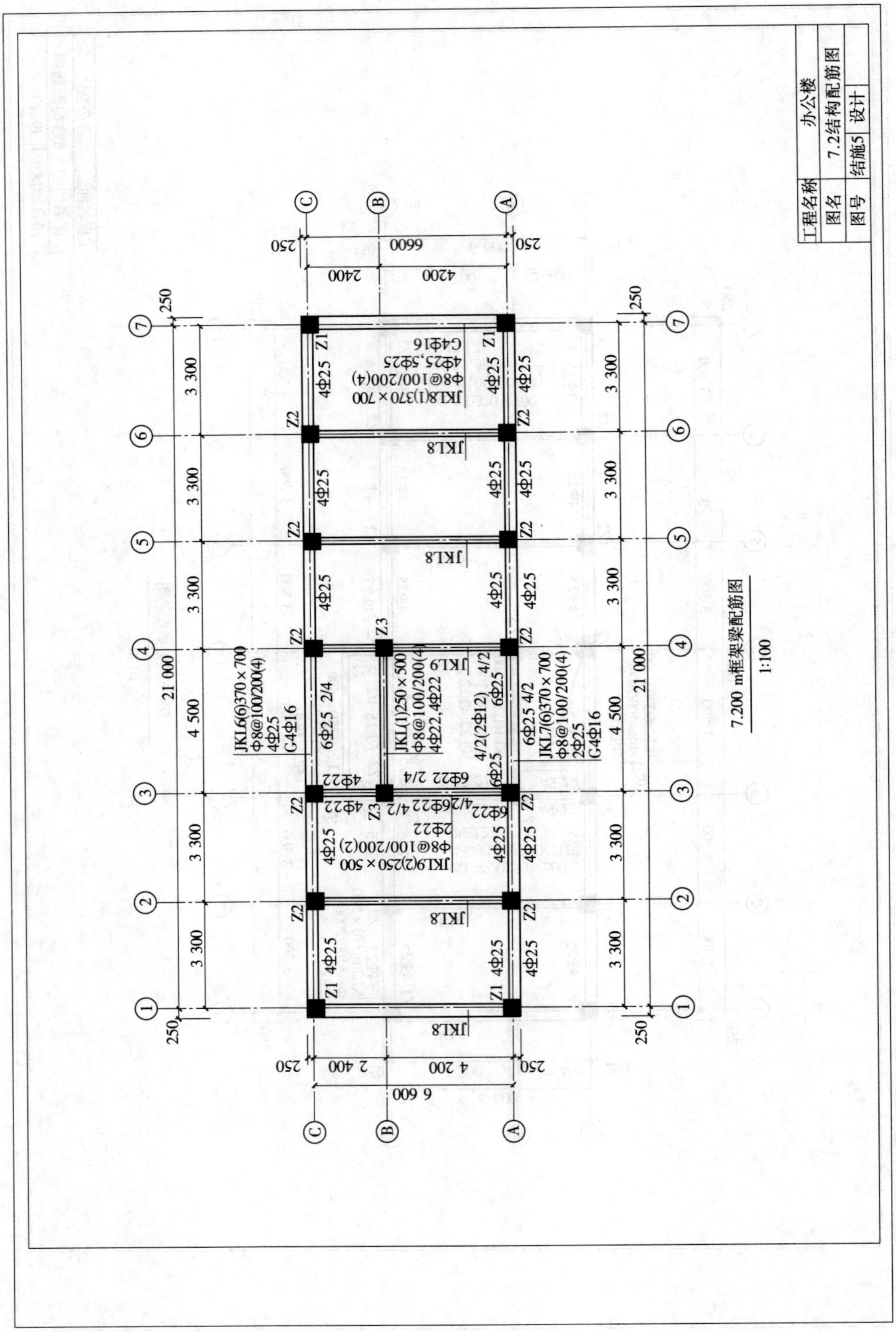

图 5-12

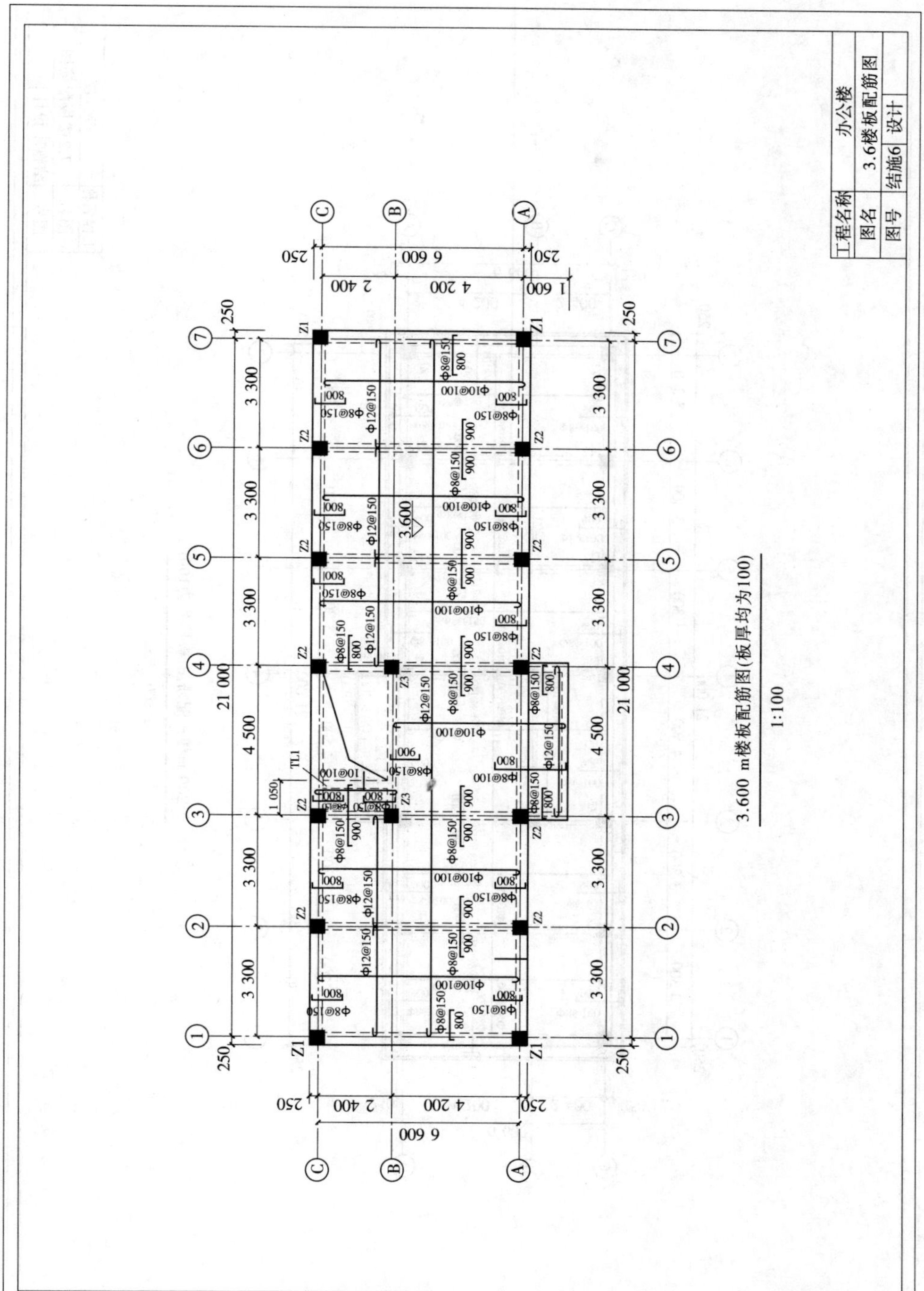

图 5-13

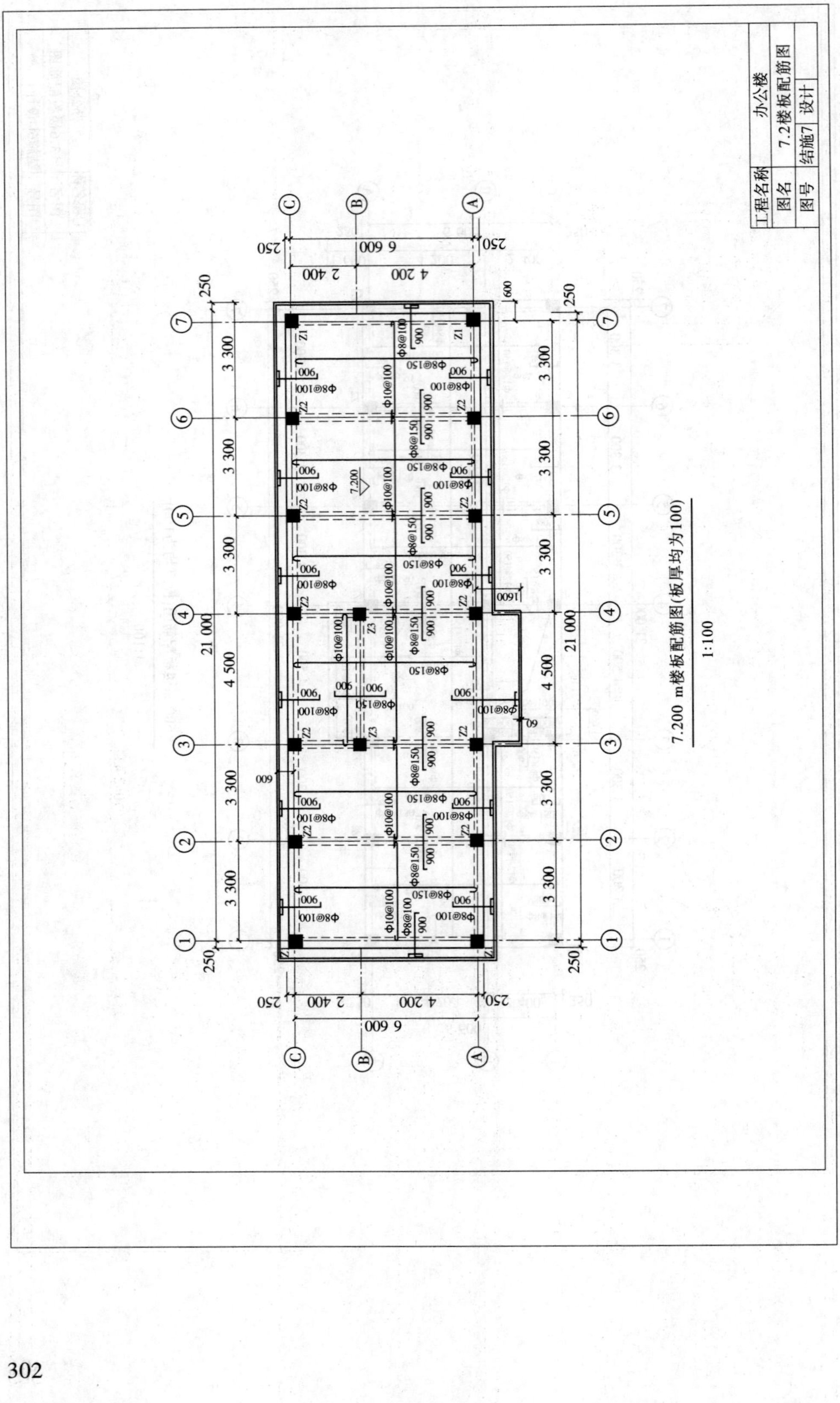
工程名称 办公楼
图名 7.2楼板配筋图
图号 结施7 设计
7.200 m楼板配筋图(板厚均为100)
1:100
21 000
6 600
4 200
2 400
3 300
4 500
250
Φ8@100
Φ8@150
Φ10@100
900
Z1
Z2
Z3

图 5-14

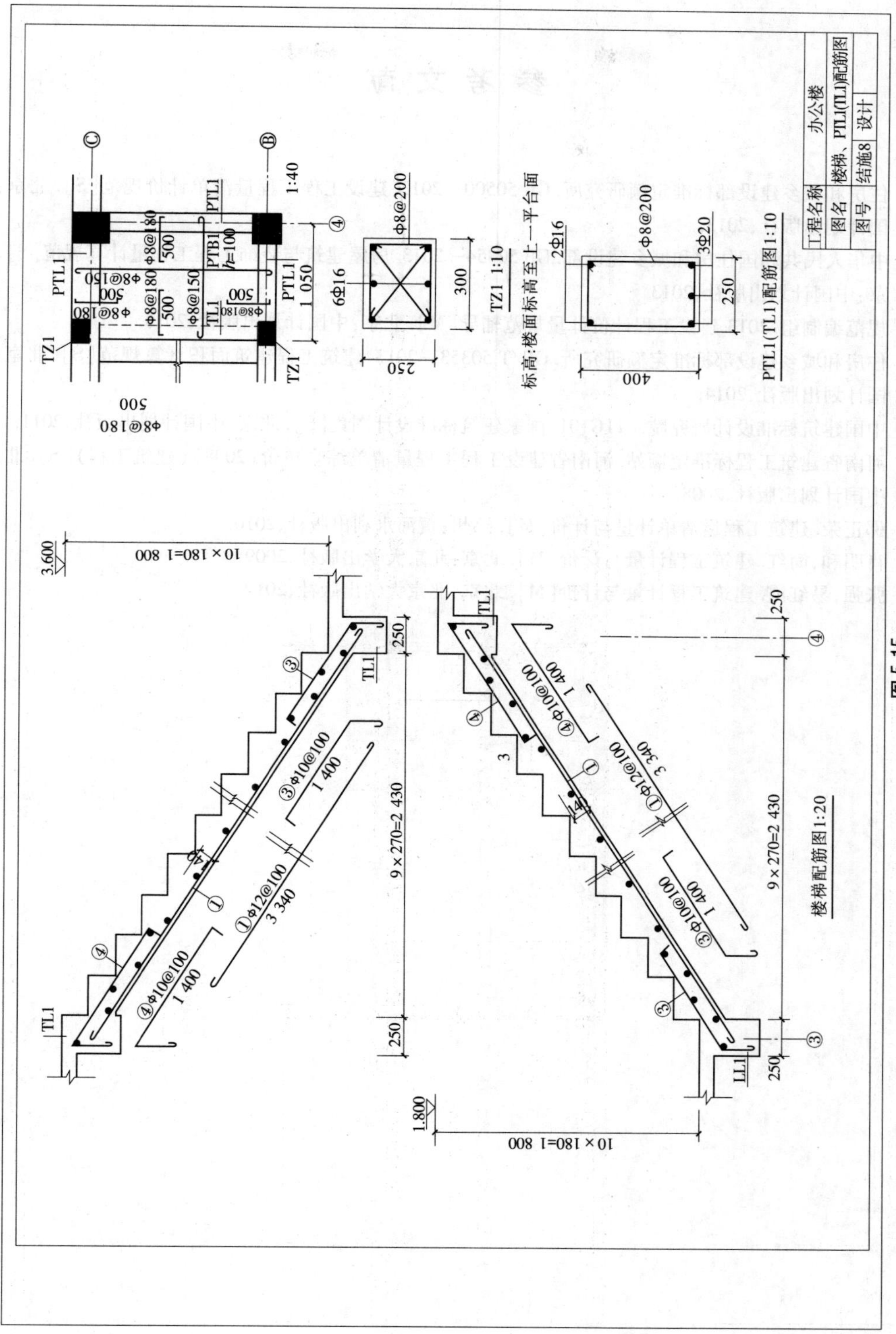
楼梯配筋图1:20
10×180=1 800
9×270=2 430
①Φ12@100
3 340
③Φ10@100
1 400
④Φ10@100
TL1
LL1
3.600
1.800
PTL1(TL1)配筋图1:10
2Φ16
Φ8@200
3Φ20
250
400
TZ1 1:10
6Φ16
300
标高:楼面标高至上一平台面
PTL1
PTB1
h=100
TZ1
1:40
工程名称 办公楼
图名 楼梯、PTL1(TL1)配筋图
图号 结施8 设计

图 5-15

参 考 文 献

[1] 住房和城乡建设部标准定额研究所. GB 50500—2013 建设工程工程量清单计价规范[S]. 北京:中国计划出版社,2013.

[2] 中华人民共和国住房和城乡建设部. GB 50854—2013 房屋建筑与装饰工程工程量计算规范[S]. 北京:中国计划出版社,2013.

[3] 规范编制组. 2013 建设工程计价计量规范辅导[M]. 北京:中国计划出版社,2013.

[4] 住房和城乡建设部标准定额研究所. GB/T 50353—2013 建筑工程建筑面积计算规范[S]. 北京:中国计划出版社,2014.

[5] 中国建筑标准设计研究院. 11G101 国家建筑标准设计图集[S]. 北京:中国计划出版社,2011.

[6] 河南省建筑工程标准定额站. 河南省建设工程工程量清单综合单价(2008)(建筑工程)[S]. 北京:中国计划出版社,2008.

[7] 邵正荣. 建筑工程量清单计量与计价[M]. 郑州:黄河水利出版社,2010.

[8] 肖明和,简红. 建筑工程计量与计价[M]. 北京:北京大学出版社,2009.

[9] 张强,易红霞. 建筑工程计量与计价[M]. 北京:北京大学出版社,2010.